수학 쪽 한다면

에이급수학 중등 1-1

발행일 2024년 12월 1일
펴낸이 김은희
펴낸곳 에이급출판사
등록번호 제20-449호

책임편집 김선희, 손지영, 이윤지, 장정숙
마케팅총괄 이재호
표지디자인 공정준
내지디자인 공정준
조판 보문씨앤씨

주소 서울시 강남구 봉은사로 37길 13, 동우빌딩 5층
전화 02) 514-2422~3, 02) 517-5277~8
팩스 02) 516-6285
홈페이지 www.aclassmath.com

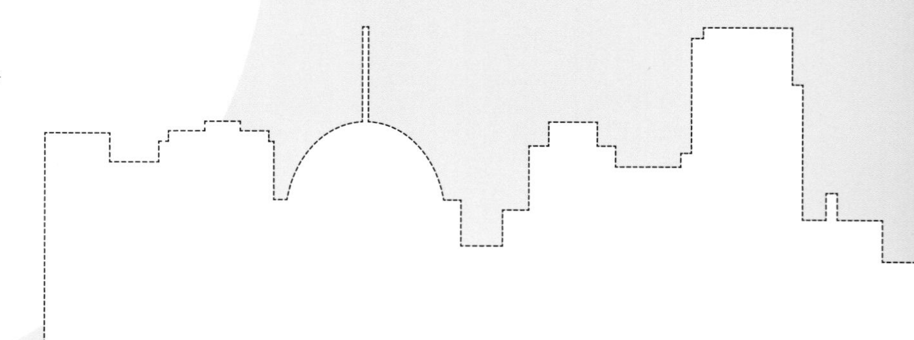

에이급수학

빌딩을 높이 올리려면
지하를 깊이 파야 합니다.

깊이 없는 높이는 쉽게 무너집니다.
깊이가 깊어지면 저절로 높이가 됩니다.

수학도 마찬가지입니다.
최상위권의 탄탄한 실력을 완성하는
깊이 있는 문제는
모두 에이급수학에 담겨있습니다.

에이급수학과 함께
가장 높은 곳으로 도약하세요.

구성과 특징

누구도 따라올 수 없는 수학 자신감 에이급수학입니다!!!

가장 질 좋은 문제만으로 최고의 실력을 키웁니다.

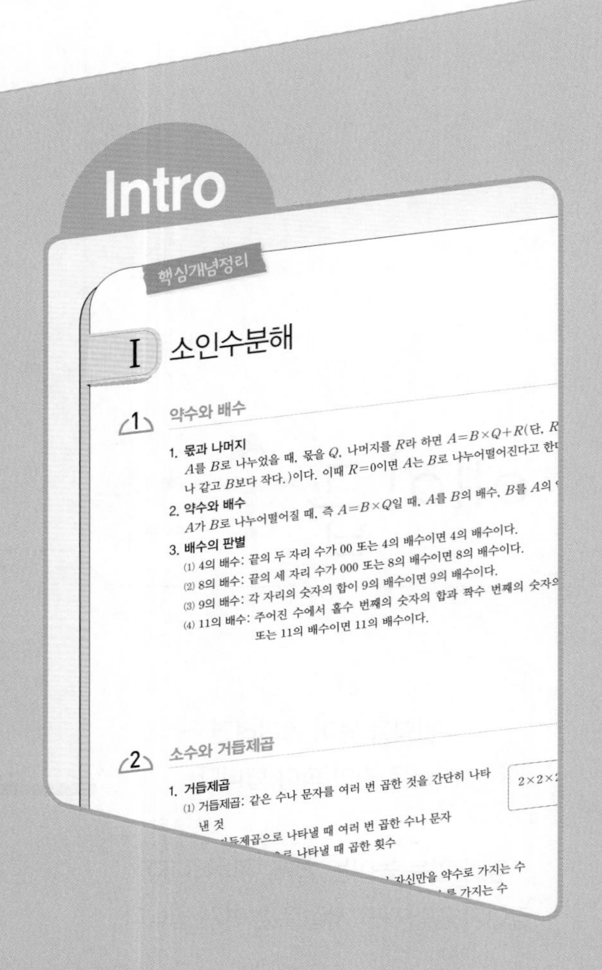

핵심개념정리

각 단원에서 배우는 내용을 정확히 이해할 수 있도록 핵심만을 짚어 정리하였습니다. 실전문제에 들어가기 앞서 중요 포인트를 빠르게 점검할 수 있습니다.

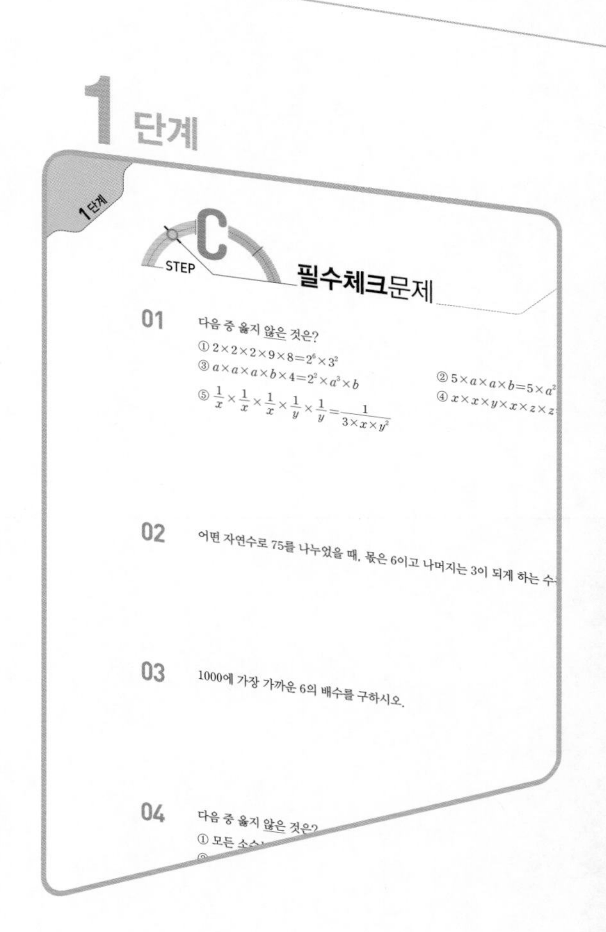

STEP C 필수체크문제

반드시 풀어야 하는 필수 문제로 자신의 실력을 정확히 체크할 수 있게 하였습니다. 이 코너의 문제만 완벽히 소화해도 수학적 체력을 갖춘 것입니다.

수학 상위 1%의 공부비법 에이급수학입니다!!!

선생님들도 인정하는 상위권 수학의 대명사입니다.

2단계

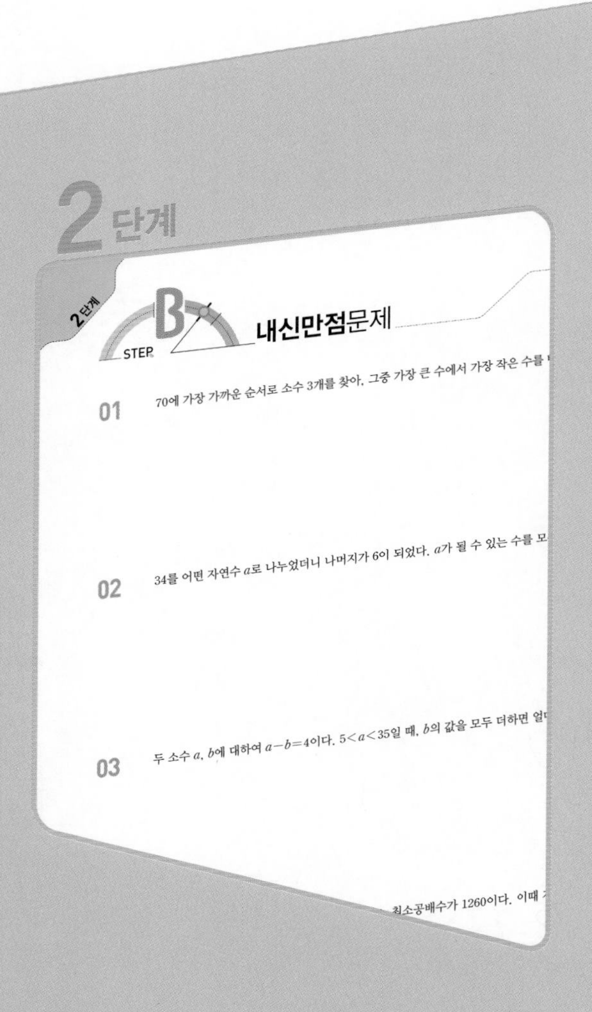

3단계

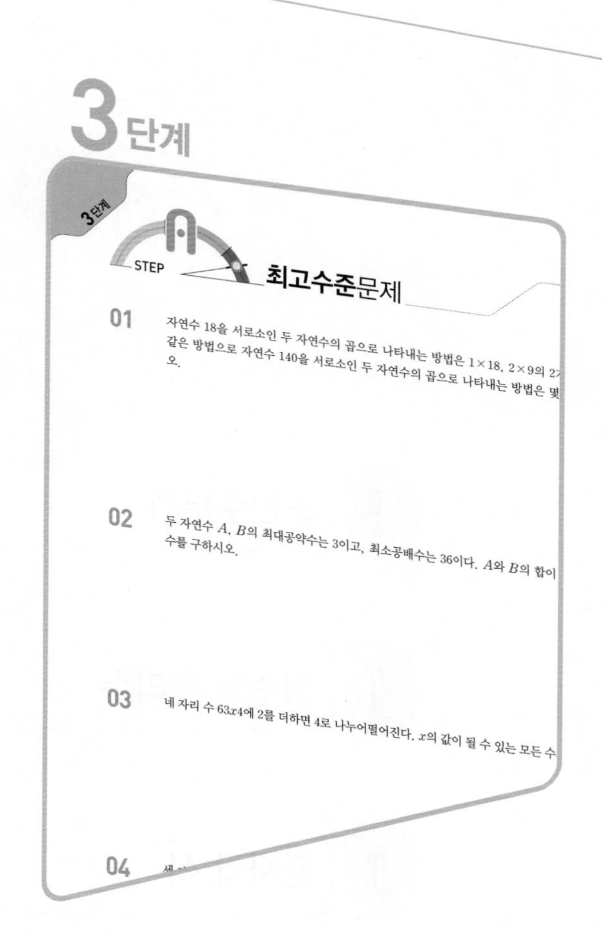

STEP B 내신만점문제

시험에 자주 출제되는 변별력 높은 문제만을 엄선하여 한 단계 더 실력을 향상시킵니다. 내신 만점에 도달할 수 있는 최고의 수학 실력과 자신감을 키울 수 있습니다.

STEP A 최고수준문제

깊이 있는 고난도 문제를 통해 최고의 문제해결력과 사고력을 연마할 수 있습니다. 어떤 문제라도 풀 수 있는 최상위권의 실력을 장착합니다.

차례

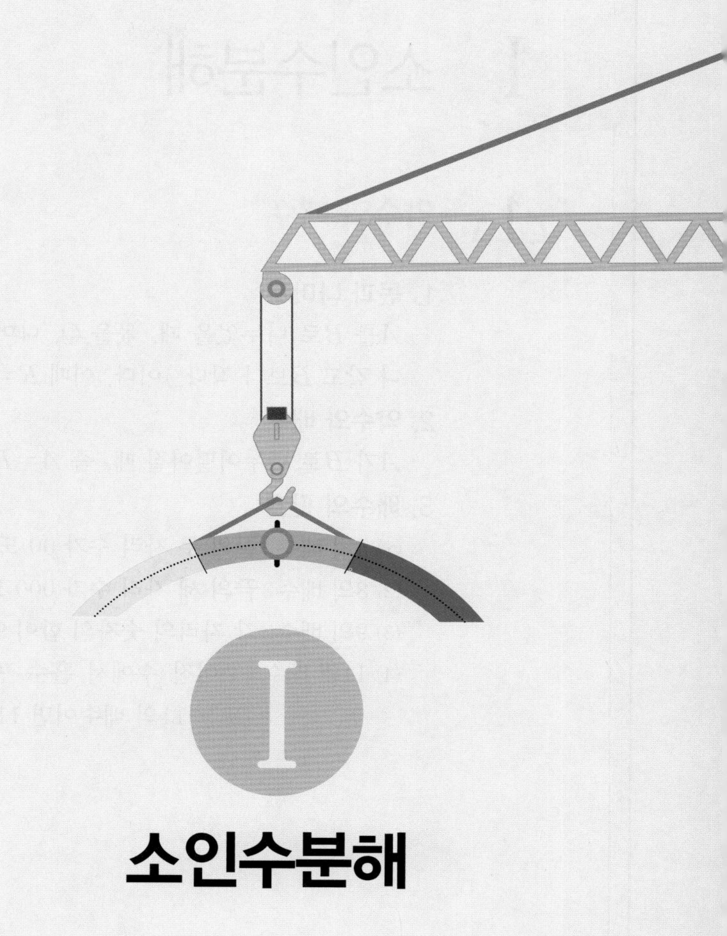

I 소인수분해

핵심개념정리

I 소인수분해

1 약수와 배수

1. 몫과 나머지

A를 B로 나누었을 때, 몫을 Q, 나머지를 R라 하면 $A=B\times Q+R$(단, R는 0보다 크거나 같고 B보다 작다.)이다. 이때 $R=0$이면 A는 B로 나누어떨어진다고 한다.

2. 약수와 배수

A가 B로 나누어떨어질 때, 즉 $A=B\times Q$일 때, A를 B의 배수, B를 A의 약수라 한다.

3. 배수의 판별

(1) 4의 배수: 끝의 두 자리 수가 00 또는 4의 배수이면 4의 배수이다.

(2) 8의 배수: 끝의 세 자리 수가 000 또는 8의 배수이면 8의 배수이다.

(3) 9의 배수: 각 자리의 숫자의 합이 9의 배수이면 9의 배수이다.

(4) 11의 배수: 주어진 수에서 홀수 번째의 숫자의 합과 짝수 번째의 숫자의 합의 차가 0 또는 11의 배수이면 11의 배수이다.

2 소수와 거듭제곱

1. 거듭제곱

(1) 거듭제곱: 같은 수나 문자를 여러 번 곱한 것을 간단히 나타낸 것

(2) 밑: 거듭제곱으로 나타낼 때 여러 번 곱한 수나 문자

(3) 지수: 거듭제곱으로 나타낼 때 곱한 횟수

$2\times2\times2=2^3$ ← 지수 (2: 밑)

2. 소수와 합성수

(1) 소수: 1보다 큰 자연수 중에서 1과 자기 자신만을 약수로 가지는 수

(2) 합성수: 1보다 큰 자연수 중에서 세 개 이상의 약수를 가지는 수

(3) 1은 소수도 아니고, 합성수도 아니다.

(4) 2는 가장 작은 소수이며 유일하게 짝수인 소수이다.

(5) 소수의 약수는 2개이고, 합성수의 약수는 3개 이상이다.

3 소인수분해

1. 소인수분해

(1) 자연수 a, b, c에 대하여 $a=b\times c$일 때, b와 c를 a의 인수라 한다.

(2) 소인수: 어떤 자연수의 인수 중에서 소수인 것

(3) 소인수분해: 1이 아닌 자연수를 소인수들만의 곱으로 나타내는 것

2. 소인수분해하는 방법

$$\begin{array}{r|l} 2 & 12 \\ \hline 2 & 6 \\ \hline & 3 \end{array}$$

$\therefore 12=2^2\times 3$

① 나누어떨어지는 소수로 차례로 나눈다.

② 몫이 소수가 나오면 멈춘다.

③ 나눈 소수들과 마지막 몫을 곱셈 기호 ×로 연결한다. 이때 같은 소인수의 곱은 거듭제곱으로 나타낸다.

3. 소인수분해를 이용하여 약수 구하기

(1) 자연수 P의 약수: 자연수 P가 $P=a^l\times b^m\times c^n$(단, a, b, c는 서로 다른 소수, l, m, n은 자연수)으로 소인수분해될 때

① P의 약수: (a^l의 약수)×(b^m의 약수)×(c^n의 약수)

② P의 약수의 개수: $(l+1)\times(m+1)\times(n+1)$개

(2) 자연수 P의 약수의 합과 곱: 자연수 P가 $P=a^l\times b^m\times c^n$(단, a, b, c는 서로 다른 소수, l, m, n은 자연수)으로 소인수분해될 때

① 자연수 P의 약수의 합

$(1+a+a^2+\cdots+a^l)\times(1+b+b^2+\cdots+b^m)\times(1+c+c^2+\cdots+c^n)$

② 자연수 P의 약수의 곱

(i) 약수의 개수가 짝수일 때: $P^{\frac{(\text{약수의 개수})}{2}}$

(ii) 약수의 개수가 홀수일 때: $P^{\frac{(\text{약수의 개수})-1}{2}}\times$(제곱해서 P가 되는 수)

4 최대공약수와 최소공배수

1. 공약수와 최대공약수

(1) 공약수: 두 개 이상의 자연수의 공통인 약수

(2) 최대공약수: 공약수 중에서 가장 큰 수

(3) 서로소: 최대공약수가 1인 두 자연수

(4) 두 개 이상의 자연수의 공약수는 모두 최대공약수의 약수이다.

(5) 최대공약수 구하기

$$\begin{array}{r|lll} 3 & 27 & 45 & 54 \\ \hline 3 & 9 & 15 & 18 \\ \hline & 3 & 5 & 6 \end{array}$$

$\therefore$ (최대공약수)$=3\times 3=9$

① 몫의 공약수가 1뿐일 때까지 공약수로 각 수를 나눈다.

② 나누어 준 공약수를 모두 곱한다.

2. 공배수와 최소공배수

(1) 공배수: 두 개 이상의 자연수의 공통인 배수

(2) 최소공배수: 공배수 중에서 가장 작은 수

(3) 두 개 이상의 자연수의 공배수는 모두 최소공배수의 배수이다.

(4) 최소공배수 구하기

$$\begin{array}{r|rrr} 2 & 12 & 24 & 30 \\ \hline 3 & 6 & 12 & 15 \\ \hline 2 & 2 & 4 & 5 \\ \hline & 1 & 2 & 5 \end{array}$$

① 1이 아닌 공약수로 각 수를 나눈다. 이때 세 수의 공약수가 없으면 두 수의 공약수로 나누고 공약수가 없는 하나의 수는 그대로 쓴다.

② 나누어 준 수와 마지막 몫을 모두 곱한다.

$\therefore$ (최소공배수)$=2\times3\times2\times1\times2\times5=120$

3. 최대공약수와 최소공배수의 관계

두 자연수 A, B의 최대공약수를 G, 최소공배수를 L이라 하면

(1) $A=a\times G$, $B=b\times G$ (단, a, b는 서로소)

(2) $L=a\times b\times G$

(3) $L\times G=a\times b\times G\times G=A\times B$

5 최대공약수와 최소공배수의 활용

1. 최대공약수의 활용

'가장 많은', '최대의', '가능한 한 많은' 등의 표현이 들어 있는 문제는 대부분 최대공약수를 이용한다.

2. 최소공배수의 활용

'가장 적은', '최소의', '가능한 한 적은' 등의 표현이 들어 있는 문제는 대부분 최소공배수를 이용한다.

3. 두 분수를 자연수로 만들기

(1) 두 분수 $\frac{A}{n}$, $\frac{B}{n}$를 모두 자연수로 만드는 n의 값은 (A와 B의 공약수)이고, 가장 큰 n의 값은 (A와 B의 최대공약수)이다.

(2) 두 분수 $\frac{1}{A}$, $\frac{1}{B}$ 중 어느 것에 곱해도 자연수가 되는 수는 (A와 B의 공배수)이다.

(3) 두 분수 $\frac{A}{B}$, $\frac{C}{D}$ 중 어느 것에 곱해도 자연수가 되는 가장 작은 분수는

$\frac{(B,\ D\text{의 최소공배수})}{(A,\ C\text{의 최대공약수})}$이다.

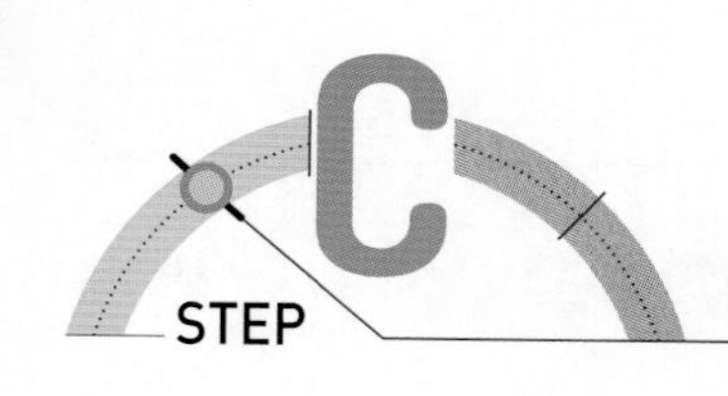

필수체크문제

정답과 풀이 6쪽

01 다음 중 옳지 <u>않은</u> 것은?

① $2\times2\times2\times9\times8=2^6\times3^2$
② $5\times a\times a\times b=5\times a^2\times b$
③ $a\times a\times a\times b\times4=2^2\times a^3\times b$
④ $x\times x\times y\times x\times z\times z=x^3\times y\times z^2$
⑤ $\frac{1}{x}\times\frac{1}{x}\times\frac{1}{x}\times\frac{1}{y}\times\frac{1}{y}=\frac{1}{3\times x\times y^2}$

02 어떤 자연수로 75를 나누었을 때, 몫은 6이고 나머지는 3이 되게 하는 수를 구하시오.

03 1000에 가장 가까운 6의 배수를 구하시오.

04 다음 중 옳지 <u>않은</u> 것은?

① 모든 소수는 약수가 2개이다.
② 1은 소수도 합성수도 아니다.
③ 모든 자연수의 배수는 무수히 많다.
④ 합성수는 약수가 3개이다.
⑤ 소수 중 짝수인 수는 2뿐이다.

05 50 이상 80 이하의 자연수 중에서 소수는 모두 몇 개인가?

① 5개 ② 6개 ③ 7개
④ 8개 ⑤ 9개

06 자연수 N보다 작거나 같은 소수가 6개일 때, N이 될 수 있는 수는 모두 몇 개인가?

① 3개 ② 4개 ③ 5개
④ 6개 ⑤ 7개

07 98의 소인수를 모두 구한 것은?

① 2 ② 2, 3 ③ 2, 7
④ 3, 7 ⑤ 2, 3, 7

08 오른쪽 표에서 소수만 찾아 색칠할 때 나타나는 한글 자음은?

① ㄱ ② ㄴ ③ ㄷ
④ ㄹ ⑤ ㅁ

41	29	2	17	23
57	33	16	27	37
31	11	43	19	53
59	56	35	24	9
5	13	3	47	7

09 다음 중 12의 배수에 대한 설명으로 옳은 것을 모두 고르면?

① 끝의 두 자리 수가 3의 배수이다.
② 각 자리의 숫자의 합이 12의 배수이다.
③ 각 자리의 숫자의 합이 4의 배수이다.
④ 각 자리의 숫자의 합이 3의 배수이다.
⑤ 4와 6의 공배수이다.

10 세 자리 수 52□(은)는 3의 배수이고 7□2는 2의 배수이다. □ 안에 공통으로 들어갈 수 있는 수 중 가장 작은 수를 구하시오.

11 네 자리 수 356□(이)가 4의 배수이면서 3의 배수일 때, □ 안에 알맞은 수를 구하시오.

12 월요일부터 5일째 되는 날은 토요일이다. 오늘이 화요일이면 오늘부터 150일째 되는 날은 무슨 요일인지 구하시오.

13 7로 나누면 3이 남는 수 중에서 100에 가장 가까운 자연수를 구하시오.

14 52를 어떤 자연수로 나누면 나누어떨어진다고 한다. 이때 어떤 자연수는 모두 몇 개인가?

① 5개 ② 6개 ③ 7개
④ 8개 ⑤ 9개

15 다음 중 두 수가 서로소인 것은?

① 6과 10 ② 17과 51 ③ 12와 33
④ 18과 26 ⑤ 21과 65

16 두 자리 자연수를 십의 자리와 일의 자리의 숫자를 바꾸어 다른 수로 만들었다. 이 두 수의 합은 어떤 수의 배수인지 구하시오. (단, 1보다 큰 수의 배수)

17 다음 수들의 약수의 개수를 구하시오.

(1) 72　　(2) 180　　(3) 250

18 다음 수를 약수가 많은 수부터 차례대로 기호를 나열하시오.

ㄱ. 32	ㄴ. 54	ㄷ. 108
ㄹ. 125	ㅁ. 210	ㅂ. 405

19 60의 약수의 개수와 그 약수의 총합을 각각 구하시오.

20 3600에 자연수 M을 곱하여 어떤 자연수의 제곱이 되게 하려고 한다. M이 될 수 있는 수 중 두 번째로 작은 자연수를 구하시오.

21 $2^3\times\square$(은)는 약수의 개수가 8개인 수 중 가장 작은 자연수이다. $\square$ 안에 알맞은 수를 구하시오.

22 $9\times\square$와 $12\times\square$의 최소공배수가 252일 때, $\square$ 안에 공통으로 들어갈 자연수는?

① 2 ② 3 ③ 5
④ 7 ⑤ 18

23 1440을 자연수 x로 나누어 어떤 자연수의 제곱수가 되게 하려고 한다. 이때 가장 작은 자연수 x의 값을 구하시오.

24 두 수 24와 32의 공약수는 모두 몇 개인가?

① 3개 ② 4개 ③ 5개
④ 6개 ⑤ 7개

25 다음 중 항상 옳은 것은?

① 두 수의 최소공배수의 약수는 두 수의 공약수이다.
② 두 수의 최소공배수의 약수는 두 수의 공배수이다.
③ 두 수의 최소공배수의 배수는 두 수의 공약수이다.
④ 두 수의 최소공배수의 배수는 두 수의 공배수이다.
⑤ 서로 다른 두 수의 공약수이면서 공배수인 수가 존재한다.

26 세 수 $2^4\times3^2\times5$, $2^2\times3^4\times7$, $2^3\times5^3$의 최대공약수를 X, 최소공배수를 Y라 할 때, $X\times Y$를 소인수분해의 꼴로 나타내시오.

27 세 수 $4\times a$, $6\times a$, $14\times a$의 최소공배수가 588일 때, 자연수 a의 값을 구하시오.

28 두 수 $2^a\times3^3\times7$, $2^4\times3^4\times7^b$의 최대공약수가 $2^3\times3^3\times7$, 최소공배수가 $2^4\times3^4\times7^2$일 때, $a+b$의 값은?

① 3　② 4　③ 5
④ 6　⑤ 7

29 세 수 20, 28, 35의 공배수 중에서 1000에 가장 가까운 수를 구하시오.

30 다음 중 항상 옳은 것을 모두 고르면?

① 공약수가 없는 두 자연수는 서로소이다.
② 두 개 이상의 자연수의 공배수 중 최소인 수를 그 수들의 최소공배수라 한다.
③ 두 자연수 a, b의 최대공약수는 두 수의 공약수의 배수이다.
④ 두 자연수 a, b가 서로소이면 두 수의 최소공배수는 1이다.
⑤ 두 자연수 a, b에서 a가 b의 배수이면 두 수의 최대공약수는 b이다.

31 0, 1, 2, 3의 숫자 중 서로 다른 세 개의 숫자를 사용하여 만들 수 있는 세 자리 자연수 중 3의 배수는 모두 몇 개인가?

① 8개 ② 9개 ③ 10개
④ 11개 ⑤ 12개

32 세 자연수 a, b, c는 $\frac{a}{b}=\frac{1}{3}$, $\frac{b}{c}=9$일 때, $a+b+c$는 어떤 수의 배수인가?

① 3 ② 5 ③ 7
④ 11 ⑤ 13

33 1부터 50까지의 자연수 중에서 약수의 개수가 짝수 개인 자연수는 모두 몇 개인지 구하시오.

34 곱이 216이고 최대공약수가 6인 두 자연수를 모두 구하시오.

35 세 자연수 28, 42, x의 최대공약수는 7이고 최소공배수는 420이다. 이때 x를 모두 구하시오.

36 두 자연수 A, B의 최대공약수는 8이고 최소공배수는 160일 때, 이를 만족시키는 자연수 A의 개수를 구하시오.

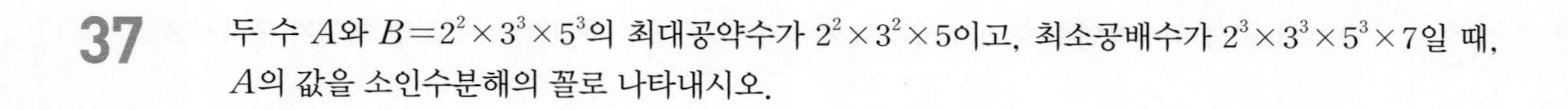

37 두 수 A와 $B=2^2\times3^3\times5^3$의 최대공약수가 $2^2\times3^2\times5$이고, 최소공배수가 $2^3\times3^3\times5^3\times7$일 때, A의 값을 소인수분해의 꼴로 나타내시오.

38 초콜릿 128개와 쿠키 112개를 되도록 많은 봉지에 똑같이 나누어 담으려고 한다. 한 봉지에 담는 초콜릿과 쿠키의 개수를 같게 할 때, 몇 개의 봉지가 필요한지 구하시오.

39 가로, 세로의 길이가 각각 120 m, 108 m인 직사각형 모양의 땅의 둘레에 일정한 간격으로 가능한 한 적게 나무를 심으려고 한다. 땅의 네 모퉁이에는 반드시 나무를 심을 때, 다음 물음에 답하시오.

(1) 몇 m의 간격으로 나무를 심어야 하는지 구하시오.

(2) 필요한 나무는 모두 몇 그루인지 구하시오.

40 3, 4, 5의 어느 것으로 나누어도 항상 나머지가 2가 되는 두 자리 자연수를 구하시오.

41 민재와 기준이가 운동장을 도는데 민재는 뛰어서 6분에 한 바퀴를 돌고, 기준이는 자전거를 타고 4분에 한 바퀴를 돈다고 한다. 7시 정각에 두 사람이 동시에 같은 지점에서 출발했을 때, 두 사람이 처음으로 출발점에 동시에 도착하는 시각을 구하시오.

42 가로의 길이가 16 cm, 세로의 길이가 12 cm인 직사각형 모양의 타일이 있다. 이 타일을 빈틈없이 붙여서 가장 작은 정사각형을 만들 때, 필요한 타일의 개수를 구하시오.

43 두 분수 $\frac{7}{15}$, $4\frac{1}{12}$의 어느 것에 곱하여도 그 결과가 자연수가 되게 하는 분수 중에서 가장 작은 기약분수를 구하시오.

44 세 분수 $\frac{3}{4}$, $\frac{5}{6}$, $\frac{7}{18}$의 어느 것으로 나누어도 그 결과가 자연수가 되게 하는 분수 중에서 가장 작은 기약분수를 구하시오.

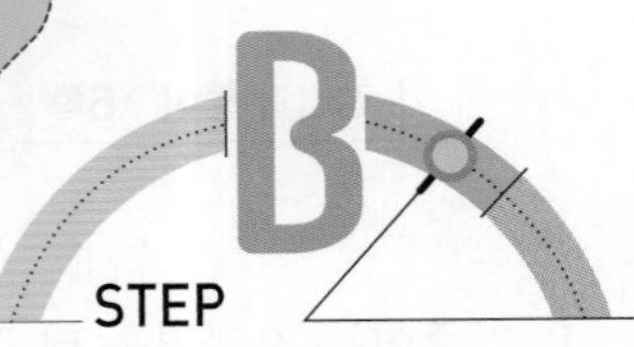

내신만점문제

01 70에 가장 가까운 순서로 소수 3개를 찾아, 그중 가장 큰 수에서 가장 작은 수를 뺀 값을 구하시오.

02 34를 어떤 자연수 a로 나누었더니 나머지가 6이 되었다. a가 될 수 있는 수를 모두 구하시오.

03 두 소수 a, b에 대하여 $a-b=4$이다. $5<a<35$일 때, b의 값을 모두 더하면 얼마인지 구하시오.

04 두 수 $2^m\times3\times7$, $2^n\times3^2\times5$의 최대공약수가 6, 최소공배수가 1260이다. 이때 자연수 m, n에 대하여 $m+n$의 값을 구하시오.

05 자연수 a를 7로 나누면 몫은 9이고 나머지는 소수가 된다. 이때 자연수 a의 값을 모두 구하시오.

06 두 수의 최대공약수가 100일 때, 두 수의 공약수의 개수를 구하시오.

07 네 자리 수 5□43에서 1을 빼면 9의 배수가 될 때, □ 안에 알맞은 숫자를 구하시오.

08 어떤 수를 15로 나누었더니 나머지가 12였다. 이 수를 5로 나누었을 때, 나머지를 구하시오.

09 넓이가 126 cm^2인 직사각형 ABCD에서 이웃하는 두 변의 길이가 x cm, y cm(x, y는 자연수)일 때, 이를 만족시키는 직사각형은 모두 몇 개인지 구하시오. (단, 가로, 세로의 길이가 서로 바뀌어도 같은 것으로 생각한다.)

10 세 자리 자연수 중에서 5 또는 7로 나누어떨어지는 수는 모두 몇 개인지 구하시오.

11 $18\times A$의 약수의 개수가 24개일 때, 다음 중 A의 값이 될 수 없는 수는?

① 3^9　② $2^2\times 3^3$　③ 2×3^5
④ $2^3\times 3^2$　⑤ $2^4\times 3$

12 $\dfrac{196}{n}$이 자연수일 때, n의 값이 될 수 있는 모든 자연수의 합을 구하시오.

13 $98 \times x = y^2$을 만족시키는 자연수 x, y에 대하여 $x+y$의 최솟값을 구하시오.

14 4, 5, 6의 어느 것으로 나누어도 3이 남는 수 중에서 300에 가장 가까운 자연수를 구하시오.

15 오른쪽 그림과 같은 모양의 종이를 크기가 같은 정사각형으로 남는 부분 없이 자르려고 한다. 가능한 한 큰 정사각형이 되도록 자를 때, 정사각형의 한 변의 길이를 구하시오.

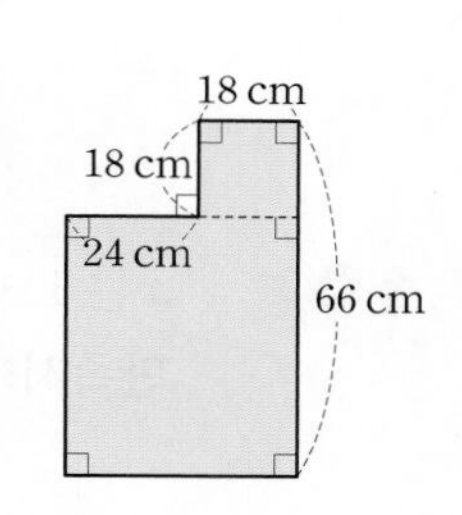

16 3으로 나누면 2가 남고, 4로 나누면 3이 남고, 5로 나누면 4가 남는 두 자리 자연수를 구하시오.

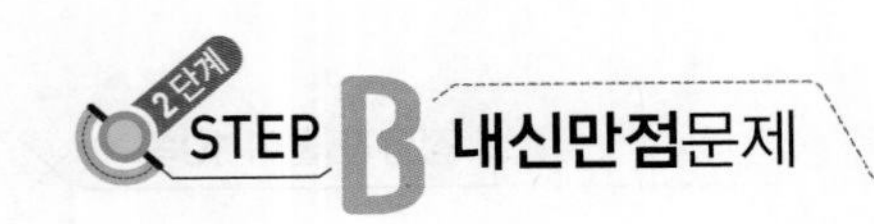

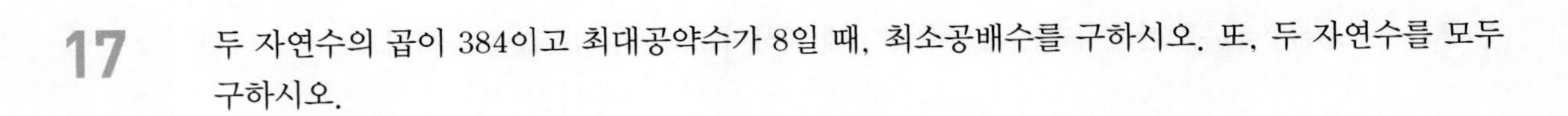

17 두 자연수의 곱이 384이고 최대공약수가 8일 때, 최소공배수를 구하시오. 또, 두 자연수를 모두 구하시오.

18 세 자연수 A, B, C에 대하여 $A:B:C=3:5:6$이고, 이 세 수의 최소공배수는 1350이다. 이때 $A+B-C$의 값을 구하시오.

19 x는 1보다 크고 6보다 작은 자연수이다. 이때 x와 10의 최소공배수를 $g(x)$라 하면, $g(x)=10$을 만족시키는 x는 모두 몇 개인지 구하시오.

20 500까지의 자연수 중에서 4의 배수이면서 6의 배수가 아닌 자연수는 모두 몇 개인지 구하시오.

21 두 자연수 a, b에 대하여 $[a, b]$를 a와 b의 최대공약수라 하자. x는 10 이상 20 이하인 자연수이고, $[10, x]=1$일 때, 이를 만족시키는 x의 값을 모두 구하시오.

22 1에서 100까지의 자연수 중에서 14와 서로소인 자연수의 개수를 구하시오.

23 50보다 크고 100보다 작은 2의 배수가 있다. 이 자연수는 3으로 나누어도, 7로 나누어도 나머지가 2이다. 이 자연수를 구하시오.

24 두 자연수 a, b의 최대공약수는 6이고, a는 4의 배수이다. $a\times b=1296$일 때, a의 값을 구하시오.
(단, a는 b 이상인 수)

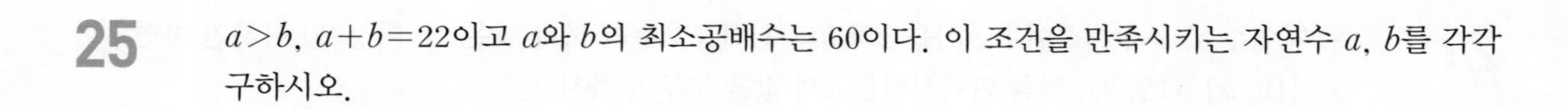

25 $a>b$, $a+b=22$이고 a와 b의 최소공배수는 60이다. 이 조건을 만족시키는 자연수 a, b를 각각 구하시오.

26 세 자연수 26, 78, x의 최대공약수는 13이고 최소공배수는 390이다. 이때 x의 값을 모두 구하시오.

27 84와 A의 최대공약수가 12이고 $(84+A)$가 11의 배수일 때, 두 자리 자연수 A를 구하시오.

28 a, b는 자연수이고 $a:b=4:7$이다. a와 b의 최소공배수가 980일 때, a와 b의 최대공약수를 구하시오.

29 세 자연수 a, b, c에 대하여 $24\times a=90\times b=c^2$을 만족시키는 c의 최솟값을 구하시오.

30 세 자연수 x, y, z의 최대공약수는 7이고 $\frac{x}{4}=\frac{y}{6}=\frac{z}{7}$일 때, x, y, z의 최소공배수를 구하시오.

31 가로, 세로의 길이가 각각 3 cm, 4 cm이고 높이가 5 cm인 직육면체 모양의 상자가 있다. 이 상자를 빈틈없이 쌓아서 부피가 최소인 정육면체를 만들려고 할 때, 상자는 모두 몇 개가 필요한지 구하시오.

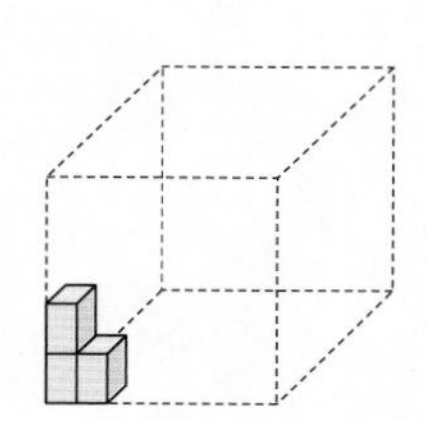

32 180과 $a^2\times b\times c$의 최대공약수가 20일 때, $a^2\times b\times c$의 최솟값을 구하시오.

(단, a, b, c는 서로 다른 소수)

33 자연수 p에 대하여 $\langle p\rangle$는 모든 약수들의 합, $\{p\}$는 약수의 개수를 나타낸다. $\langle 36\rangle=x$, $\{x\}=y$라 할 때, $\langle x\rangle+\{y\}$의 값을 구하시오.

34 톱니의 수가 각각 75개, 120개인 두 톱니바퀴 A, B가 서로 맞물려 있다. 두 톱니바퀴가 맞물려 돌기 시작하여 처음으로 다시 같은 톱니에서 맞물리는 것은 A, B가 각각 몇 바퀴 회전한 후인지 구하시오.

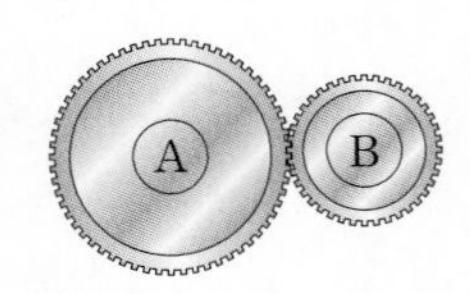

35 연필 60자루, 지우개 48개, 공책 72권을 되도록 많은 학생들에게 똑같이 나누어 주려고 한다. 나누어 줄 학생 수를 x명, 학생 한 명이 받을 연필, 지우개, 공책의 수를 각각 y자루, z개, w권이라 할 때, x와 $(y+z+w)$의 최대공약수를 구하시오.

36 망고 38개, 복숭아 65개, 자두 99개를 최대한 많은 학생들에게 똑같이 나누어 주었더니 망고는 2개, 복숭아는 5개, 자두는 3개가 남았다고 한다. 이때 한 학생이 받은 과일의 개수를 구하시오.

37 터미널에서 A행 버스는 오전 5시부터 14분 간격으로 출발하고, B행 버스는 오전 6시부터 8분 간격으로 출발한다. 다음 물음에 답하시오.

(1) A행 버스와 B행 버스가 처음으로 동시에 출발하는 시각을 구하시오.

(2) 오전 8시와 9시 사이에 두 버스가 동시에 출발하는 시각을 구하시오.

38 봉사활동에 참가한 인원을 몇 개의 모둠으로 나누려고 한다. 4명씩 한 모둠으로 하면 2명, 6명씩 한 모둠으로 하면 4명, 8명씩 한 모둠으로 하면 6명이 남는다고 한다. 10명씩 한 모둠으로 하면 인원이 남거나 모자라지 않을 때, 봉사활동에 참가한 최소 인원수를 구하시오.

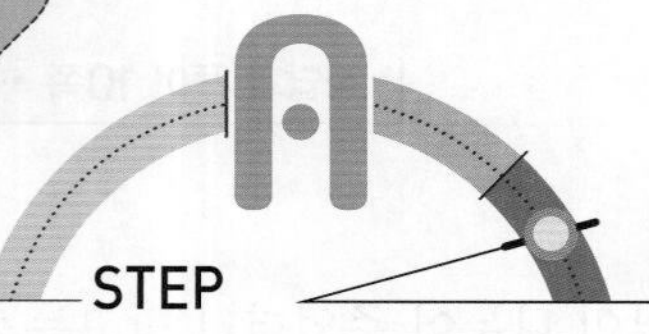

최고수준문제

01 자연수 18을 서로소인 두 자연수의 곱으로 나타내는 방법은 1×18, 2×9의 2가지가 있다. 이와 같은 방법으로 자연수 140을 서로소인 두 자연수의 곱으로 나타내는 방법은 몇 가지인지 구하시오.

02 두 자연수 A, B의 최대공약수는 3이고, 최소공배수는 36이다. A와 B의 합이 21일 때, 두 자연수를 구하시오.

03 네 자리 수 $63x4$에 2를 더하면 4로 나누어떨어진다. x의 값이 될 수 있는 모든 수의 곱을 구하시오.

04 세 자연수의 비가 $5:8:14$이고, 이 수들의 최대공약수와 최소공배수의 합이 3372일 때, 세 자연수를 구하시오.

05 146보다 큰 자연수 중에서 23으로 나누었을 때, 몫과 나머지가 같은 수는 모두 몇 개인지 구하시오.

06 세 분수 $\frac{64}{N}$, $\frac{72}{N}$, $\frac{M}{N}$은 모두 자연수이고, $\frac{64}{N}<\frac{72}{N}<\frac{M}{N}$이다. $\frac{M}{N}$이 가장 작을 때의 M의 값을 구하시오.

07 두 수 A, B에 대하여 A와 B를 그들의 최대공약수로 나눈 몫이 각각 3, 4이고, A와 B의 최소공배수는 240이다. A, B의 최대공약수를 G라 할 때, $G+A+B$의 값을 구하시오.

08 두 자리 자연수인 두 수의 곱이 768이고 최소공배수가 96일 때, 최대공약수와 두 수를 각각 구하시오.

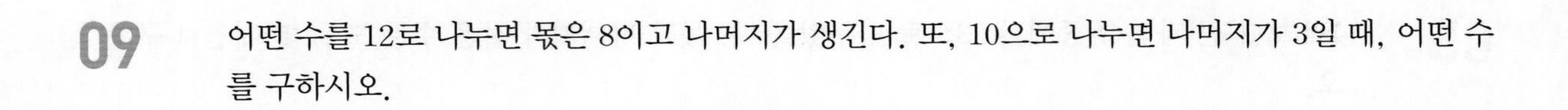

09 어떤 수를 12로 나누면 몫은 8이고 나머지가 생긴다. 또, 10으로 나누면 나머지가 3일 때, 어떤 수를 구하시오.

10 가로의 길이가 36 cm, 세로의 길이가 54 cm, 높이가 99 cm인 직육면체 모양의 목재를 가능한 한 큰 정육면체 모양의 블록으로 똑같이 잘랐다. 이 블록을 한 사람당 3개씩 가졌다면 모두 몇 명이 블록을 나누어 가졌는지 구하시오.

11 두 자리 자연수 A를 5로 나눈 나머지 r의 약수의 개수는 3개이다. 또, A를 12로 나눈 나머지가 4일 때, A를 구하시오.

12 곱은 2376이고 최대공약수는 6인 두 자연수에서 큰 수를 작은 수로 나누면 나머지는 6이다. 이때 몫을 모두 구하시오.

13 다음 두 수는 소수점 아래 수가 일정하게 반복되는 소수이다. 소수점 아래 86번째 자리까지 비교했을 때 같은 자리에 같은 숫자인 경우는 모두 몇 가지인지 구하시오.

• 0.23572357⋯ • 0.235235⋯

14 $\frac{125-k}{180}$를 분자, 분모의 최대공약수로 나누어 약분하였더니 분자가 3의 배수였다. 이것을 만족시키는 자연수 k 중 가장 작은 수를 구하시오.

15 자연수 N을 2에서 8까지의 수로 나누면 나머지는 모두 1이다. 이것을 만족시키는 N 중에서 1500에 가장 가까운 자연수를 구하시오.

16 a 이상 b 이하의 자연수 중에서 2와 3의 배수이면서 5의 배수가 아닌 자연수의 개수를 $n(a, b)$로 나타낸다. $n(100, b)=1000$일 때, $n(1, b)$를 구하시오.

17 a가 자연수일 때, $f(a)$는 a의 약수의 개수를 나타낸다. 다음 물음에 답하시오.

(1) $f(f(500))$을 구하시오.

(2) x가 1 이상 50 이하인 수일 때, $f(x)=3$을 만족시키는 x의 개수를 구하시오.

18 여섯 자리 자연수 $3ababa$가 6의 배수라면 이러한 여섯 자리 수는 몇 개인지 구하시오.

19 두 자연수 m, n에 대하여 $m \vee n$은 m과 n의 최소공배수이고, $m \wedge n$은 m과 n의 최대공약수로 약속할 때, 다음 물음에 답하시오.

(1) $(6 \wedge 8) \vee 10$을 구하시오.

(2) $10 \vee m=10$을 만족시키는 자연수 m의 개수를 구하시오.

(3) $10 \wedge n=1$을 만족시키는 자연수 n의 개수를 구하시오. (단, $n<20$)

20 1부터 50까지의 모든 자연수의 곱이 3^n으로 나누어떨어질 때, 가장 큰 수 n을 구하시오.

21 초콜릿 58개, 사탕 32개, 젤리 46개를 되도록 많은 학생들에게 똑같이 나누어 주려고 했더니 초콜릿은 2개가 모자라고, 사탕은 2개, 젤리는 1개가 남았다. 이때 나누어 줄 학생 수를 구하시오.

22 10에서 100까지의 모든 자연수 x를 각각 소수의 곱으로 나타낼 때, 소수 2의 개수를 y개라 한다. 다음 물음에 답하시오.

(1) $y=3$이 되는 x 중에서 가장 큰 수를 구하시오.

(2) $y=2$가 되는 x는 모두 몇 개인지 구하시오.

23 10^n에 가장 가까운 11의 배수를 구하시오. (단, n은 자연수)

24 네 자리 자연수 87□□(이)가 9의 배수가 되는 경우는 모두 몇 가지인지 구하시오.

25 한 변의 길이가 24 m인 정삼각형 ABC가 있다. 세 점 P, Q, R가 각각 매초 8 m, 6 m, 4 m의 속력으로 점 A를 동시에 출발하여 A → B → C → A → …로 움직이고 있다. 세 점 P, Q, R가 출발 후 처음으로 동시에 점 A를 지나는 것은 몇 초 후인지 구하시오.

26 다섯 자리 수 □679□(은)는 72로 나누어떨어진다. 이 자연수를 구하시오.

27 네 변의 길이가 각각 96 m, 160 m, 192 m, 224 m인 사각형 모양의 토지가 있다. 이 토지의 둘레에 같은 간격으로 말뚝을 박아 울타리를 만들려고 한다. 네 모퉁이에는 반드시 말뚝을 박아야 하고, 말뚝의 개수는 될 수 있는 한 적게 하려고 한다. 말뚝 사이의 간격은 20 m를 넘지 않게 할 때, 말뚝은 모두 몇 개가 필요한지 구하시오.

28 세 자연수 a, b, $c(a<b<c)$가 다음 세 조건을 모두 만족시킬 때, $a+b+c$의 값을 구하시오.

㉠ a, b, c의 최대공약수는 7이다.
㉡ a와 b의 최대공약수는 14, 최소공배수는 84이다.
㉢ b와 c의 최대공약수는 21, 최소공배수는 126이다.

29 두 자연수 a, b에 대하여 $a-b$가 7의 배수일 때, $a\equiv b$라고 약속하자. 다음 물음에 답하시오.
(단, $a\neq b$)

(1) $x\equiv 1$을 만족시키는 자연수 x 중 세 번째로 작은 수를 구하시오.
(2) $3\times x\equiv 1$을 만족시키는 자연수 x 중 세 번째로 작은 수를 구하시오.
(3) $x^2\equiv 2$를 만족시키는 자연수 x 중 1보다 크고 10보다 작은 수를 모두 구하시오.

30 연속하는 세 자연수의 합은 항상 3의 배수가 된다. 20보다 작은 자연수로 이루어진 연속하는 세 자연수의 쌍 중 그 합이 5의 배수가 되는 것은 몇 쌍인지 구하시오.

31 한 개의 원 위에서 같은 방향을 일정한 속도로 움직이는 세 점 A, B, C가 있다. 점 A는 한 바퀴 도는 데 8초가 걸리고, 점 B는 1분에 20바퀴, 점 C는 1분에 30바퀴를 돈다고 한다. 세 점 A, B, C가 동시에 점 P를 통과한 후, 15분 동안 점 P를 동시에 몇 번 통과하는지 구하시오.

32 어느 놀이동산에서 아르바이트를 하는 민지와 한수의 근무 일정은 다음과 같다. 같은 날 일을 시작하여 이 일정대로 100일 동안 일을 할 때, 두 사람이 같이 쉬는 날은 며칠인지 구하시오.

민지	한수
3일 일하고, 하루 쉬어요.	7일 일하고, 3일 쉽니다.

33 568의 뒤에 3개의 숫자를 붙여서 만든 여섯 자리 수가 3, 4, 5로 나누어떨어질 때, 최소인 여섯 자리 수를 구하시오.

34 두 전구 A, B가 있다. 전구 A는 4초 동안 켜져 있다가 2초 동안 꺼지고, 전구 B는 5초 동안 켜져 있다가 3초 동안 꺼진다. 두 전구가 동시에 켜지기 시작한 후, 360초 동안 두 전구가 모두 꺼져 있는 것은 몇 초 동안인지 구하시오.

35 1에서 30까지의 번호가 차례대로 붙어 있는 문이 30개 있다. 처음에 모든 문을 닫고 다음의 규칙에 따라 계속 실행했을 때, 물음에 답하시오.

> • 1회에는 1의 약수가 붙어 있는 모든 문을 열려 있으면 닫고, 닫혀 있으면 연다.
> • 2회에는 2의 약수가 붙어 있는 모든 문을 열려 있으면 닫고, 닫혀 있으면 연다.
> ⋮
> • n회에는 n의 약수가 붙어 있는 모든 문을 열려 있으면 닫고, 닫혀 있으면 연다.

(1) 30회를 실행하였을 때까지 n회째에 열리거나 닫히도록 움직인 문은 2개뿐이었다. 이때 n을 만족시키는 수는 모두 몇 개인지 구하시오.

(2) 50회까지 실행했을 때, 1에서 20까지의 번호가 붙어 있는 문 중 열려 있는 문은 모두 몇 개인지 구하시오.

다음
목적지를 위한
休
휴

산책 중
룰루루

낯가림

스님? 강아지?
귀여워!
그르르르릉
왈!왈왈!!
왈왈!
스님! 얘
왜? 이러는
거에요?
왈왈!!
아… 그… 그게~
늘 스님들과
생활해서 머리 있는
사람 싫어해!
뜨아!
허걱!
크르릉

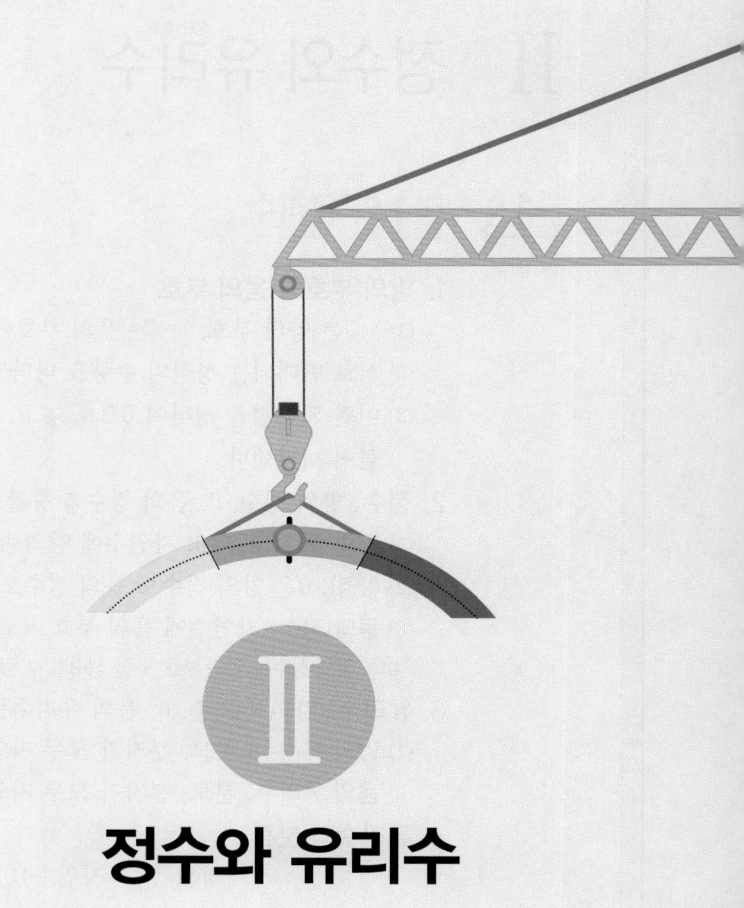

Ⅱ 정수와 유리수

핵심개념정리

II 정수와 유리수

1 정수와 유리수

1. 양의 부호와 음의 부호

(1) '$+$'는 양의 부호, '$-$'는 음의 부호이다.

(2) 서로 반대되는 성질의 수량을 나타낼 때 한쪽은 $+$로, 다른 한쪽은 $-$로 나타낸다.

(3) 어떤 기준점을 정하여 0으로 놓고, 0보다 크거나 많은 값에 $+$, 작거나 적은 값에 $-$를 붙여 나타낸다.

2. 정수: 양의 정수, 0, 음의 정수를 통틀어 정수라고 한다.

(1) 양의 정수(자연수): 자연수에 양의 부호 $+$를 붙인 수

(2) 0(영): 0은 양의 정수도 음의 정수도 아니다.

(3) 음의 정수: 자연수에 음의 부호 $-$를 붙인 수

참고 양의 정수는 양의 부호 $+$를 생략할 수 있지만 음의 정수는 음의 부호 $-$를 생략할 수 없다.

3. 유리수: 양의 유리수, 0, 음의 유리수를 통틀어 유리수라고 한다.

(1) 양의 유리수: 분모, 분자가 모두 자연수인 분수에 양의 부호 $+$를 붙인 수

(2) 음의 유리수: 분모, 분자가 모두 자연수인 분수에 음의 부호 $-$를 붙인 수

4. 유리수의 분류

- 유리수
  - 정수
    - 양의 정수(자연수): $+1,\ +2,\ +3,\ \cdots$
    - 0
    - 음의 정수: $-1,\ -2,\ -3,\ \cdots$
  - 정수가 아닌 유리수: $-\frac{1}{3},\ -0.8,\ +\frac{1}{2},\ +1.7,\ \cdots$

2 수직선과 절댓값

1. 수직선

(1) 직선 위에 기준이 되는 점을 정하여 그 점에 0을 대응시키고, 그 오른쪽에 양수, 왼쪽에 음수를 대응시킨 것을 수직선이라 하며 다음과 같이 나타낸다.

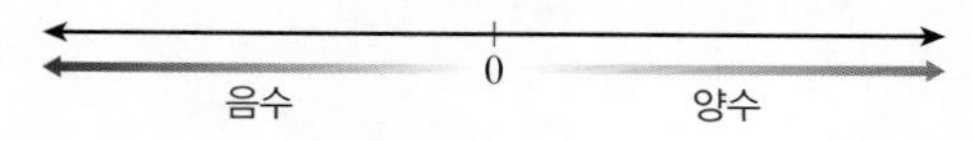

(2) 모든 유리수는 수직선 위에 나타낼 수 있다.

2. 절댓값

(1) 수직선 위에서 0을 나타내는 점과 어떤 수를 나타내는 점 사이의 거리를 절댓값이라 하고, 기호로는 $|\ |$로 나타낸다.

(2) 수 a의 절댓값: 어떤 수 a의 절댓값은 $|a|$로 나타낸다.

3. 절댓값의 성질

(1) 양수와 음수의 절댓값은 그 수에서 부호 $+$, $-$를 떼어낸 수와 같다.

(2) 0의 절댓값은 0이다. 즉, $|0|=0$이다.

(3) 절댓값이 클수록 0을 나타내는 점에서 멀리 떨어져 있다.

(4) 절댓값이 $a(a>0)$인 수는 $+a$와 $-a$의 2개이다.

 • $|x|<1 \Leftrightarrow -1<x<1$, $|x|>1 \Leftrightarrow x>1$ 또는 $x<-1$

• 절댓값은 수와 0을 나타내는 점 사이의 거리이므로 항상 0 이상이다.

3 수의 대소 관계

1. 수직선 위에서의 수의 대소 관계

수직선 위에서 오른쪽으로 갈수록 큰 수이고, 왼쪽으로 갈수록 작은 수이다.

2. 수의 대소 관계

(1) 양수는 0보다 크고, 음수는 0보다 작다. 즉, (음수)$<0<$(양수)이다.

(2) 두 양수에서는 절댓값이 큰 수가 크다.

(3) 두 음수에서는 절댓값이 큰 수가 작다.

3. 부등호의 사용

$a>b$	$a<b$	$a\geq b$	$a\leq b$
a는 b보다 크다. a는 b 초과이다.	a는 b보다 작다. a는 b 미만이다.	a는 b보다 크거나 같다. a는 b보다 작지 않다. a는 b 이상이다.	a는 b보다 작거나 같다. a는 b보다 크지 않다. a는 b 이하이다.

4 유리수의 덧셈과 뺄셈

1. 유리수의 덧셈

(1) 부호가 같은 두 수의 덧셈: 두 수의 절댓값의 합에 공통인 부호를 붙인다.

예 $(-3)+(-2)=-(3+2)=-5$

(2) 부호가 다른 두 수의 덧셈

① 두 수의 절댓값의 차에 절댓값이 큰 수의 부호를 붙인다.

예 $(-3.2)+(+2.2)=-(3.2-2.2)=-1$

② 절댓값이 같고 부호가 다른 두 수의 합은 0이다.

예 $\left(-\frac{2}{5}\right)+\left(+\frac{2}{5}\right)=0$

(3) 수와 0과의 덧셈: 어떤 수에 0을 더하면 자기 자신이 된다.

2. 덧셈의 계산 법칙: a, b, c가 유리수일 때

(1) 덧셈의 교환법칙: $a+b=b+a$

(2) 덧셈의 결합법칙: $(a+b)+c=a+(b+c)$

3. 유리수의 뺄셈

두 수의 뺄셈은 빼는 수의 부호를 바꾸어 덧셈으로 고쳐서 계산한다.

(1) (수)−(양수)=(수)+(음수)

예 $\left(+\frac{7}{9}\right)-\left(+\frac{5}{9}\right)=\left(+\frac{7}{9}\right)+\left(-\frac{5}{9}\right)=+\left(\frac{7}{9}-\frac{5}{9}\right)=+\frac{2}{9}$

(2) (수)−(음수)=(수)+(양수)

예 $\left(+\frac{4}{7}\right)-\left(-\frac{3}{7}\right)=\left(+\frac{4}{7}\right)+\left(+\frac{3}{7}\right)=+\left(\frac{4}{7}+\frac{3}{7}\right)=+1$

4. 유리수의 덧셈과 뺄셈의 혼합 계산

(1) 뺄셈을 모두 덧셈으로 고친 후 덧셈의 교환법칙과 결합법칙을 이용하여 양수는 양수끼리, 음수는 음수끼리 모아서 계산한다.

(2) 부호가 생략된 수의 혼합 계산에서는 괄호를 사용하여 생략된 양의 부호 +를 넣어서 계산한다.

5 유리수의 곱셈과 나눗셈

1. 유리수의 곱셈

(1) 부호가 같은 두 수의 곱셈: 두 수의 절댓값의 곱에 양의 부호를 붙인다.

예 $(+2)\times(+3)=+(2\times3)=+6$

(2) 부호가 다른 두 수의 곱셈: 두 수의 절댓값의 곱에 음의 부호를 붙인다.

예 $(+1.2)\times(-3)=-(1.2\times3)=-3.6$

(3) 수와 0, 1과의 곱셈: 어떤 수에 0을 곱하면 0이 되고, 1을 곱하면 자기 자신이 된다.

예 $0\times(+2.7)=(+2.7)\times0=0$, $1\times(+2.6)=(+2.6)\times1=+2.6$

2. 세 개 이상의 수의 곱셈

(1) 먼저 곱의 부호를 결정한다. 이때 곱해진 음수의 개수가 짝수 개이면 +, 홀수 개이면 −가 된다.

(2) 각 수의 절댓값의 곱에 (1)에서 결정된 부호를 붙인다.

예 $(+4)\times(-3)\times(+2)=-(4\times3\times2)=-24$

TIP $(+)\times(+)=(+)$, $(+)\times(-)=(-)$, $(-)\times(+)=(-)$, $(-)\times(-)=(+)$

3. 곱셈의 계산 법칙: a, b, c가 유리수일 때

(1) 곱셈의 교환법칙: $a\times b=b\times a$

(2) 곱셈의 결합법칙: $(a\times b)\times c=a\times(b\times c)$

4. 수의 거듭제곱

(1) 양수의 거듭제곱은 항상 양수이다.

(2) 음수의 거듭제곱은 지수에 의해 부호가 결정된다.

⇨ 지수가 ┌ 짝수이면 $+$
　　　　 └ 홀수이면 $-$

5. 분배법칙: a, b, c가 유리수일 때

$a\times(b+c)=a\times b+a\times c$, $(a+b)\times c=a\times c+b\times c$

6. 유리수의 나눗셈

(1) 부호가 같은 두 수의 나눗셈: 두 수의 절댓값의 나눗셈의 몫에 양의 부호를 붙인다.

예 $(+8)\div(+2)=+(8\div 2)=+4$

(2) 부호가 다른 두 수의 나눗셈: 두 수의 절댓값의 나눗셈의 몫에 음의 부호를 붙인다.

예 $(+2.4)\div(-2)=-(2.4\div 2)=-1.2$

(3) 0이 아닌 유리수와 0과의 나눗셈: 0을 0이 아닌 어떤 유리수로 나누면 0이 된다.

예 $0\div(+5.3)=0$

TIP $(+)\div(+)=(+)$, $(+)\div(-)=(-)$, $(-)\div(+)=(-)$, $(-)\div(-)=(+)$

7. 역수를 이용한 나눗셈

(1) 역수: 두 수의 곱이 1일 때, 한 수를 다른 수의 역수라 한다.

즉, $a\times b=1$일 때, a를 b의 역수(또는 b를 a의 역수)라 한다.

예 $\left(-\frac{2}{7}\right)\times\left(-\frac{7}{2}\right)=1$이므로 $-\frac{2}{7}$의 역수는 $-\frac{7}{2}$이다.

(2) 역수를 이용한 나눗셈 : 나누는 수의 역수를 곱하여 계산한다.

예 $\left(+\frac{2}{5}\right)\div\left(+\frac{3}{10}\right)=\left(+\frac{2}{5}\right)\times\left(+\frac{10}{3}\right)=+\left(\frac{2}{5}\times\frac{10}{3}\right)=+\frac{4}{3}$

6 혼합 계산

1. 곱셈, 나눗셈의 혼합 계산

(1) 거듭제곱이 있으면 거듭제곱을 먼저 계산한다.

(2) 나눗셈은 역수를 이용하여 곱셈으로 바꾸어 계산한다.

2. 덧셈, 뺄셈, 곱셈, 나눗셈의 혼합 계산

(1) 거듭제곱이 있으면 거듭제곱을 먼저 계산한다.

(2) 괄호가 있으면 괄호 안을 먼저 계산한다. 그 순서는 (소괄호)→{중괄호}→[대괄호]의 순이다.

(3) 곱셈, 나눗셈을 주어진 순서대로 먼저 계산한다.

(4) 덧셈, 뺄셈을 주어진 순서대로 계산한다.

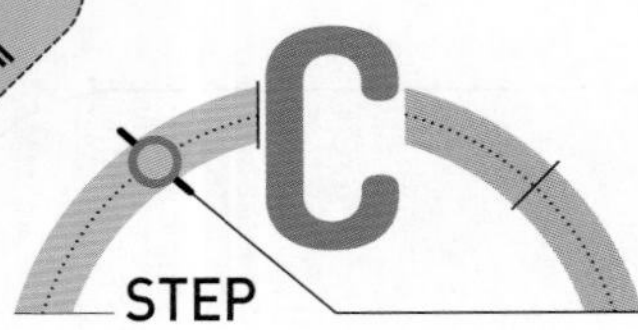

필수체크문제

01 다음 수들에 대한 설명으로 옳지 않은 것은?

$$-8, \quad +2\frac{3}{8}, \quad 2.4, \quad -\frac{9}{3}, \quad 0, \quad -\frac{5}{4}, \quad +\frac{8}{2}$$

① 양수는 3개이다.
② 음수는 3개이다.
③ 정수는 3개이다.
④ 정수가 아닌 유리수는 3개이다.
⑤ 유리수는 7개이다.

02 다음 중 옳지 않은 것을 모두 고르면?

① 모든 유리수는 정수이다.
② 0은 정수이다.
③ 모든 정수는 유리수이다.
④ 0은 유리수이다.
⑤ 음이 아닌 정수는 자연수이다.

03 다음 **보기** 중 옳은 것을 모두 골라 그 기호를 쓰시오.

보기

ㄱ. 정수는 양의 정수, 음의 정수로 이루어져 있다.
ㄴ. 0은 유리수가 아니다.
ㄷ. 두 유리수 사이에는 다른 유리수가 항상 존재한다.
ㄹ. 가장 작은 자연수가 존재한다.
ㅁ. 두 정수 사이에는 다른 정수가 항상 존재한다.
ㅂ. 어떤 정수라도 바로 앞의 정수와 바로 뒤의 정수를 알 수 있다.

04 다음 수를 수직선 위에 나타낼 때, 0을 나타내는 점에서 가장 멀리 떨어진 것은?

① $+\frac{15}{2}$　② $+6$　③ 0
④ -2.4　⑤ -8.1

05 두 정수 A, B의 절댓값이 같고 A가 B보다 12만큼 클 때, 다음 중 B의 값은?

① -12　② -6　③ 0
④ 6　⑤ 12

06 다음 **보기**에서 옳은 것을 모두 고른 것은?

보기
ㄱ. 절댓값이 가장 작은 정수는 1이다.
ㄴ. 유리수의 절댓값은 항상 0보다 크거나 같다.
ㄷ. 절댓값이 같은 유리수는 반드시 2개가 존재한다.
ㄹ. 음수에서는 절댓값이 큰 수가 작다.
ㅁ. $a<0$이면 $|a|=-a$이다.

① ㄱ　② ㄴ, ㅁ　③ ㄱ, ㄷ, ㄹ
④ ㄴ, ㄹ, ㅁ　⑤ ㄴ, ㄷ, ㄹ

07 절댓값이 $\frac{15}{4}$보다 작은 정수의 개수를 구하시오.

08 다음 □ 안에 >, < 중 알맞은 것을 써넣으시오.

(1) -3 □ -2.7

(2) $\frac{12}{5}$ □ $\frac{9}{4}$

(3) $+9.2$ □ $|-9.8|$

(4) $-\frac{15}{8}$ □ -1.87

09 다음을 부등호를 사용하여 나타내시오.

(1) a는 -7보다 크고 2 미만이다.

(2) a는 3 이상이고 12보다 작거나 같다.

(3) a는 -5 초과이고 8.2보다 크지 않다.

10 다음을 만족시키는 정수 x 중 절댓값이 가장 큰 수를 구하시오.

> 'x는 $-\frac{22}{3}$보다 작지 않고 $\frac{15}{4}$보다 크지 않다.'

11 다음 조건을 모두 만족시키는 서로 다른 네 수, a, b, c, d의 대소 관계를 부등호를 사용하여 나타내시오.

> (가) a는 양수이다.
> (나) 수직선에서 c를 나타내는 점은 a를 나타내는 점보다 오른쪽에 있다.
> (다) 수직선에서 b와 c를 나타내는 점은 0을 나타내는 점으로부터 같은 거리에 있다.
> (라) d는 가장 작은 수이다.

12 다음을 계산하시오.

(1) $(-5)-(+6)+(-11)-(-3)$

(2) $\left(+\frac{1}{3}\right)+\left(+\frac{7}{12}\right)-\left(+\frac{1}{4}\right)-\left(-\frac{5}{6}\right)$

13 $-5\frac{1}{7}$에 가장 가까운 정수를 a, $\frac{14}{9}$에 가장 가까운 정수를 b라 할 때, $|a+b|$의 값을 구하시오.

14 $a+2=7$, $b+(-2)=7$일 때, $a-b$의 값은?

① -5 ② -4 ③ -3
④ -2 ⑤ -1

15 다음 중 옳은 것을 모두 고르면?

① 5보다 -3만큼 큰 수는 8이다.
② -2보다 -4만큼 작은 수는 2이다.
③ 2보다 -5만큼 큰 수는 -7이다.
④ -5보다 2만큼 큰 수는 7이다.
⑤ 3보다 -5만큼 작은 수는 8이다.

16 $A=\frac{3}{4}-1+\frac{1}{5}$, $B=-6+\frac{2}{3}+5$일 때, $B-A$의 값을 구하시오.

17 $-\frac{11}{5}$보다 -6만큼 작은 수를 a, 4보다 $\frac{7}{3}$만큼 큰 수를 b라 할 때, $a<x<b$를 만족시키는 모든 정수 x의 합은?

① 5 ② 9 ③ 12
④ 15 ⑤ 18

18 어떤 유리수에 $\frac{2}{5}$를 더해야 할 것을 잘못하여 뺐더니 그 결과가 $\frac{7}{20}$이 되었다. 바르게 계산한 답을 구하시오.

19 두 유리수 $-\frac{9}{4}$와 2 사이에 있는 분모가 5인 기약분수 중에서 가장 큰 수를 a, 가장 작은 수를 b라 할 때, $a+b$의 값을 구하시오.

20 오른쪽 그림에서 한 변에 놓인 네 수의 합이 모두 같을 때, $A-B$의 값을 구하시오.

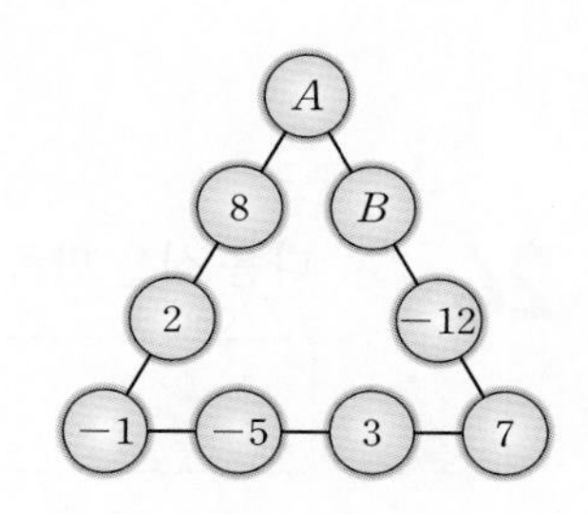

21 다음 중 계산 결과가 0에 가장 가까운 것은?

① $(-4)\times(-2)$
② $\left(-\frac{9}{2}\right)\times\left(+\frac{5}{18}\right)$
③ $(-1.8)\times(+0.5)$
④ $(-4)\times\left(-\frac{7}{2}\right)\times\left(+\frac{11}{28}\right)$
⑤ $\left(-\frac{5}{4}\right)\times\left(-\frac{16}{25}\right)\times\left(-\frac{5}{8}\right)$

22 다음 중 가장 큰 수의 기호를 쓰시오.

㉠ $(-2)^2$	㉡ -2^3	㉢ $(-2)^3$
㉣ $-(-2)^3$	㉤ -3^2	㉥ $-(-3)^2$

23 $(-1)^{2032}+(-1)^{2033}-(-1)^{2034}$을 계산하면?

① -1 ② 0 ③ 1
④ 2 ⑤ 3

24 다음 식을 만족시키는 두 유리수 a, b에 대하여 $a+b$의 값은?

$$46\times(-1.28)+54\times(-1.28)=a\times(-1.28)=b$$

① -38 ② -28 ③ 0
④ 28 ⑤ 38

25 네 수 $-\frac{2}{3}$, $\frac{7}{2}$, 0.8, -2 중에서 서로 다른 세 수를 뽑아 곱한 값이 최대가 되게 하는 세 수를 구하시오.

26 -3의 역수는 x, $1\frac{1}{2}$의 역수는 y일 때, $x\times y$의 값을 구하시오.

27 -2보다 $\frac{1}{4}$만큼 큰 수를 a, 3보다 $-\frac{1}{2}$만큼 작은 수를 b라 할 때, $\frac{a}{b}$의 값을 구하시오.

28 다음 중 항상 옳은 것을 모두 고르면?

① $a+b$가 양수이면 a, b는 양수이다.
② $a-b$가 양수이면 a, b는 양수이다.
③ $a\times b$가 음수이면 a, b는 음수이다.
④ $a\div b$가 음수이면 a, b 중 하나만 음수이다.
⑤ $a+b=0$이면 a, b는 절댓값이 같은 수이다.

29 다음 중 옳은 것을 모두 고르면?

① 임의의 유리수와 0과의 곱은 항상 0이다.
② 부호가 같은 두 수의 곱은 두 수의 절댓값의 곱에 양의 부호를 붙인다.
③ 부호가 다른 두 수의 곱은 두 수의 절댓값의 곱에 음의 부호를 붙인다.
④ 곱셈과 나눗셈만 있는 계산에서는 음수의 개수가 짝수 개이면 음수이고, 홀수 개이면 양수이다.
⑤ 부호가 다른 두 수의 덧셈에서는 각 수의 절댓값의 차에 절댓값이 작은 수의 부호를 붙인다.

30 두 유리수 a, b가 $a>b$, $\frac{a}{b}<0$일 때, a, b의 부호를 부등호를 사용하여 나타내시오.

31 $1-\cfrac{1}{1-\cfrac{1}{\cfrac{1}{2}}}$을 계산하시오.

32 오른쪽 그림의 정육면체에서 서로 마주 보는 면에 적힌 두 수의 곱은 1이다. -2, $\frac{7}{5}$, $-\frac{2}{3}$가 적혀 있는 면과 마주 보는 면에 적힌 수를 각각 a, b, c라 할 때, $a\div c\times b$의 값을 구하시오.

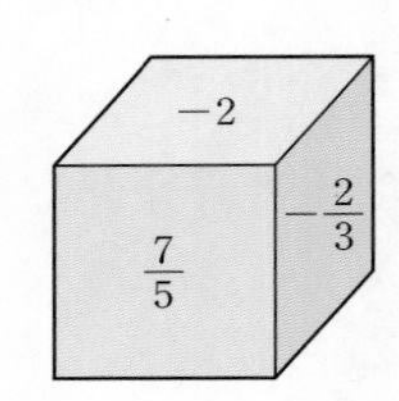

33 $\left(-\frac{11}{4}\right)\div\left(-\frac{9}{2}\right)\times\square=-\frac{7}{6}$일 때, $\square$ 안에 알맞은 수를 구하시오.

34 다음 식을 계산할 때, 두 번째로 계산해야 하는 곳은?

$$\frac{1}{6}\underset{\underset{\text{①}}{\uparrow}}{\times}\left[21.5\underset{\underset{\text{②}}{\uparrow}}{-}\left\{3\underset{\underset{\text{③}}{\uparrow}}{\times}\left(\frac{1}{4}\underset{\underset{\text{④}}{\uparrow}}{-}\frac{1}{6}\right)\underset{\underset{\text{⑤}}{\uparrow}}{-}6\right\}\right]$$

35 다음을 계산하시오.

(1) $(-2)+(-5)\times(-1)\div\left(-\frac{2}{3}\right)-\frac{1}{2}$

(2) $\left(-\frac{1}{2}\right)-\left(-\frac{2}{3}\right)+\left(-\frac{5}{6}\right)\times\frac{2}{15}$

(3) $\frac{3}{4}\div\left(-\frac{1}{2}\right)^2-2^2\times\frac{7}{4}$

36 다음 중 계산 결과가 옳지 않은 것은?

① $5-(1.4-2.9)\times2=8$

② $\left\{\left(-\frac{2}{3}+\frac{1}{2}\right)\times(-12)+6\right\}\div4=2$

③ $5\times\left(-\frac{5}{2}+\frac{3}{4}\div6+\frac{11}{8}\right)+5=0$

④ $\left(\frac{4}{3}-\frac{1}{4}\right)\div\left(\frac{1}{6}-\frac{8}{9}\right)-\frac{1}{2}=-1$

⑤ $\{72\times(-2.5)+(-2.5)\times28\}\div0.5=-500$

37 두 수 A, B에 대하여 $A=\frac{9}{2}\div\left\{5\times\left(-\frac{1}{2}\right)+1\right\}$, $B=\left\{\frac{2}{3}-(-1.25)^2\times1\frac{3}{5}\right\}\div0.6$일 때, $A\times B$의 값을 구하시오.

38 $7-6\div\left\{4+\left(3-10\times\frac{1}{2}\right)\right\}\times(-2)\times\left(-\frac{1}{3}\right)$을 계산하시오.

39 다음과 같은 규칙으로 계산되는 두 장치 A, B가 있다.

> A: 입력된 수에 4를 곱한 후 $\frac{7}{3}$을 뺀다.
>
> B: 입력된 수를 $-\frac{10}{11}$으로 나눈 후 1을 더한다.

A에 $\frac{13}{8}$을 입력하여 나오는 값을 다시 B에 입력할 때 나오는 값을 구하시오.

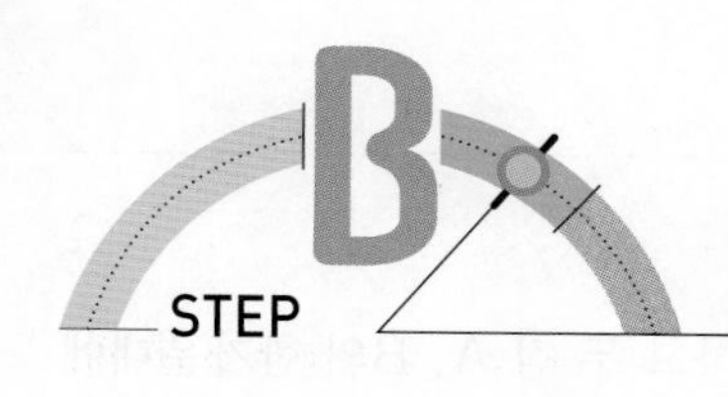

내신만점문제

정답과 풀이 22쪽

01 2보다 a만큼 작은 수를 -7, a보다 8만큼 큰 수를 b라 할 때, $a+b$의 값을 구하시오.

02 $|x|=3$일 때, $\frac{1}{4}-x$의 값이 될 수 있는 모든 수의 합을 구하시오.

03 a는 -10 초과 -4 미만인 정수이고, b는 -8보다 작은 정수이다. $a=b$일 때, a의 값을 구하시오.

04 주머니 속에 3, 6, 9, 12가 적혀 있는 공 4개가 들어 있다. 차례로 공 두 개를 꺼냈을 때 꺼낸 공에 적힌 두 수를 각각 a, b라 하자. 두 수를 사용하여 $\frac{b}{a}$를 만들 때, 만들 수 있는 수 중 정수가 아닌 유리수의 개수를 구하시오.

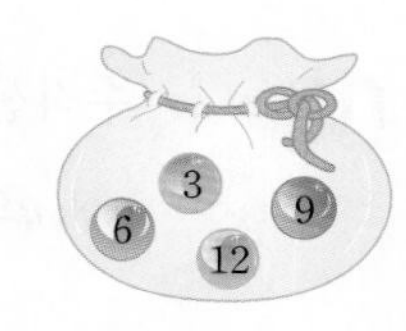

05 수직선 위에서 -10을 나타내는 점을 A, 4를 나타내는 점을 B라 하고 두 점 A, B의 한가운데에 있는 점을 M이라 할 때, 점 M이 나타내는 수를 구하시오.

06 두 정수 a, b가 $|a|=2$, $|b|=5$일 때, $a-b$의 값이 가장 클 때의 a, b의 값을 각각 구하시오.

07 $[x]$는 x를 넘지 않는 최대의 정수를 나타낸다. $x=-2.3$일 때, $[x]$의 값을 구하시오.

08 수직선 위에 $-\frac{2}{5}$, x, $-\frac{1}{4}$, y를 나타내는 네 점이 순서대로 있고, 점 사이의 간격이 일정할 때 $x+y$의 값을 구하시오.

09 다음 그림에서 이웃하는 세 수의 곱이 항상 1일 때, 세 상수 a, b, c의 합을 구하시오.

$-\frac{2}{3}$	4	a	b	c	$-\frac{3}{8}$

10 두 정수 a, b가 $a+b>0$, $a^2>0$, $a\times b=0$을 만족시킬 때, a, b의 대소 관계를 부등호를 사용하여 나타내시오.

11 5개의 수 -0.2, $\frac{1}{4}$, 0, 0.23, $-\frac{1}{3}$ 중에서 절댓값이 가장 큰 수와 절댓값이 가장 작은 수의 곱을 구하시오.

12 다음 식을 계산하시오.

$$\left(1-\frac{1}{2}+\frac{1}{3}-\frac{1}{4}+\frac{1}{5}-\frac{1}{6}\right)+\left(\frac{2}{2}+\frac{2}{3}-\frac{2}{4}+\frac{2}{5}-\frac{2}{6}\right)$$
$$+\left(\frac{3}{3}-\frac{3}{4}+\frac{3}{5}-\frac{3}{6}\right)-\left(\frac{4}{4}-\frac{4}{5}-\frac{4}{6}\right)+\left(\frac{5}{5}+\frac{5}{6}\right)$$

13

b의 절댓값은 a의 값보다 3만큼 크고 $a\times b<0$, $a=10$이다. b의 값을 구하시오.

14

두 수 $-\frac{1}{3}$과 $\frac{2}{7}$ 사이에 있는 유리수 중에서 분모가 17인 정수가 아닌 유리수의 개수를 구하시오.

15

두 정수 A, B에 대하여 $|A|=|B|$, $A-B=8$일 때, A의 값을 구하시오.

16

다음을 계산하시오.

(1) $\left(-\frac{1}{4}\right)\div\left(-\frac{1}{2}\right)^3-(-6)\times\left\{\frac{3}{4}+(-2)\right\}$

(2) $|-2^3\div 3|-\left|-2\frac{1}{3}\div\left(-1\frac{5}{9}\right)\right|$

(3) $-\left|-\left|\frac{(-3)^2}{-2^2}\right|\right|$

(4) $2-\left[\frac{1}{2}+\left(-\frac{2}{3}\right)\times\left\{\frac{7}{2}+\left(-\frac{5}{6}\right)\times\frac{8}{5}\right\}\right]\div\frac{1}{3}$

17 어떤 정수 a와 -3의 합은 양의 정수이고, a와 -5의 합은 음의 정수일 때, a의 값을 구하시오.

18 다음 표는 지수가 이번 달 5일부터 9일까지 하루 동안 마신 물의 양을 조사하여 전 날보다 증가했으면 부호 $+$, 감소했으면 부호 $-$를 사용하여 나타낸 것이다. 9일에 마신 물의 양이 $0.9\,\mathrm{L}$이었을 때, 4일에 마신 물의 양은 몇 L인지 구하시오.

5일	6일	7일	8일	9일
$-0.3\,\mathrm{L}$	$+0.1\,\mathrm{L}$	$+0.5\,\mathrm{L}$	$+0.2\,\mathrm{L}$	$-0.4\,\mathrm{L}$

19 $-2^2\div\left(-2\frac{2}{3}\right)-3\div\left(-\frac{1}{2}\right)^3\div\left(-\frac{9}{5}\right)$의 값에 가장 가까운 정수를 구하시오.

20 두 정수 a, b가 $a>0$, $b<0$, $a+b>0$을 만족시킬 때, a, b, $-a$, $-b$를 큰 수부터 차례로 나열하시오.

21 세 유리수 a, b, c가 $a\times c>0$, $a+b+c=0$일 때, 다음 중 항상 옳은 것은?

① $a>0$ ② $a<0$ ③ $a\times b>0$
④ $a\times b<0$ ⑤ $b\times c>0$

22 $|5-x|=4$일 때, $|3-2\times x|$의 값으로 가능한 값을 모두 구하시오.

23 2보다 -3만큼 작은 수를 A, -1보다 4만큼 큰 수를 B라 할 때, $B<|x|\le A$를 만족시키는 정수 x의 개수를 구하시오.

24 두 유리수 a, b에 대하여 $a-b<0$, $a\times b<0$일 때, $|a|+|b|+a-b$의 값을 구하시오.

25 서로 다른 세 수 a, b, c의 곱은 -24이다. $a<0<b<c$이고, $|a|=3$, $c=2\times b$일 때, c의 값을 구하시오.

26 네 수 $\frac{2}{3}$, -5, $-\frac{7}{2}$, $-\frac{1}{5}$ 중에서 서로 다른 세 수를 뽑아 곱한 값 중 가장 큰 수를 M, 가장 작은 수를 N이라 할 때, $M\div N$의 값을 구하시오.

27 오른쪽 그림과 같은 사다리를 이용하여 수를 계산하려고 할 때, $\frac{A}{B}$의 값을 구하시오. (단, -1을 타고 내려가서 쓰여진 순서대로 계산하면 $\{(-1)\times(-3)+5\}\times\frac{5}{2}=20$이다.)

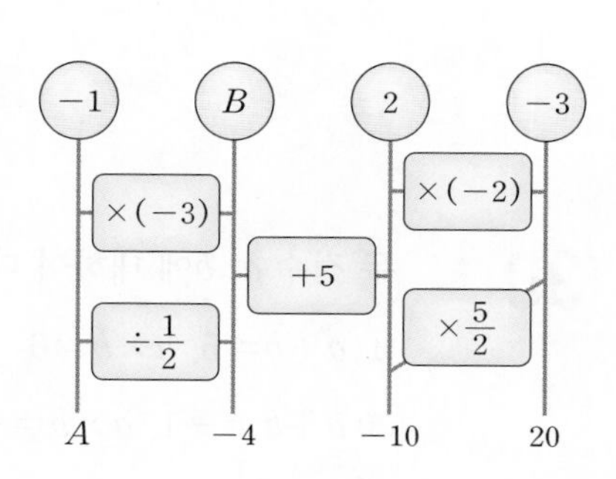

28 다음 네 수 A, B, C, D 중 절댓값이 가장 큰 수를 구하시오.

$A=3^3\times(3^5\times5-25\times3^4)\div5+2\times3^7$

$B=\left\{-2^2-2\frac{1}{4}\div\left(-1\frac{1}{2}\right)^3\right\}\div\left(3-\frac{2^2}{3}\right)$

$C=2\frac{1}{3}\div(-2^2)-2\frac{1}{4}\times\left(-\frac{1}{3}\right)^3$

$D=\{-3^2\times2+(-2)^3-4\times(-6)\}\div(-3)^2$

29 $-\frac{3}{4}$보다 $-\frac{1}{3}$만큼 작은 수를 A, $|x|=\frac{3}{2}$인 x 중에서 큰 수를 B라 할 때, $A\times B+2\times(-B)^2$의 값을 구하시오.

30 두 정수 a, b에 대하여 다음 조건을 만족시키는 a, b의 값을 각각 구하시오. (단, $a>b$)

(1) $a+b=5$, $a\times b=6$

(2) $a+b=-5$, $a\times b=6$

(3) $a+b=-1$, $a\times b=-6$

(4) $a+b=5$, $a\times b=-14$

31 $\{|5-|3-6||\times(-2)+3\}\div(10-3\times2\times|2-|4-9||)$를 계산하시오.

32 $a=-\frac{2}{3}$일 때, $2\times a$, a, a^2, $\frac{1}{a^2}$, $\frac{1}{a}$, $-a$, $-\frac{1}{a}$, $-\frac{1}{a^2}$, $-2\times a$ 중에서 가장 큰 수와 가장 작은 수를 차례대로 구하시오.

33 다음 □ 안에 알맞은 부등호를 써넣으시오.

(1) $a>b$이고 $a+b>0$이면 a □ 0이다.

(2) $a<b$이고 $a+b<0$이면 a □ 0이다.

(3) $a-b>0$이고 $a\times b<0$이면 a □ 0, b □ 0이다.

(4) $a+b<0$이고 $a\times b>0$이면 a □ 0, b □ 0이다.

(5) a, b는 모두 0이 아니고 $a+b=0$이면 $a\times b$ □ 0, $a\div b$ □ 0이다.

34 다음을 만족시키는 서로 다른 세 수 x, y, z에 대하여 물음에 답하시오.

> (가) x, y, z의 절댓값은 모두 3 이하인 정수이다.
> (나) $x\times y=0$, $x\times z>0$, $x+z<0$, $x-z>0$

(1) y의 값을 구하시오.

(2) (x, z)를 모두 구하시오.

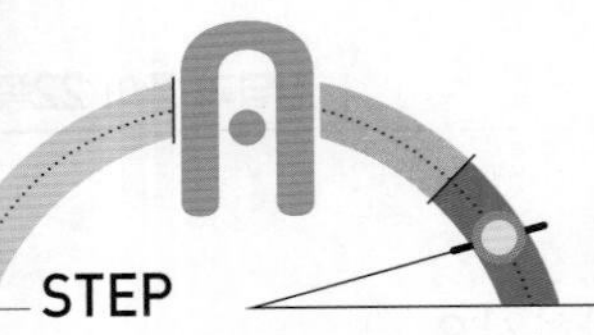

최고수준문제

01 $|a|>|b|$일 때, 다음 표에 $+$, 0, $-$를 알맞게 써넣으시오.

		$a>0$, $b>0$	$a>0$, $b<0$	$a<0$, $b>0$	$a<0$, $b<0$	$a>0$, $b=0$	$a<0$, $b=0$
(1)	$a+b$						
(2)	$a\times b$						

02 민정, 유빈, 은성, 예준, 재민이의 점수의 합이 0점일 때, 다음 물음에 답하시오.

(1) 민정, 유빈, 은성, 재민이의 점수가 각각 15점, -8점, -4점, 1점일 때, 예준이의 점수를 구하시오.

(2) 민정, 유빈, 은성, 예준이의 점수의 평균이 -3.5점일 때, 재민이의 점수를 구하시오.

03 세 유리수 a, b, c가 $a\times b>0$, $a\times b\times c\leq 0$, $a+b<0$을 만족시킬 때, $a+b+c$의 부호를 부등호를 사용하여 나타내시오.

04 세 유리수 $-1\frac{1}{3}$, 0.25, $\frac{3}{4}$ 중에서 서로 다른 두 수를 뽑아 곱한 후 나머지 수로 나눈 값을 x라 할 때, x의 절댓값이 최대가 되는 x의 값을 구하시오.

05 a의 절댓값은 $\frac{5}{2}$이고, b는 a보다 -4.25만큼 작은 수이다. $a\times b<0$일 때, b의 값을 구하시오.

06 n은 자연수이고 $n>1$일 때, $(-1)^{n}-(-1)^{n+1}-(-1)^{n-1}$의 값을 구하시오.

07 다음을 계산하시오.

(1) $\left[\left\{3-\left(-\frac{5}{4}\right)\times\left(-\frac{3}{10}\right)\right\}\div3\frac{1}{2}-1\frac{1}{4}\right]^{3}$

(2) $\left|(-6)^{2}\div3\times\left(-\frac{1}{2}\right)\right|+\left|\left(-\frac{4}{3}\right)^{2}\times0.75-\frac{1}{3}\right|$

(3) $\left\{\left(-\frac{1}{2}\right)^{3}-\left(-\frac{1}{3}\right)^{2}+\frac{1}{4}\right\}\div\left\{1-\left(\frac{1}{2}-\frac{2}{3}\right)\right\}$

08 두 유리수 a, b에 대하여 $a*b=\frac{a\times b}{a+b}$ $(a\neq-b)$라 할 때, $\frac{1}{4}*\left(\frac{1}{4}*\frac{1}{4}\right)$의 값을 구하시오.

09 두 자연수 m, n에 대하여 n이 m보다 작지 않고 $m\times(n+10)=75$를 만족시키는 $(m,\ n)$을 모두 구하시오.

10 두 수 a, b는 정수이고, $a\times|a-b|=5$를 만족시킬 때, $(a,\ b)$를 모두 구하시오.

11 두 정수 a, b에서 a의 절댓값은 b의 절댓값의 3배이고 $a\times b=12$일 때, $a+b$의 값을 모두 구하시오.

12 $A=-3^3\div\left(-1\frac{1}{2}\right)^2-\left(-\frac{2}{3}\right)^3\times54$, $B=5^2-1.4\div\left(-\frac{1}{5}\right)^2-3\frac{3}{4}\times\left(-\frac{2}{3}\right)^2$일 때, $A+B$의 값을 구하시오.

13 $A=\dfrac{12\times\left\{1-\left(-\frac{1}{2}\right)^4\right\}}{1-\left(-\frac{1}{2}\right)}$, $B=42\times\left(\frac{1}{6}-\frac{1}{7}\right)-2\times(-3)$, $C=\frac{6}{7}\div\left(\frac{1}{2}-\frac{5}{28}\right)\times\left(-\frac{15}{4}\right)$

일 때, A, B, C의 대소 관계를 부등호를 사용하여 나타내시오.

14 $A=-3^4\div\left(-1\frac{1}{2}\right)^2-\left\{\left(-\frac{3}{4}\right)^3\times\left(2\frac{2}{3}\right)^2-(-2)^4\right\}$일 때, $|A|$의 값을 구하시오.

15 $A=-\left(-\frac{1}{2}\right)^3-\left[\left(-\frac{2}{3}\right)^2-\frac{3}{2}\times\left\{\left(-\frac{1}{3}\right)^3-\left(-\frac{3}{2}\right)^2\right\}\right]$일 때, A의 값에 가장 가까운 정수를 구하시오.

16 $[x]$는 x보다 크지 않은 최대의 정수일 때, 다음 식의 값을 구하시오.

$$\left[\frac{1\times2}{7}\right]+\left[\frac{2\times3}{7}\right]+\left[\frac{3\times4}{7}\right]+\cdots+\left[\frac{8\times9}{7}\right]+\left[\frac{9\times10}{7}\right]$$

17 다음 표는 학생 8명의 수학 성적을 나타낸 것으로 정현이의 성적을 기준으로 하여 정현이보다 성적이 높으면 양수, 낮으면 음수로 나타낸 것이다. 평균이 64점일 때, 물음에 답하시오.

학생	은선	예나	지훈	경민	정현	희철	승아	연우
성적(점)	$+7$	-8	$+7$	-25	0	-7	$+9$	$+1$

(1) 정현이의 성적은 평균보다 몇 점이 더 높은지 또는 더 낮은지 구하시오.

(2) 승아의 성적을 구하시오.

18 두 수 a, b는 $|a|>|b|$, $a\times b<0$인 정수이다. $b=4$일 때, a의 값이 될 수 없는 모든 음의 정수의 합을 구하시오.

19 서로 다른 두 수 a, b는 -3, -2, -1, 0, 1, 2 중의 수이고, $a\times b$, $a-b$는 모두 음수이다. 다음 물음에 답하시오.

(1) b의 부호를 부등호를 사용하여 나타내시오.

(2) $a\times c=b\times c$가 되는 c의 값을 구하시오.

(3) $a+b$가 음수일 때, $a\times b$의 값을 모두 구하시오.

20 네 정수 a, b, c, d가 $a\times b\times c\times d>0$, $a<c$, $a\times b\times d<0$, $b+d<0$을 만족시킬 때, a, b, c, d의 부호를 부등호를 사용하여 나타내시오.

21 수직선 위에서 유리수 -1, a, b, 0, c, d, 1을 나타내는 점이 순서대로 있을 때, 다음 물음에 답하시오.

(1) $\frac{1}{a}$, $\frac{1}{b}$, $\frac{1}{c}$, $\frac{1}{d}$을 큰 수부터 차례로 나열하시오.

(2) $a\times d$와 $b\times c$의 대소 관계를 부등호를 사용하여 나타내시오.

22 오른쪽 표와 같이 -24에서 17까지의 정수를 나열할 때, 다음 물음에 답하시오.

(1) A 부분의 세 수의 합과 B 부분의 세 수의 합을 각각 구하시오.

(2) (1)과 같이 세로로 세 수의 합을 구할 때, 합이 -24가 되는 세 수를 구하시오. 또, 이 세 수는 a~g 중 어디에 있는 수인지 기호를 쓰시오.

a	b	c	d	e	f	g
-24	-23	-22	-21	-20	-19	-18
-17	-16	-15	-14	-13	-12	B -11
-10	-9	-8	-7	-6	-5	-4
-3	A -2	-1	0	1	2	3
4	5	6	7	8	9	10
11	12	13	14	15	16	17

(3) $7\times n+2$의 n에 정수를 넣었을 때의 값이 나열된 곳은 a~g 중 어느 곳인지 기호로 답하시오.

23 x의 절댓값은 3, y의 절댓값은 5, z의 절댓값은 2일 때, 다음 물음에 답하시오.

(1) $x+y$가 될 수 있는 값을 모두 구하시오.

(2) $x-z$가 될 수 있는 값을 모두 구하시오.

(3) $x+y=z$일 때, $(x,\ y,\ z)$를 모두 구하시오.

24 희철이와 규현이가 돌계단에서 가위바위보를 하여 이긴 사람은 4계단을 올라가고, 진 사람은 3계단을 내려가는 게임을 하였다. 두 사람의 출발점은 같았고, 위로도 아래로도 40계단 이상 있었다. 다음 물음에 답하시오. (단, 비기는 경우는 생각하지 않는다.)

(1) 가위바위보 5번 중 희철이가 3번 이겼을 때, 희철이는 규현이보다 몇 계단 위에 있었는지 구하시오.

(2) 가위바위보를 7번한 후 규현이는 출발점에 그대로 있을 때, 규현이의 가위바위보의 결과는 몇 승 몇 패인지 구하시오.

25 네 정수 a, b, c, d가 다음 조건을 만족시킬 때, a, b, c, d의 부호를 부등호를 사용하여 나타내시오.

(가) $a\times b\times c\times d<0$　(나) $a+b+c=0$　(다) $b-c<0$　(라) $c\times d<0$

26 $|4\times x+8|+|2\times y-1|=0$일 때, $(x\times y)^{2025}+\frac{1}{2}\times x^5-8\times y^4$의 값을 구하시오.

27 다음 조건을 만족시키는 5개의 정수의 쌍을 모두 구하시오.

(가) 5개의 수의 곱의 절댓값은 162이다.
(나) 어떤 두 수의 합은 0이고 나머지 세 수의 합도 0이다.
(다) 어떤 세 수의 합은 0이고 절댓값의 비는 $1:2:3$이다.

28 양의 유리수를 다음과 같은 순서로 배열하여 $\frac{1}{2}$을 3번째라고 할 때, $\frac{6}{17}$은 몇 번째인지 구하시오.

$$\left(\frac{1}{1}\right), \left(\frac{2}{1}, \frac{1}{2}\right), \left(\frac{3}{1}, \frac{2}{2}, \frac{1}{3}\right), \cdots$$

29 임의의 유리수 a에 대하여 $[a]$는 a보다 크지 않은 최대의 정수를 나타내고, 임의의 자연수 b에 대하여 $b!$은 $1\times2\times3\times\cdots\times(b-1)\times b$를 나타낼 때, 다음을 계산하시오.

$$\left[\frac{2034!+2031!}{2033!+2032!}\right]$$

30 어느 수목원에 500가지 종류의 꽃씨가 있다. 이 꽃씨들에 1부터 500까지 차례대로 번호를 매겨놓고, 수목원의 입구부터 다음과 같은 순서대로 꽃씨를 심었다.

1, 1, 1, 1, 2, 1, 1, 3, 3, 1, 1, 4, 4, 4, 1, 1, 5, 5, 5, 5, 1, 1, ⋯

이러한 순서로 1000개의 꽃씨를 심었을 때, 번호 1이 매겨진 꽃씨는 모두 몇 개나 심었는지 구하시오.

STEP A Ⅱ 정수와 유리수

딱 두 조각만

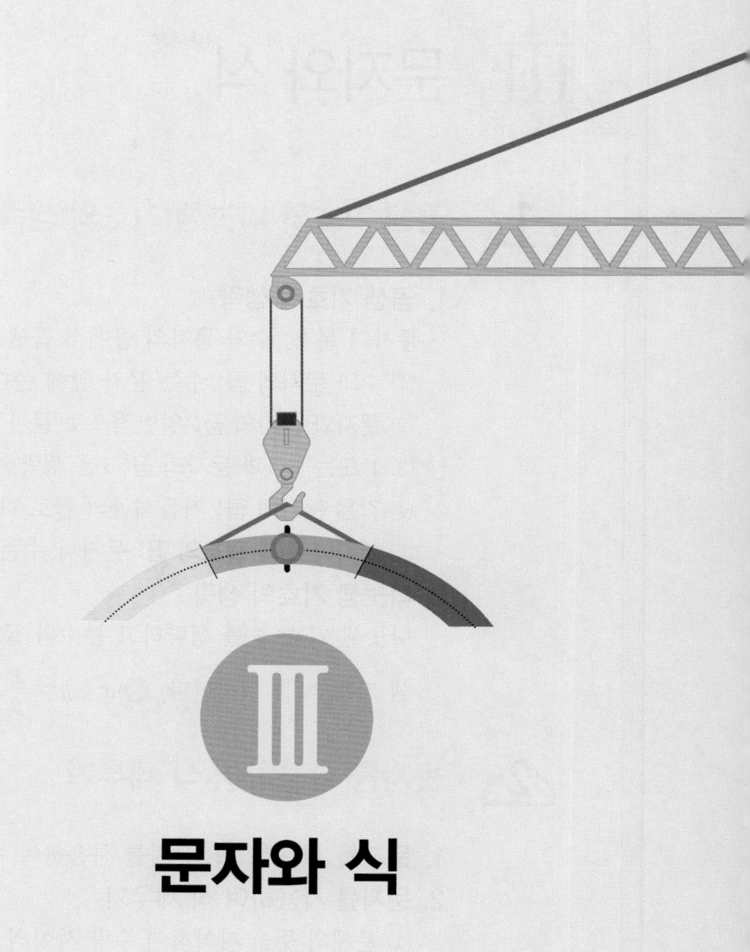

III 문자와 식

핵심개념정리

III 문자와 식

1 곱셈 기호와 나눗셈 기호의 생략

1. 곱셈 기호의 생략

문자와 문자, 수와 문자의 곱에서 곱셈 기호 ×를 생략하여 간단히 나타낼 수 있다.

(1) 수와 문자의 곱: 수는 문자 앞에 쓴다. 예 $7\times x=7x$, $a\times 6=6a$

(2) 문자와 문자의 곱: 일반적으로 문자는 알파벳 순서로 쓴다. 예 $b\times c\times a=abc$

(3) 1 또는 -1과 문자의 곱: 1은 생략한다. 예 $x\times 1\times y=xy$, $(-1)\times a\times b=-ab$

(4) 같은 문자의 곱: 거듭제곱의 꼴로 나타낸다. 예 $x\times x=x^2$, $a\times a\times a=a^3$

(5) 문자나 수와 괄호의 곱: 문자나 수는 괄호 앞에 쓴다. 예 $(x+y)\times 5=5(x+y)$

2. 나눗셈 기호의 생략

나눗셈 기호 ÷를 생략하고 분수의 꼴로 나타내거나 나눗셈을 역수의 곱셈으로 바꾼 후 곱셈 기호 ×를 생략한다. 예 $x\div y=\frac{x}{y}$ (단, $y\neq 0$), $x\div 5=x\times\frac{1}{5}=\frac{x}{5}\left(\text{또는 }\frac{1}{5}x\right)$

2 문자를 사용하여 식 세우기

1. 문자를 사용한 식: 문자를 사용하여 수량 사이의 관계를 간단한 식으로 나타낼 수 있다.

2. 문자를 사용하여 식 세우기

(1) 문제의 뜻을 파악하여 수량 사이의 규칙을 찾는다.

(2) 문자를 사용하여 (1)의 규칙에 맞도록 식을 세운다.

참고 문자를 사용한 식에 자주 쓰이는 수량 사이의 관계

1. $(\text{소금물의 농도})=\frac{(\text{소금의 양})}{(\text{소금물의 양})}\times 100(\%)$ 2. $(\text{거리})=(\text{속력})\times(\text{시간})$

식의 값

1. 대입: 문자를 사용한 식에서 문자에 어떤 수를 바꾸어 넣는 것

2. 식의 값: 문자를 사용한 식에서 문자에 어떤 수를 대입하여 계산한 결과

3. 식의 값을 구하는 방법

(1) 주어진 식에서 생략된 곱셈 기호 ×를 다시 쓴다.

(2) 문자에 주어진 수를 대입하여 계산한다.

참고 문자에 음수를 대입할 때에는 반드시 ( )를 사용한다.

4 다항식과 일차식

(1) 항: 수 또는 문자의 곱으로만 이루어진 식
(2) 상수항: 문자 없이 수로만 이루어진 항
(3) 계수: 수와 문자의 곱으로 이루어진 항에서 문자에 곱해진 수
(4) 다항식: 한 개의 항이나 여러 개의 항의 합으로 이루어진 식

주의 $\frac{a}{x}$와 같이 분모에 문자가 있는 것은 항이 아니다. 따라서 다항식이 아니다.

(5) 단항식: 다항식 중에서 한 개의 항으로만 이루어진 식(단항식도 다항식이다.)
(6) 항의 차수: 어떤 항에서 문자가 곱해진 개수 예 $4x$의 차수는 1, $-2a^2$의 차수는 2

참고 상수항은 문자가 없으므로 차수가 0이다.

(7) 다항식의 차수: 다항식에서 차수가 가장 큰 항의 차수 예 $-5x^2+7x$(차수가 2인 다항식)
(8) 일차식: 차수가 1인 다항식

5 일차식과 수의 곱셈, 나눗셈

1. (일차식)×(수), (수)×(일차식)

분배법칙을 이용하여 일차식의 각 항에 수를 곱한다.

예 $2(2x+1)=2\times2x+2\times1=4x+2$

2. (일차식)÷(수)

분배법칙을 이용하여 일차식의 각 항에 나누는 수의 역수를 곱한다.

예 $(10a-5)\div(-4)=(10a-5)\times\left(-\frac{1}{4}\right)=10a\times\left(-\frac{1}{4}\right)-5\times\left(-\frac{1}{4}\right)$
$=-\frac{5}{2}a+\frac{5}{4}$

6 일차식의 덧셈과 뺄셈

1. 동류항

(1) 문자와 차수가 각각 같은 항을 동류항이라고 한다. 예 $-a$와 $-3a$, xy와 $5xy$
(2) 상수항끼리는 모두 동류항이다.
(3) 동류항의 덧셈과 뺄셈
동류항의 계수끼리 더하거나 빼고 문자를 곱한다. 예 $-x+4x=(-1+4)x=3x$

참고 문자와 차수 중 어느 하나라도 다르면 동류항이 아니다.

2. 일차식의 덧셈과 뺄셈

괄호가 있는 식은 분배법칙을 이용하여 괄호를 풀고, 동류항끼리 모아서 계산한다.

예 $5(a-3b)-2(2a+b)=5a-15b-4a-2b$
$=(5-4)a+(-15-2)b=a-17b$

STEP C 필수체크문제

01 다음 중 $a\div b\times c\div d$에서 $\times$, $\div$를 생략하여 바르게 나타낸 것은?

① $\frac{ad}{bc}$ ② $\frac{bc}{d}$ ③ $\frac{bc}{ad}$

④ $\frac{ac}{bd}$ ⑤ $\frac{a}{bcd}$

02 다음 중 $\frac{a+b}{xy}$와 같은 것은?

① $(a+b)\div x\div y$ ② $(a+b)\div x\times y$ ③ $a+b\div x\div y$

④ $a+b\div x\times y$ ⑤ $a\div x+b\div y$

03 다음 중 옳은 것은?

① $a\div b\times c=\frac{a}{bc}$ ② $0.1\times a\times b=0.ab$ ③ $a\div 7\times b\times(-3)=-\frac{3a}{7b}$

④ $a\div\left(b\div\frac{1}{c}\right)=\frac{ac}{b}$ ⑤ $a\times 4\times b-y\times 5\times x\times y=4ab-5xy^2$

04 다음을 문자를 사용한 식으로 나타내시오.

(1) a의 3배와 5의 합

(2) x의 2배와 y의 3배의 합

(3) a의 5배와 b의 합의 3배

(4) a의 제곱에서 b를 뺀 수의 2배

(5) a와 b의 합의 $\frac{1}{2}$배

(6) x의 제곱과 y의 세제곱의 곱

(7) a에 2를 더한 수와 b의 2배에서 3을 뺀 수의 곱

(8) a와 b의 합과 차의 곱 (단, $a>b$)

05 다음 중 옳지 않은 것은?

① 한 모서리의 길이가 x cm인 정육면체의 겉넓이 ⇨ $6x^2$ cm^2

② 13 km의 거리를 시속 a km의 속력으로 걸었을 때 걸린 시간 ⇨ $\frac{13}{a}$시간

③ 1명당 x원씩 9명이 모아서 y원인 물건을 사고 남은 돈 ⇨ $(9x-y)$원

④ 백의 자리의 숫자가 a, 십의 자리의 숫자가 b, 일의 자리의 숫자가 c인 세 자리 자연수
⇨ $100a+10b+c$

⑤ 정가가 x원인 옷을 30 % 할인한 가격 ⇨ $0.3x$원

06 요한이가 집에서 7 km 떨어진 체육관을 향해 시속 5 km로 x시간 동안 갔을 때, 남은 거리를 문자를 사용한 식으로 나타내시오.

07 물 150 g에 소금 a g을 넣어 만든 소금물의 농도를 문자를 사용한 식으로 나타내시오.

08 $a=-3$일 때, 다음 식의 값을 구하시오.

(1) $(-a)^2$ (2) $-(-a)^2$ (3) $(-a)^3$

(4) $(-a^3)^2$ (5) $(-a^2)^3$ (6) $\{-(-a)^2\}^3$

09 다음 중 옳은 것은?

① $x-4y+3$에서 항은 x, $4y$, 3이다.
② $2xy-5$는 단항식이다.
③ $\frac{1}{x}+3x+1$은 다항식이다.
④ $6x^2-2x+7$의 차수는 2이다.
⑤ $-\frac{1}{3}x+2$와 $-x^2+4x$의 차수는 같다.

10 다항식 $-x^2+5x+12$에 대하여 x^2의 계수를 a, x의 계수를 b, 상수항을 c라 할 때, $a+b+c$의 값을 구하시오.

11 다음 식의 값을 구하시오.

(1) $x=3$, $y=-5$일 때, $2x^2+xy$

(2) $x=-3$, $y=2$일 때, x^2-2y^3

(3) $x=-1$, $y=-2$일 때, $\frac{x}{y}-\frac{y}{x}$

12 $a=4$, $b=-3$, $c=-2$일 때, $(a-b+3c)^3$의 값을 구하시오.

13 다음 중 일차식을 모두 고르면?

① x^2-3x+1　② $(3-3)x+5$　③ $2x+3-2x$

④ $0.2x-3$　⑤ $2x^2-4x+3-x-2x^2$

14 다음 식의 값을 구하시오.

(1) $a=-6$, $b=3$일 때, $\frac{5}{a}-\frac{b}{4}+2$

(2) $a=-\frac{1}{2}$, $b=-\frac{3}{4}$일 때, $-a^2-\frac{1}{b}-\frac{1}{12}$

(3) $a=-\frac{1}{2}$, $b=\frac{1}{3}$, $c=-\frac{3}{4}$일 때, $\frac{4}{a}+\frac{9}{b}-\frac{3}{c}$

15 다음 중 옳은 것은?

① $6x\times(-3)=6x-3$

② $(-4a)\div(-5)=-20a$

③ $5\left(2x-\frac{1}{6}\right)=10x-\frac{1}{6}$

④ $-(10x-4)\div 2=-5x+2$

⑤ $(9x-6)\div\frac{3}{2}=\frac{27}{2}x-9$

16 $-3(2a-3b)+5(3a-b)$를 간단히 한 식에서 a의 계수와 b의 계수의 합을 구하시오.

17 $\frac{5}{4}\times(8x-20)$의 x의 계수를 a, $(-6x+9)\div\frac{3}{2}$의 상수항을 b라 할 때, $a-b$의 값을 구하시오.

18 어느 중학교의 올해 신입생 수는 a명으로 이것은 작년에 비해 20 % 증가한 것이다. 작년도 신입생 수를 문자를 사용한 식으로 나타내시오.

19 어떤 다항식에서 $x-2$를 뺐더니 $-4x+3$이 되었다. 어떤 다항식을 구하시오.

20 어떤 다항식에서 $2x+5$를 빼야 할 것을 잘못하여 더했더니 $-3x+11$이 되었다. 이때 바르게 계산한 식을 구하시오.

21 다음 식을 계산하시오.

(1) $-(-2x-7)+2(-x+3)$

(2) $15\left(\frac{2}{3}x-\frac{1}{5}\right)-12\left(\frac{1}{4}-\frac{5}{6}x\right)$

(3) $\frac{x-1}{4}+\frac{2x-2}{3}-\frac{2x+5}{2}$

(4) $x+y-[x+y-\{(x-y)-(x+y)\}]$

22 $3x-[-x+\{2x-5(x-1)\}+9]=ax+b$일 때, $a+b$의 값을 구하시오.

23 $A=2x-5y$, $B=-6x+8y$일 때, $3A-\frac{1}{2}B$를 간단히 하시오.

24 삼각형의 내각 중 한 각의 크기는 $a°$이고, 다른 한 각의 크기는 그것보다 $10°$만큼 더 크다. 나머지 한 각의 크기를 문자를 사용한 식으로 나타내시오.

25 길이가 x km인 자전거 도로를 자전거로 처음에는 시속 8 km로 a시간 달리고 남은 거리는 시속 10 km로 달렸을 때, 전체 걸린 시간을 문자를 사용한 식으로 나타내시오.

26 '연속하는 두 자연수의 합은 홀수이다.'를 설명하시오.

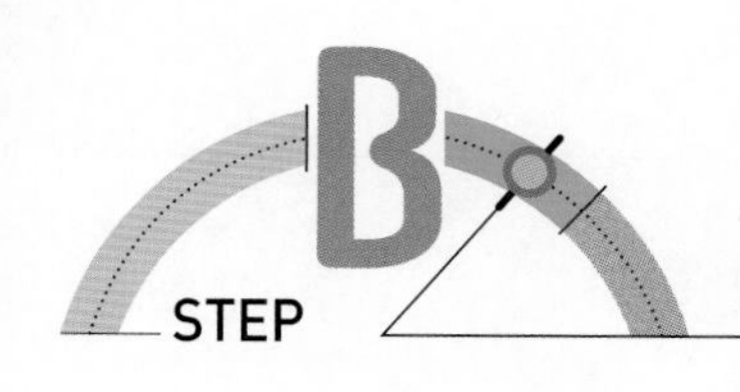

내신만점문제

정답과 풀이 33쪽

01 $a=-3$, $b=5$일 때, $5|2a+3b|-6|a-2b|$의 값을 구하시오.

02 다음 식의 값을 구하시오.

(1) $a=3$, $b=-2$, $c=-5$일 때, $\dfrac{a(b+c)^2-abc}{3}$

(2) $a=-1$, $b=-2$, $c=3$일 때, $\dfrac{c}{2a^2}-\dfrac{b^2-c^2}{3bc}\div|b-c|$

03 다음 식을 간단히 하시오.

(1) $\dfrac{2}{3}\left(\dfrac{1}{2}x-1\right)-\dfrac{1}{3}\left(\dfrac{3}{2}x-\dfrac{5}{6}\right)$

(2) $x-\dfrac{x-2y}{2}-\dfrac{5x-y}{6}$

04 다음 식을 간단히 하시오.

(1) $\frac{2}{5}(6-4x)-8\left\{\frac{1}{4}(3x-5)-\frac{1}{2}(2x-3)\right\}$

(2) $2x-3\left[x+5\left\{x-\frac{1}{15}(3x-5)\right\}\right]$

05 $-(7x+5)+5\left\{0.5(10x-3)-\frac{1}{2}(4x+1)\right\}$을 간단히 하였을 때, 일차항의 계수를 A, 상수항을 B라 하자. 이때 AB의 값을 구하시오.

06 $3x+2y$에 다항식 A를 더했더니 $5x-y+3$이 되었고, 다항식 B에서 $-x+7y-4$를 뺐더니 $-3x-2y+4$가 되었다. 이때 $A-B$를 계산하시오.

07 x의 2배에서 3을 뺀 수를 A, x의 3배에 5를 더한 수를 B라 할 때, $-\frac{1}{3}A-B$를 간단히 하시오.

08 어느 공장에서 매일 a개의 상품을 만들고 있다. 1일 생산량을 p % 증가시키면 하루에 몇 개의 상품을 만들 수 있는지 문자를 사용한 식으로 나타내시오.

09 다음 그림은 한 변에 같은 개수의 바둑돌을 2개, 3개, 4개, 5개, …가 되도록 나열한 것이다. 한 변에 놓인 바둑돌의 개수가 n개일 때 놓인 바둑돌의 개수를 n을 사용한 식으로 나타내시오.

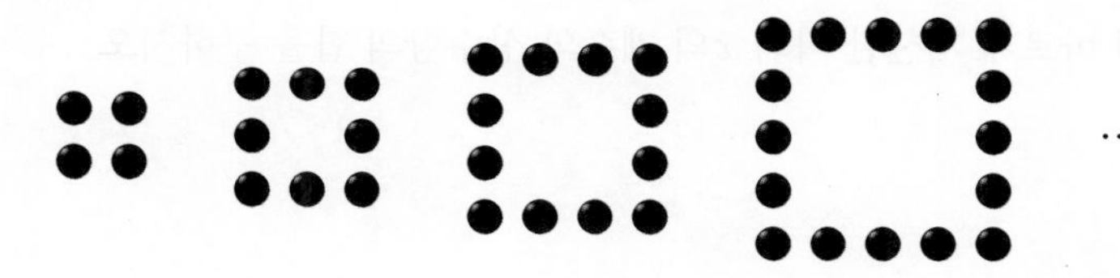

10 시속 3 km로 흐르는 강을 x km 내려가는 데 y시간 걸리는 배가 있다. 배는 항상 일정한 속력으로 갈 때, 흐르지 않는 물에서 이 배의 속력을 문자를 사용한 식으로 나타내시오.

11 호수 둘레의 같은 지점에서 도현이와 유진이가 서로 반대 방향으로 동시에 출발하여 40분 만에 만났다고 한다. 도현이는 시속 x km, 유진이는 시속 y km로 달렸을 때, 호수의 둘레의 길이를 문자를 사용한 식으로 나타내시오.

12 어떤 다항식에서 $6x-3$을 2배 하여 빼야 할 것을 잘못하여 $\frac{1}{3}$배 하여 더했더니 $-2x+5$가 되었다. 이때 바르게 계산한 식의 x의 계수와 상수항의 합을 구하시오.

13 $A=2x-3y+z$, $B=3x+2y-4z$, $C=x-4y+3z$일 때, 다음을 간단히 하시오.

(1) $A-B+C$

(2) $A+B-C$

(3) $A-2B+3C$

14 $x=2a-1$, $y=a+2$, $z=-2a-1$일 때, 다음을 간단히 하시오.

(1) $x-y-2z$

(2) $2x-3y+4z$

(3) $12\left(\frac{x-y}{2}-\frac{y-z}{3}+\frac{x+z}{4}\right)$

15 영어 듣기 평가 점수가 a점인 학생이 7명, b점인 학생이 3명이었다. 그런데 이 10명의 평균을 a점인 학생이 5명, b점인 학생이 5명으로 잘못 구하였다. 잘못 구한 평균과 올바른 평균과의 차를 문자를 사용한 식으로 나타내시오. (단, $a>b$)

16 강당에 긴 의자가 x개 있다. 의자마다 6명씩 앉고 한 의자에만 4명이 앉았다. 빈 의자가 4개일 때, 의자에 앉은 사람 수를 문자를 사용한 식으로 나타내시오.

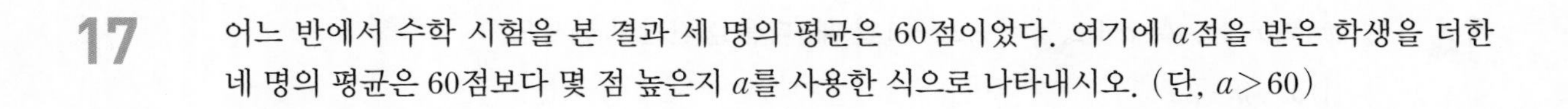

17 어느 반에서 수학 시험을 본 결과 세 명의 평균은 60점이었다. 여기에 a점을 받은 학생을 더한 네 명의 평균은 60점보다 몇 점 높은지 a를 사용한 식으로 나타내시오. (단, $a>60$)

18 x %의 소금물 100 g과 10 %의 소금물 200 g을 섞어 새로운 소금물을 만들었을 때, 새로 만든 소금물의 농도를 문자를 사용한 식으로 나타내시오.

19 어떤 상품을 1개 팔면 100원의 이익이 생기고, 팔지 못하면 60원의 손실이 생긴다. 이 상품을 a개 사서 20 %는 팔지 못했을 때, 상품 1개에 대한 이익을 구하시오.

20 앞바퀴의 지름이 80 cm, 뒷바퀴의 지름이 1 m 20 cm인 자전거에 대하여 다음 물음에 답하시오.

(1) 앞바퀴가 x번 회전할 때, 뒷바퀴의 회전수를 x를 사용한 식으로 나타내시오.
(단, 원주율은 3.14)

(2) 뒷바퀴가 42번 회전하였다면 앞바퀴는 몇 번 회전하였는지 구하시오.

21 오른쪽 그림은 정사각형 모양의 카드를 일정한 규칙에 따라 늘어놓은 것이다. x번째 카드의 장수와 $(x+5)$번째 카드의 장수의 합을 문자를 사용한 식으로 나타내시오.

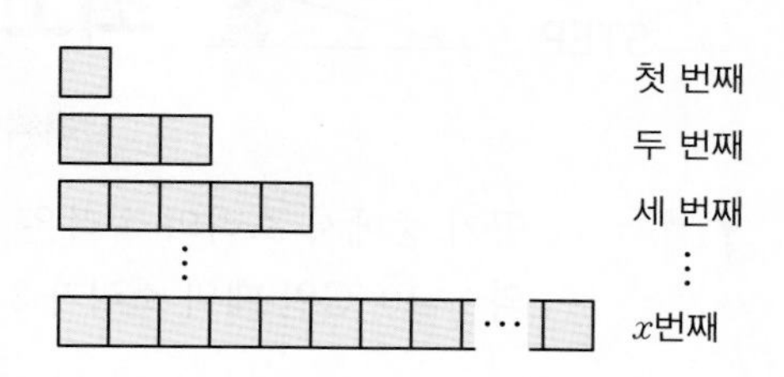

22 오른쪽 그림과 같이 길이가 1 cm인 철사를 나열하여 가로의 길이가 a cm, 세로의 길이가 3 cm인 직사각형을 만들었다. 이때 필요한 철사의 개수를 문자를 사용한 식으로 나타내시오.

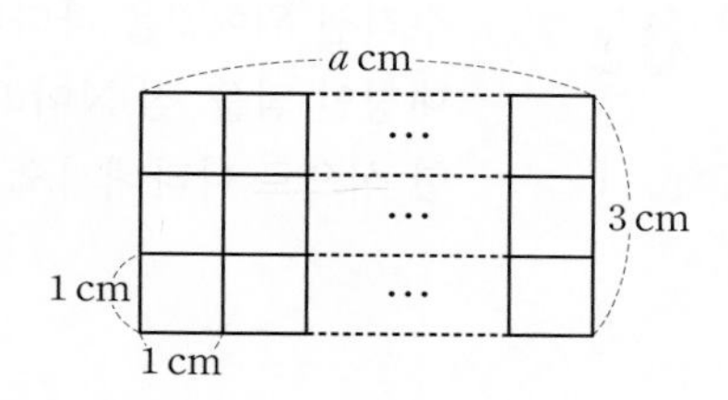

23 다음 [**그림** 1]과 같은 정사각형 모양의 고리를 [**그림** 2]와 같이 n개를 연결하면 전체 길이는 몇 cm가 되는지 문자를 사용한 식으로 나타내시오.

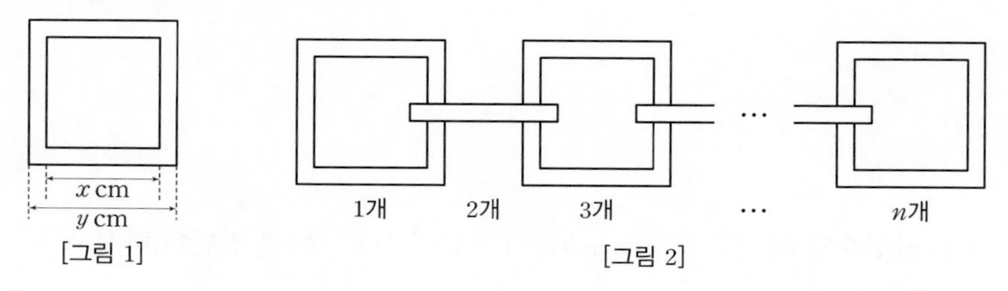

[그림 1] [그림 2]

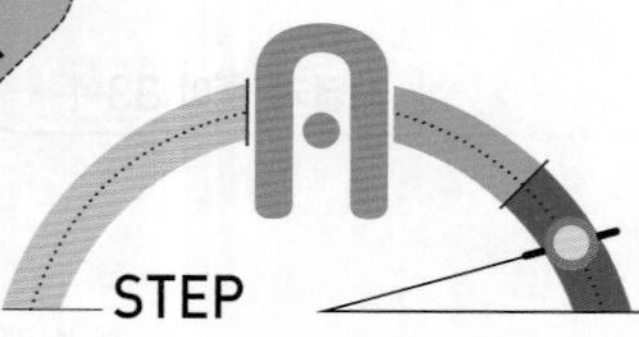

최고수준문제

01 공기 중에서 소리의 속력은 기온이 x ℃일 때, 초속 $(331+0.6x)$ m라 한다. 기온이 20 ℃일 때와 -10 ℃일 때의 소리가 3초 동안 이동한 거리의 차를 구하시오.

02 수직선 위에 3을 나타내는 점 A가 있다. 이 수직선 위에 점 M을 잡고, 점 A에 대하여 점 M과 대칭인 점을 점 N이라 하자. 점 M을 나타내는 수를 x라 할 때, 점 N을 나타내는 수를 x를 사용한 식으로 나타내시오.

03 $x>1$일 때, $|x|-|1-x|+|2x-1|$을 간단히 하시오.

04 n이 자연수일 때, $(-1)^{2n}(a+b)-(-1)^{2n-1}(a-b)$를 간단히 하시오.

05 $\dfrac{3}{x}=\dfrac{2}{y}$일 때, $\dfrac{x}{x+y}+\dfrac{y}{x-y}+\dfrac{y^2}{x^2-y^2}$의 값을 구하시오.

06 A, B 두 문제의 주관식 시험을 본 결과 A 문제 정답자는 a명이고, A, B 두 문제를 모두 맞힌 학생은 A 문제 정답자 수의 50 %였다. 또, A, B 두 문제를 모두 맞힌 학생은 B 문제 정답자 수의 25 %일 때, A, B 중 적어도 한 문제를 맞힌 학생 수를 a를 사용한 식으로 나타내시오.

07 그림과 같이 학교, 도서관, 집, 문구점이 직선 도로 위에 있다. 학교에서 집까지의 거리는 $(5x+8)$ m, 학교에서 문구점까지의 거리는 $\dfrac{4}{3}(9x+3)$ m, 도서관에서 문구점까지의 거리는 $\dfrac{5}{2}(4x-2)$ m이다. 도서관에서 집까지의 거리를 x를 사용한 식으로 나타내시오.

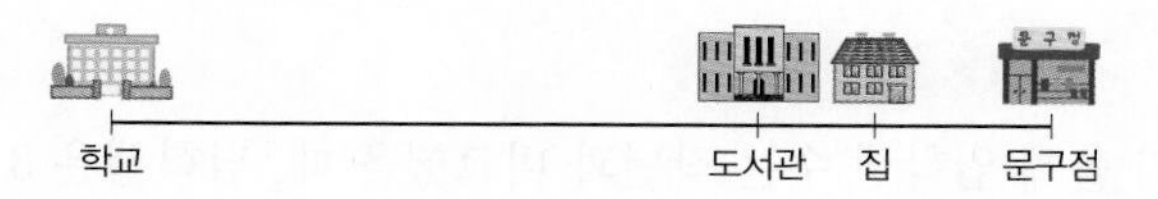

STEP A III 문자와 식

08 어느 그룹의 멤버 7명 중에서 4명의 키의 평균은 a cm이고, 이것은 7명의 키의 평균보다 b cm가 작은 것이다. 나머지 세 명의 키의 평균을 문자를 사용한 식으로 나타내시오.

09 어느 쇼핑몰에서 원가가 a원인 마스크에 r %의 이익을 붙여서 판매하고 있다. 100개 이상의 마스크를 구매하면 정가의 10 %를 할인하여 준다고 할 때, 이 물건을 200개 구매하면 지불해야 할 금액이 얼마인지 문자를 사용한 식으로 나타내시오.

10 두 개의 용기에 각각 5 %의 소금물 x g과 8 %의 소금물 $(x+10)$ g이 들어 있다. 두 용기의 소금물을 섞으면, 몇 %의 소금물이 되는지 x를 사용한 식으로 나타내시오.

11 A 중학교의 올해 입학생 수는 작년과 비교했을 때, 남학생은 3 % 감소하고 여학생은 5 % 증가하였다. 이 학교의 작년 입학생 수를 a명, 작년 남자 입학생 수를 b명이라 할 때, 올해 입학생 수를 문자를 사용한 식으로 나타내시오.

12 어느 마트에서 생선을 어제는 1마리당 a원씩 팔다가 오늘은 어제보다 20 % 할인하여 팔았더니 어제의 $\frac{3}{2}$배만큼 팔렸다. 이때 이틀 동안 판매된 생선 1마리의 평균 판매 금액을 문자를 사용한 식으로 나타내시오.

13 $8x\{x+2(x-5)\}-4[3-2\{x+mx(x-4)\}]$를 간단히 한 식이 x에 대한 일차식이다. 이 일차식에서 x의 계수를 a, 상수항을 b라 할 때, $a+b$의 값을 구하시오. (단, m은 상수)

14 길이가 x m인 기차가 길이가 430 m인 철교를 완전히 건너는 데 9초가 걸렸을 때, 이 기차의 시속(km/시)을 x를 사용한 식으로 나타내시오. (단, 기차의 속력은 일정하다.)

15 둘레의 길이가 400 m인 운동장을 소정이는 분속 x m로, 수지는 분속 y m로 같은 지점에서 같은 방향으로 동시에 출발하였다. 소정이가 수지보다 빠르다면 몇 분 후 소정이가 수지를 추월하게 되는지 x, y를 사용한 식으로 나타내시오.

16 한 개에 a원인 사과 70개를 사려고 하는데 A 마트에서는 10개를 한 묶음으로 살 때 한 개를 덤으로 주고, B 마트에서는 10개를 한 묶음으로 살 때 10 %를 할인해 준다고 한다. A 마트와 B 마트에서 사과 70개를 살 때의 가격을 a를 사용한 식으로 나타내고, A, B 중 어느 마트에서 사는 것이 더 저렴한지 말하시오.

17 다음 그림은 한 변의 길이가 6 cm인 정사각형 모양의 종이를 겹쳐 놓은 것으로 겹쳐진 부분은 한 변의 길이가 3 cm인 정사각형이다. n장의 종이를 그림과 같이 겹쳐 놓았을 때 생기는 도형의 전체 넓이를 n을 사용한 식으로 나타내시오.

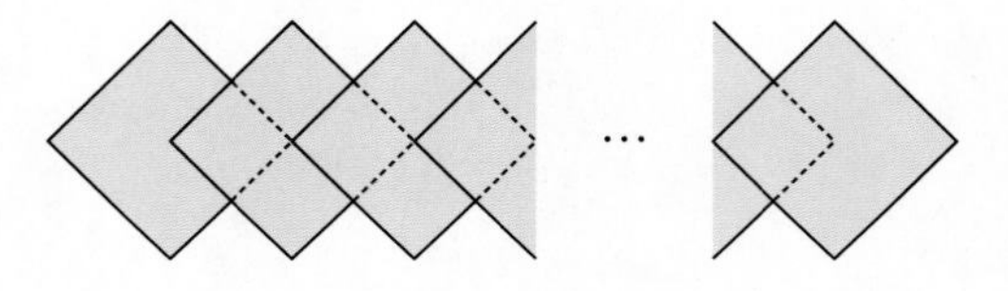

18 오른쪽 그림과 같은 도형의 둘레의 길이를 가능한 한 문자의 수를 적게 사용한 식으로 나타내시오.

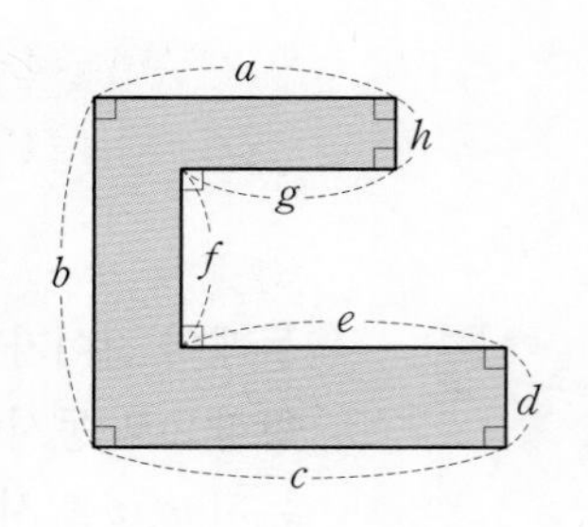

19 다음 그림은 성냥개비를 일정한 규칙에 따라 늘어놓은 것이다. n번째에 사용된 성냥개비의 개수를 문자를 사용한 식으로 나타내시오. 또, 성냥개비가 221개 사용되었다면 몇 개의 삼각형이 만들어지는지 구하시오.

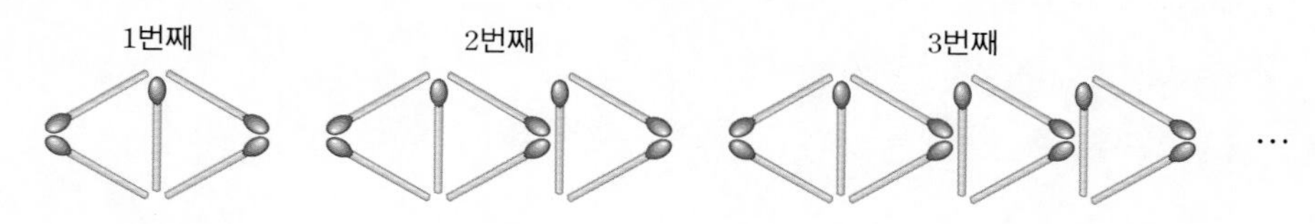

20 오른쪽 그림과 같이 한 모서리의 길이가 2 cm인 정육면체를 평면 BFGC에 평행한 평면으로 n번 자르려고 한다. 이때 생긴 직육면체의 겉넓이의 총합을 n을 사용한 식으로 나타내시오.

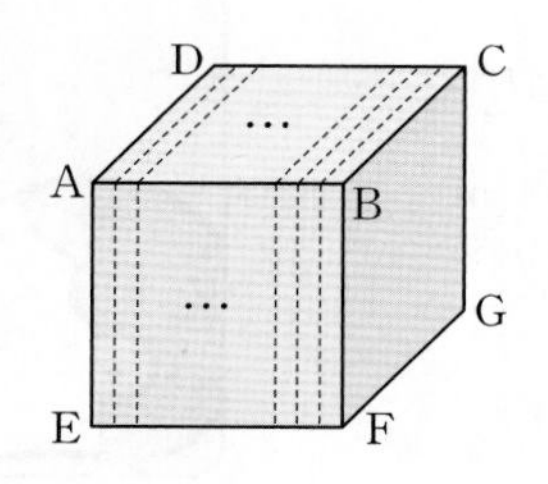

21 A 용기에는 a %의 소금물 200 g, B 용기에는 b %의 소금물 300 g이 들어 있다. A 용기의 소금물 100 g을 B 용기에 넣어 잘 섞은 후, 다시 B 용기의 소금물 100 g을 A 용기에 넣었다. 이때 A 용기의 소금물의 농도가 몇 %인지 문자를 사용한 식으로 나타내시오.

다음
목적지를
위한
休
휴

뭔가 분함

맛집 찾다가
내가 차린 식당
배고파! 빨리 시키자!
난 김치찌개
난 오징어볶음
메뉴
누가 오징어예요?
저요!
ㅋㅋㅋ
ㅋㅋ
저사람이 오징어래~

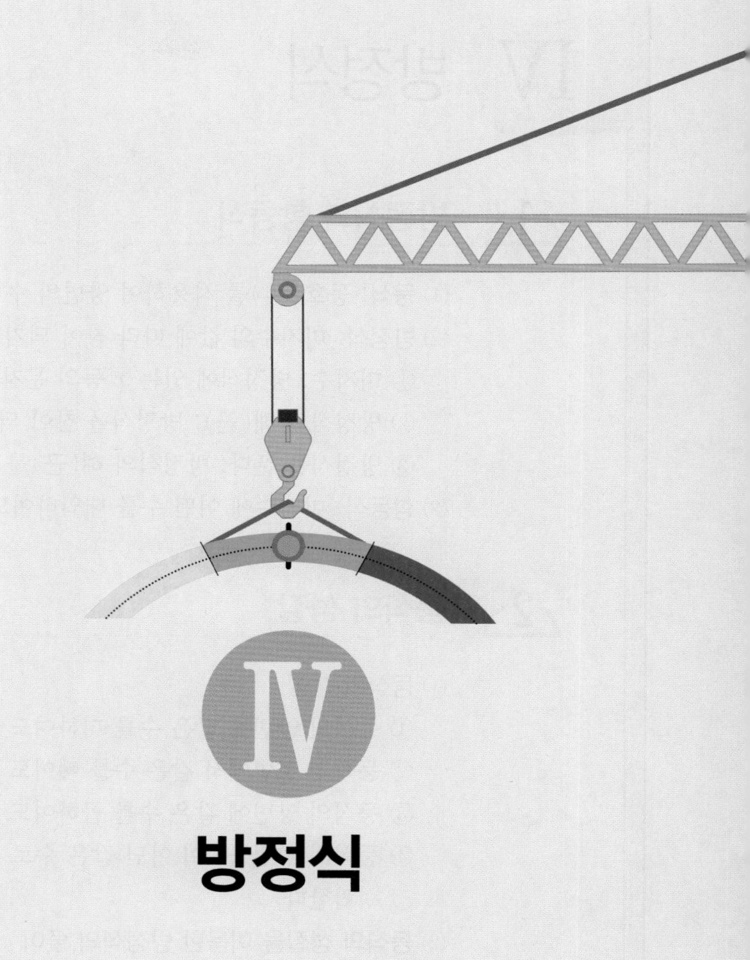

Ⅳ

방정식

핵심개념정리

IV 방정식

1 방정식과 항등식

(1) 등식: 등호(=)를 사용하여 양변의 수 또는 식이 서로 같음을 나타낸 식

(2) 방정식: 미지수의 값에 따라 참이 되기도 하고 거짓이 되기도 하는 등식

① 미지수: 방정식에 있는 x 등의 문자

② 방정식의 해(근): 방정식을 참이 되게 하는 미지수의 값

③ 방정식을 푼다: 방정식의 해(근)를 구하는 것

(3) 항등식: 미지수에 어떤 수를 대입하여도 항상 참이 되는 등식

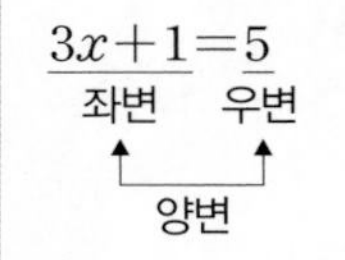

2 등식의 성질

(1) 등식의 성질

① 등식의 양변에 같은 수를 더하여도 등식은 성립한다.

② 등식의 양변에서 같은 수를 빼어도 등식은 성립한다.

③ 등식의 양변에 같은 수를 곱하여도 등식은 성립한다.

④ 등식의 양변을 0이 아닌 같은 수로 나누어도 등식은 성립한다.

(2) 등식의 성질을 이용한 방정식의 풀이

등식의 성질을 이용하여 주어진 방정식을 $x=$(수)의 꼴로 고쳐서 방정식의 해를 구한다.

$a=b$이면
① $a+c=b+c$
② $a-c=b-c$
③ $ac=bc$
④ $\frac{a}{c}=\frac{b}{c}$(단, $c\neq0$)

3 일차방정식

(1) 이항: 등식의 성질을 이용하여 등식의 한 변에 있는 항을 부호를 바꾸어 다른 변으로 옮기는 것

⇨ $+a$를 이항하면 $-a$, $-a$를 이항하면 $+a$

(2) 일차방정식

방정식의 우변에 있는 모든 항을 좌변으로 이항하여 정리한 식이 (일차식)=0의 꼴로 나타내어지는 방정식을 일차방정식이라 한다. 이때 미지수 x를 포함한 일차방정식을 x에 대한 일차방정식이라 하고 $ax+b=0(a\neq0)$의 꼴로 나타낼 수 있다.

4 일차방정식의 풀이

(1) 괄호가 있으면 분배법칙을 이용하여 괄호를 먼저 푼다.
(2) 미지수 x를 포함하는 항은 좌변으로, 상수항은 우변으로 이항한다.
(3) 양변을 정리하여 $ax=b(a\neq0)$의 꼴로 나타낸다.
(4) 양변을 x의 계수 a로 나누어 방정식의 해 $x=\frac{b}{a}$를 구한다.

5 복잡한 일차방정식의 풀이

(1) 계수가 소수인 경우: 양변에 10, 100, 1000, …을 곱하여 계수를 정수로 고쳐서 푼다.
(2) 계수가 분수인 경우: 양변에 분모의 최소공배수를 곱하여 계수를 정수로 고쳐서 푼다.

6 특수한 해를 가질 때

이항하여 정리했을 때, 다음과 같은 꼴이 되는 등식은 항등식이거나 항상 거짓인 등식이다.
(1) $0\times x=0$의 꼴: 해는 모든 수이다.
예 $4x+2=2(2x+1)$, $4x+2=4x+2$, $4x-4x=2-2$, $0\times x=0$
⇨ 미지수의 값에 관계없이 항상 참인 항등식이 되므로 해는 모든 수이다.
(2) $0\times x=$(0이 아닌 수)의 꼴: 해가 없다.
예 $2x+3=2x+6$, $2x-2x=6-3$, $0\times x=3$
⇨ x의 값에 어떤 수를 넣더라도 항상 거짓이 되므로 해가 없다.

참고 (1) 등식 $ax=b$에서
- 해가 무수히 많을 조건: $a=0$, $b=0$
- 해가 없을 조건: $a=0$, $b\neq0$

(2) 등식 $ax+b=cx+d$에서
- 해가 무수히 많을 조건: $a=c$, $b=d$
- 해가 없을 조건: $a=c$, $b\neq d$

(3) (0이 아닌 수)$\times x=0$의 꼴: $x=\frac{0}{(0\text{이 아닌 수})}$이므로 해는 $x=0$이다.

7 일차방정식의 활용

(1) 일차방정식의 활용 문제를 푸는 방법
① 문제의 뜻을 파악하고 구하려는 것을 미지수 x로 놓는다.
② 문제의 뜻에 맞게 방정식을 세운다.
③ 방정식을 푼다.
④ 구한 해가 문제의 뜻에 맞는지 확인한다.

(2) 수에 관한 문제

① 어떤 수를 x로 놓고 방정식을 세운다.

② x에 대한 방정식을 풀어 어떤 수를 구한다.

(3) 연속하는 자연수에 관한 문제

① 연속하는 자연수 ⇨ x, $x+1$, $x+2$ 또는 $x-1$, x, $x+1$

② 연속하는 세 홀수 또는 세 짝수 ⇨ x, $x+2$, $x+4$ 또는 $x-2$, x, $x+2$

8 활용 문제에 자주 사용되는 공식

(1) 거리, 속력, 시간에 관한 문제

$$(\text{거리})=(\text{속력})\times(\text{시간}),\ (\text{속력})=\frac{(\text{거리})}{(\text{시간})},\ (\text{시간})=\frac{(\text{거리})}{(\text{속력})}$$

(2) 농도에 관한 문제

$$(\text{녹아 있는 물질의 양})=\frac{(\text{농도})}{100}\times(\text{용액의 양})$$

$$(\text{농도})=\frac{(\text{녹아 있는 물질의 양})}{(\text{용액의 양})}\times100(\%)$$

(3) 정가에 관한 문제

① 원가가 x원인 물건에 y %의 이익을 붙여 매긴 정가

⇨ $x+\frac{y}{100}x=\left(1+\frac{y}{100}\right)x$(원)

예 원가가 5000원인 물건에 10 %의 이익을 붙일 때

정가는 $5000+\frac{10}{100}\times5000=\left(1+\frac{10}{100}\right)\times5000=5500$(원)

② 정가가 x원인 물건을 y %만큼 할인하여 판매할 때의 판매 금액

⇨ $x-\frac{y}{100}x=\left(1-\frac{y}{100}\right)x$(원)

예 정가가 1000원인 물건을 15 % 할인하여 판매할 때

판매 금액은 $1000-\frac{15}{100}\times1000=\left(1-\frac{15}{100}\right)\times1000=850$(원)

(4) 일에 관한 문제

일에 관한 문제는 일 전체를 1로 두고 단위 시간 동안 한 일에 대해 방정식을 세운다.

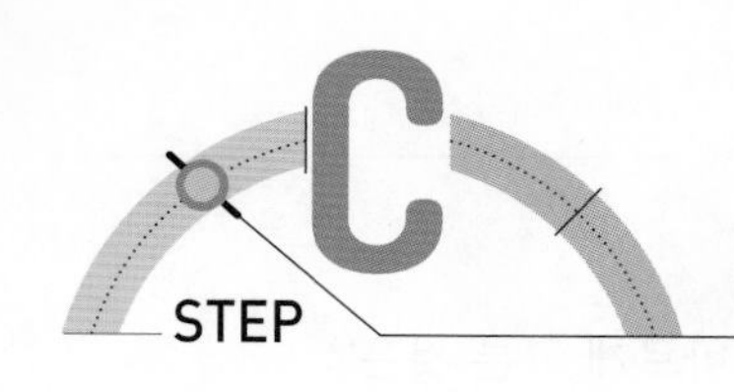

필수체크문제

정답과 풀이 39쪽

01 다음 중 일차방정식을 모두 고르면?

① $2x-4=-2(2-x)$
② $x-6=x$
③ $x+x=2x$
④ $2x^2+4=2x^2+x+1$
⑤ $2(x^2+x+1)=2x^2+4x+1$

02 다음 중 항등식이 아닌 것을 모두 고르면?

① $5x+4x=9x$
② $3x+5=7x+8$
③ $3x+15=3(x+5)$
④ $10x+2=2+10x$
⑤ $x^2+x+1=x^2+2x+1+x$

03 등식 $a-2(3x-1)=bx-1$이 x의 값에 관계없이 항상 참일 때, 상수 a, b에 대하여 $a+b$의 값을 구하시오.

04 다음 중 옳지 않은 것은?

① $a=b$이면 $a+c=b+c$이다.
② $a+b=x+y$이면 $a-x=y-b$이다.
③ $a=b$이면 $3a=-3b$이다.
④ $\frac{a}{2}=\frac{b}{3}$이면 $3a=2b$이다.
⑤ $a+b=0$이면 $2a=-2b$이다.

05 다음 **보기** 중 방정식 $2x+10=14$를 풀 때 이용되는 등식의 성질을 바르게 고른 것은? (단, c는 자연수)

보기

Ⅰ. $a+c=b+c$
Ⅱ. $a-c=b-c$
Ⅲ. $ac=bc$
Ⅳ. $a\div c=b\div c$

① Ⅰ, Ⅲ
② Ⅱ, Ⅲ
③ Ⅱ, Ⅳ
④ Ⅲ, Ⅳ
⑤ Ⅰ, Ⅱ, Ⅲ, Ⅳ

06 등식 $(a+1)x^2-5x+2=2x^2-bx+4$가 x에 대한 일차방정식이 되기 위한 상수 a, b의 조건은?

① $a=1$, $b\neq5$
② $a=1$, $b=5$
③ $a\neq1$, $b=5$
④ $a\neq-1$, $b\neq-5$
⑤ $a=1$, $b\neq-5$

07 다음 방정식 중 해가 다른 하나는?

① $2x+1=3x-3$
② $3x-4=x+8$
③ $2(x-5)=x-6$
④ $11-3x=-(5-x)$
⑤ $(4x-1)+x=19$

08 다섯 개의 일차방정식 $5-4x=7-5x$, $5x=2x-12$, $3x-4=5x+6$, $8x+5=21$, $2x+4=3(x+2)$의 해를 차례로 a, b, c, d, e라 할 때, 다음 중 옳은 것은?

① $a=b$ ② $a=d$ ③ $a=e$
④ $b=c$ ⑤ $c=d$

09 일차방정식 $5(x+2)=2(2x-1)+9$의 해가 $x=a$일 때, 일차방정식 $-a^2+ax+3=0$의 해를 구하시오.

10 일차방정식 $3(2x-5)=4x-7$의 해를 $x=a$, 일차방정식 $x-2(x+1)=5(4-x)$의 해를 $x=b$라 할 때, ab의 값을 구하시오.

11 x에 대한 두 일차방정식 $2x-3=x+7$, $3(x-m)=2(x+2)$의 해가 같을 때, 상수 m의 값을 구하시오.

12 다음 식을 만족시키는 x의 값을 구하시오.

(1) $0.4(x+2)+0.1=0.3(x-2)$

(2) $\frac{3x-2}{2}-\frac{2x-3}{3}=\frac{7+x}{4}$

(3) $(x+3):(3x-1)=11:3$

(4) $\frac{-3x+1}{2}-0.5(x-1)=1-\frac{1}{5}x$

13 방정식 $\frac{x}{3}+\frac{x}{2}=4$의 해가 $x=m$일 때, $(m+1)(m-2.8)$의 값을 구하시오.

14 다음 x에 대한 방정식의 해가 [ ] 안의 수일 때, 상수 a의 값을 구하시오.

(1) $2x-a=3x+1$ [1]

(2) $(2+3a)(4-x)=12$ [3]

(3) $\frac{2a-x}{3}-ax=1$ [0]

(4) $3ax-\frac{2-ax}{3}=5x-4a$ [2]

15 두 수 a, b에 대하여 $a\triangle b=ab-(a+b)$라 할 때, $(3\triangle x)\triangle 5=7$을 만족시키는 x의 값을 구하시오.

16 방정식 $0.5\left\{x-\frac{1}{3}\left(\frac{1}{6}+\frac{3}{4}x\right)-1.5\right\}=\frac{1}{6}\left(-\frac{7}{6}+\frac{23}{4}x\right)$의 해를 구하시오.

17 x에 대한 방정식 $(2-a)x+6=bx-3b$의 해가 모든 수일 때, $a+b$의 값을 구하시오.

(단, a, b는 상수)

18 x에 대한 방정식 $0.25(a-2x)-(2x+1)=0.5(ax-1)$의 해가 없을 때, 상수 a의 값을 구하시오.

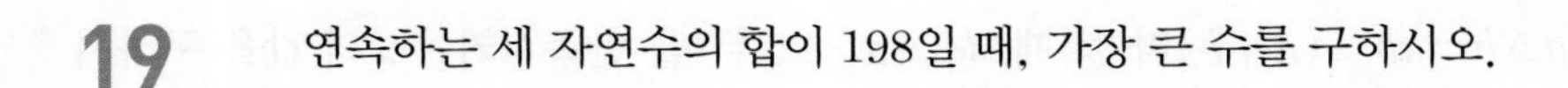

19 연속하는 세 자연수의 합이 198일 때, 가장 큰 수를 구하시오.

20 연필 30자루를 사려다 1200원이 부족하여 20자루만 샀더니 1800원이 남았다. 연필 한 자루의 가격을 구하시오.

21 형은 5000원, 동생은 1000원을 가지고 있다가 형이 동생에게 얼마를 주었더니 형이 가진 돈이 동생이 가진 돈의 $1\frac{1}{2}$배가 되었다. 형이 동생에게 준 돈을 구하시오.

22 닭과 돼지가 모두 12마리 있다. 다리의 수의 합이 32개일 때, 닭과 돼지는 각각 몇 마리씩 있는지 구하시오.

23 아랫변의 길이가 윗변의 길이보다 3 cm 더 길고, 높이가 8 cm인 사다리꼴의 넓이는 36 cm^2이다. 윗변의 길이를 구하시오.

24 가로의 길이가 5 m, 세로의 길이가 3 m인 직사각형 모양의 땅의 넓이를 48 m^2만큼 넓히려고 세로를 4 m 길게 할 때, 가로의 길이는 몇 m를 길게 하면 되는지 구하시오.

25 정가가 15000원인 상품을 10 % 할인하여 팔았더니 원가의 20 %의 이익이 생겼다. 이때 원가를 구하시오.

26 어느 대리점에서 이번 달 판매한 가습기의 대수는 지난달에 비해 8 % 증가하여 378대였다. 이때 지난달 판매한 가습기의 대수를 구하시오.

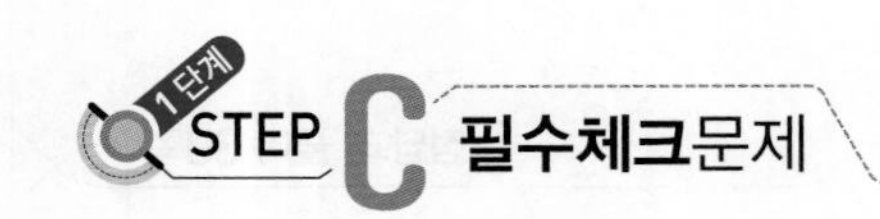

27 두 지점 A, B 사이를 왕복하는데 갈 때는 시속 6 km, 올 때는 시속 4 km로 걸어서 모두 5시간이 걸렸다고 한다. 두 지점 A, B 사이의 거리를 구하시오.

28 재인이가 등산을 하는데 올라갈 때는 시속 4 km로 걷고, 내려올 때는 올라갈 때보다 3 km가 더 긴 다른 등산로를 시속 5 km로 걸어서 총 6시간이 걸렸다. 재인이가 걸은 거리는 총 몇 km인지 구하시오.

29 우영이와 준수가 학교에서 미술관까지 가는데 우영이는 시속 14 km로 자전거를 타고 가고, 준수는 시속 6 km로 걸어서 갔다. 준수가 우영이보다 20분 늦게 도착했을 때, 학교와 미술관 사이의 거리를 구하시오.

30 9 %의 설탕물 500 g에서 물을 증발시켜 12 %의 설탕물을 만들려고 한다. 이때 몇 g의 물을 증발시켜야 하는지 구하시오.

31 소금물 450 g에 소금 25 g을 넣었더니 처음 소금물의 농도의 2배가 되었다. 처음 소금물의 농도를 구하시오.

32 A, B 두 상자 속에 흰 공과 검은 공이 섞여 있고, 두 상자 속에 있는 공의 개수의 비는 4 : 5이다. A 상자 속의 흰 공과 검은 공의 개수의 비는 1 : 3, B 상자 속의 흰 공과 검은 공의 개수의 비는 4 : 5이다. A, B 두 상자의 공을 모두 모으면 흰 공보다 검은 공의 개수가 23개 더 많을 때, A 상자와 B 상자 속에 있는 공의 개수를 각각 구하시오.

33 3 %의 소금물과 8 %의 소금물을 섞어 6 %의 소금물 300 g을 만들었다. 3 %와 8 %의 소금물의 양을 각각 구하시오.

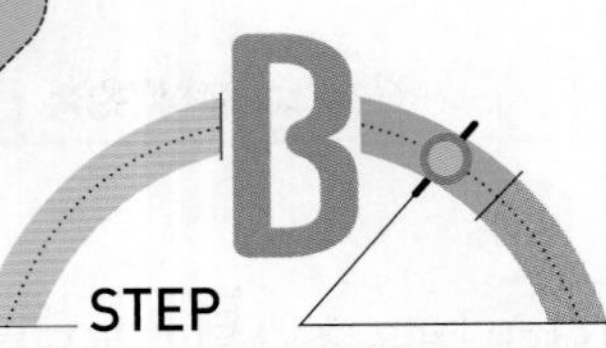

내신만점문제

01 일차방정식 $3(x-5)=4(2x-3)-8$의 해가 일차방정식 $p(x+1)+2(q-1)-3=0$의 해의 $\frac{1}{3}$배일 때, 상수 p, q에 대하여 $2p+q$의 값을 구하시오.

02 방정식 $|x-1|=|3-x|$의 해를 구하시오.

03 x에 대한 방정식 $a(x-1)=x+2$를 푸시오. (단, a는 상수)

04 두 비례식 $(2x+1):(3x-1)=3:4$, $(2x+a):(3x-a)=4:3$을 만족시키는 x의 값이 같을 때, 상수 a의 값을 구하시오.

05 $a-b=2a-3b$일 때, $\frac{4a-b}{a+b}$의 값이 x에 대한 방정식 $-3x+m=-1$의 해이다. 이때 상수 m의 값을 구하시오.

06 서로 다른 두 수 a, b에 대하여 $\ll a, b \gg$는 a, b 중 작은 수라 할 때, 다음을 만족시키는 x의 값을 구하시오.

(1) $\frac{\ll 6, 9 \gg}{2}=\ll 5, 9-3x \gg$　　(2) $\ll x-1, 3 \gg=2x$

07 기호 $\max\{a, b\}$는 두 수 a, b 중 작지 않은 수를 나타낼 때, 다음 각 경우에 대하여 방정식 $\max\{x-2, 3\}+\max\{5-x, 1\}=7$의 해를 구하시오.

(1) $x<4$　　(2) $4<x<5$　　(3) $x>5$

08 x에 대한 방정식 $ax-3=2x+b$에 대하여 다음을 구하시오.

(1) 해가 모든 수가 되도록 하는 상수 a, b의 조건

(2) 해가 없도록 하는 상수 a, b의 조건

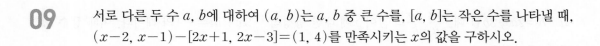

09 서로 다른 두 수 a, b에 대하여 $(a,\ b)$는 a, b 중 큰 수를, $[a,\ b]$는 작은 수를 나타낼 때, $(x-2,\ x-1)-[2x+1,\ 2x-3]=(1,\ 4)$를 만족시키는 x의 값을 구하시오.

10 일의 자리의 숫자가 4인 두 자리 자연수가 있다. 이 수에서 십의 자리와 일의 자리의 숫자를 바꾼 수를 빼면 36이 된다. 이 두 자리 자연수를 구하시오.

11 캠핑을 온 학생 20명이 모두 세 팀으로 나누어 장보기, 요리, 설거지를 담당하였다. 요리 팀의 인원수는 장보기 팀의 2배보다 2명 많고, 장보기 팀과 설거리 팀을 더하면 요리 팀의 인원수와 같았다. 요리 팀은 모두 몇 명인지 구하시오.

12 길이가 320 cm인 끈으로 직사각형을 만들려고 한다. 가로의 길이를 세로의 길이보다 30 cm 더 길게 하려고 할 때, 가로의 길이를 구하시오.

13 3 %의 소금물 100 g과 6 %의 소금물 200 g을 섞었다. 이 소금물에 물 x g을 넣었더니 2 %의 소금물이 되었다. 이때 넣은 물의 양을 구하시오.

14 어떤 분수 A를 기약분수로 나타내면 $\frac{4}{9}$이고, 분수 A의 분자에 16을 더하고 분모에서 15를 뺀 것은 $\frac{2}{3}$와 같다. 어떤 분수 A를 구하시오.

15 현재까지 지수는 47000원, 연지는 71000원을 저금하였다. 다음 달부터 매달 지수는 15000원씩, 연지는 5000원씩 저금을 한다면 지수의 저금액이 연지의 저금액의 2배가 되는것은 몇 달 후인지 구하시오.

16 4.5 km 떨어진 곳을 가는데 처음에는 분속 60 m로 걷다가 도중에 분속 90 m로 걸었더니 1시간이 걸렸다. 분속 90 m로 걸은 거리는 몇 km인지 구하시오.

17 어느 박물관의 입장료는 어른이 7500원, 어린이가 3500원이다. 오늘 이 박물관의 입장객 수는 어른과 어린이를 모두 합해서 520명이었고, 입장료의 합계는 2712000원이었다. 오늘 입장한 어린이는 모두 몇 명인지 구하시오.

18 승현이가 A 마트에서는 가진 돈의 $\frac{1}{3}$을 쓰고, B 마트에서는 6000원을 썼다. 또, C 마트에서는 남은 돈의 $\frac{1}{2}$을 쓰고 2000원이 남았다면 처음에 가지고 있던 돈은 얼마인지 구하시오.

19 원가에 40 %의 이익을 붙여 정가를 정한 어떤 상품이 잘 팔리지 않아 정가의 20 %를 할인하여 팔았더니 2640원의 이익이 생겼다. 이 상품의 원가를 구하시오.

20 A에서 B를 거쳐 C로 가는 길이 있다. A에서 B까지는 시속 4 km로 걸어가다가 B에서 시속 20 km로 자전거를 타고 C에 도착하였더니 총 3시간이 걸렸다. A에서 B까지의 거리가 B에서 C까지의 거리보다 6 km가 더 짧을 때, A에서 C까지의 거리를 구하시오.

21 2시와 3시 사이에 시계의 시침과 분침이 서로 반대 방향으로 일직선을 이루는 시각을 구하시오.

22 세현이는 시속 15 km로 자전거를 타고 있다. 진우는 세현이가 출발한 지 3시간 후에 같은 출발점에서 시속 60 km로 자동차를 타고 같은 방향으로 출발하였다. 진우가 출발한 지 몇 시간 후에 세현이와 만나게 되는지 구하시오.

23 원가가 5000원인 물건에 20 %의 이익을 붙여 정가를 정했으나 물건이 팔리지 않아 400원의 이익만 보고 팔았다. 정가에서 몇 %를 할인했는지 구하시오.

24 오른쪽 그림과 같이 1에서 100까지의 자연수를 나열하여 가로 3개, 세로 2개의 수 6개를 묶었다. 이와 같은 방법으로 묶은 6개의 수의 합이 513이 될 때, 이 6개의 수를 구하시오.

1	2	3	4	5	6	7
8	9	10	11	12	13	14
15	16	17	18	19	20	21
22	23	24	25	26	27	28
29	30	31	·	·	·	·
·	·	·	·	·	·	·
·	·	94	95	96	97	98
99	100					

25 둘레의 길이가 450 m인 원형 트랙이 있다. 선예와 지호가 출발선에서 동시에 출발하여 같은 방향으로 12분 동안 자전거를 타고 달렸다. 선예와 지호가 각각 12 m/초, 9 m/초의 일정한 속도로 달렸다면 12분 동안 선예가 지호를 몇 번 추월했는지 구하시오.

26 어떤 일을 완성하는데 지현이는 20시간, 윤서는 16시간이 걸린다고 한다. 이 일을 지현이와 윤서가 5시간 동안 같이 일한 후 나머지는 윤서가 혼자 일하여 완성하였다. 윤서가 혼자 일한 시간을 구하시오.

27 어느 개그콘테스트의 지원자 수는 합격자 수의 2.5배였다. 합격자의 평균은 지원자 전체의 평균보다 15점이 높았고, 불합격자의 평균은 40점이었다. 합격자의 평균을 구하시오.

28 어느 버스 회사에서 버스 요금을 23 % 인상하였더니 요금 인상 후 승객 수가 감소하였는데 수입은 인상 전보다 11 % 증가하였다. 이때 승객 수는 인상 전보다 약 몇 % 감소하였는지 반올림하여 소수점 아래 첫째 자리까지 구하시오.

29 합창단에서 형이 있는 학생 수는 전체의 $\frac{5}{7}$, 동생이 있는 학생 수는 전체의 $\frac{4}{7}$, 형과 동생이 모두 있는 학생 수는 형이 있는 학생 수의 $\frac{3}{5}$이라고 한다. 형도 동생도 없는 학생 수가 20명일 때, 이 합창단의 전체 학생 수를 구하시오.

30 형이 집에서 1 km 떨어진 역을 향해 출발한 지 10분 후에 동생이 자전거로 형을 따라나섰다. 형은 분속 80 m로 걷고 동생은 분속 280 m로 따라갔다고 할 때, 동생이 형을 따라잡는 것은 집에서 출발한 지 몇 분 후인지 구하시오.

31 농도가 각각 10 %, 6 %인 두 설탕물을 섞어서 300 g의 설탕물을 만들었다. 여기에 설탕 20 g을 더 넣었더니 농도가 12 %인 설탕물이 되었다. 이때 10 %와 6 %의 설탕물의 양을 각각 구하시오.

32 몇 명의 학생이 사탕을 나누어 가지는데 차례로 민아는 1개와 나머지의 $\frac{1}{7}$을 갖고, 예림이는 2개와 나머지의 $\frac{1}{7}$, 현우는 3개와 나머지의 $\frac{1}{7}$을 가졌고, 남은 사탕도 나머지 학생이 모두 나누어 가졌다. 학생들이 가진 사탕의 개수가 모두 같을 때, 사탕의 총 개수, 학생 한 명이 가진 사탕의 개수, 학생 수를 각각 구하시오.

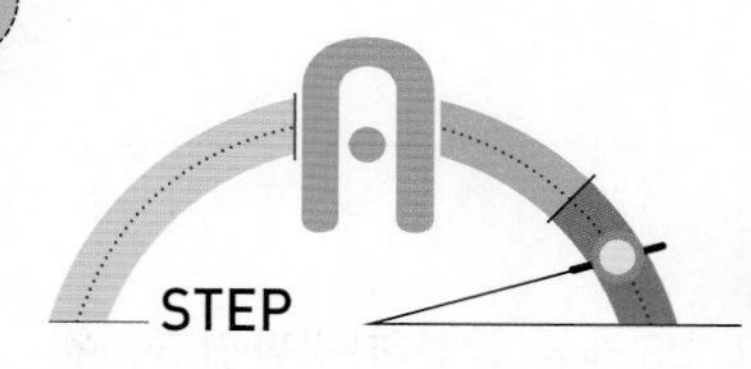

최고수준문제

정답과 풀이 47쪽

01 다음 방정식의 해의 합을 구하시오.

(1) $|3x+|x-3||=5$

(2) $x+1=|x|+|x-3|$

02 두 수 a, b에 대하여 $<a, b>=ax+b$로 약속할 때, 다음 물음에 답하시오.

(1) □ 안에 알맞은 것을 구하시오.

① $<a, b>+<c, d>=<\square, \square>$

② $a<c, d>=<\square, \square>$

③ $<a, b>=<c, d>$일 때, $a=\square$, $b=\square$이다.

(2) $<3, -7>=-1$이 성립할 때, $<1, 0>=2$가 성립함을 보이시오.

(3) $2<1, 0>=<0, 11>-<-1, 1>$이 성립할 때, $<1, -6>$의 값을 구하시오.

03 한 모서리의 길이가 a cm인 정육면체의 각 면에는 1에서 6까지의 수가 쓰여 있고, 한 모서리의 길이가 $2a$ cm인 정육면체의 각 면에는 7에서 12까지, 한 모서리의 길이가 $3a$ cm인 정육면체의 각 면에는 13에서 18까지의 수가 쓰여져 있다. 이와 같은 규칙으로 한 모서리의 길이가 na cm인 정육면체의 각 면에 수가 쓰여져 있을 때, 다음 물음에 답하시오.

(1) 한 모서리의 길이가 na cm인 정육면체의 각 면에 쓰여진 수의 합을 구하시오.

(2) 정육면체의 여섯 면에 쓰여진 수의 합이 597일 때, 이 정육면체의 한 모서리의 길이를 a를 사용한 식으로 나타내시오.

04 어떤 상품을 정가의 10 %를 할인하여 팔면 400원의 이익이 생기고, 25 %를 할인하여 팔면 500원의 손해가 생긴다고 한다. 이 상품의 정가와 원가를 각각 구하시오.

05 8 %의 소금물 200 g에서 한 컵의 소금물을 덜어내고, 덜어낸 양만큼의 물을 부은 다음 다시 2 %의 소금물을 넣었더니 3 %의 소금물 320 g이 되었다. 이때 컵으로 덜어낸 소금물의 양을 구하시오.

06 [표 1]의 각 행에 일정한 수를 곱한 후 각 열에 일정한 수를 더한 것이 [표 2]이다. ①, ②, ③, ④에 알맞은 수를 각각 구하시오.

	a열	b열	c열	
A행	10	-3	4	$\times 3$
B행	①	6	-2	$\times x$
C행	6	②	1	$\times y$
	$+e$	$+f$	$+g$	

[표 1]

	a열	b열	c열
A행	33	-11	③
B행	5	1	3
C행	④	30	8

[표 2]

07 강당의 긴 의자에 학생들이 앉는데 한 의자에 4명씩 앉으면 12명이 남고, 5명씩 앉으면 마지막 의자에 3명이 앉고 완전히 빈 의자 20개가 남는다. 학생 수와 긴 의자의 개수를 각각 구하시오.

08 한 원 위를 두 점 P, Q가 각각 일정한 속력으로 서로 반대 방향으로 돌고 있다. 점 P, Q가 한 바퀴 도는 데 걸리는 시간이 각각 30초, 70초일 때, 처음 만나고 나서 두 번째로 다시 만날 때까지 걸린 시간을 구하시오.

09 자전거로 집에서 기차역까지 가는데 시속 16 km로 가면 기차가 출발하기 15분 전에 도착하고, 시속 9.6 km로 가면 기차가 출발한 지 15분 후에 도착한다고 한다. 기차가 출발하기 10분 전에 기차역에 도착하려면 시속 몇 km로 가야 되는지 구하시오.

10 채린이와 민우는 이긴 사람은 3점을 득점하고, 진 사람은 1점을 감점하는 가위바위보 게임을 하였다. 30회를 실시한 결과 채린이가 민우보다 8점이 높았을 때, 채린이와 민우의 득점을 각각 구하시오. (단, 비기는 경우는 없다.)

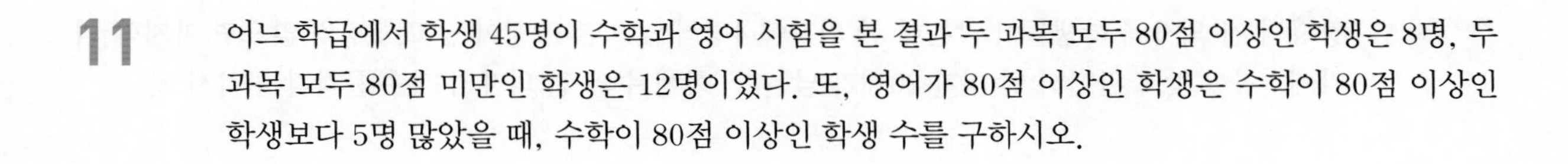

11 어느 학급에서 학생 45명이 수학과 영어 시험을 본 결과 두 과목 모두 80점 이상인 학생은 8명, 두 과목 모두 80점 미만인 학생은 12명이었다. 또, 영어가 80점 이상인 학생은 수학이 80점 이상인 학생보다 5명 많았을 때, 수학이 80점 이상인 학생 수를 구하시오.

12 A 용기에는 8 %의 소금물 200 g, B 용기에는 12 %의 소금물 300 g이 들어 있다. 두 용기 A, B에서 같은 양의 소금물을 떠내어 서로 바꾸어 부었더니 두 용기의 소금물의 농도가 같아졌다. A 용기에서 떠낸 소금물의 양을 구하시오.

13 둘레의 길이가 2000 m인 운동장에서 현아와 동욱이가 서로 반대 방향으로 달리고 있다. 현아는 분속 300 m, 동욱이는 분속 100 m로 달리고, 현아는 동욱이가 출발한 지 4분 후에 동욱이가 출발한 지점에서 출발하였다. 현아와 동욱이가 5번 만날 때까지 현아가 달린 거리를 구하시오.

14 4시와 5시 사이에서 시계의 분침과 시침이 이루는 각 중 작은 각의 크기가 90°를 이루는 시각을 모두 구하시오. 또, 분침과 시침이 일치하는 시각을 구하시오.

15 대형트럭과 소형트럭을 합하여 15대가 있는 어느 운반회사는 다음과 같이 운영하고 있다. 15대를 한 번에 모두 사용하면 운송 요금의 합계가 50만 원일 때, 모두 몇 개의 제품을 운반할 수 있는지 구하시오. (단, 제품의 크기는 모두 일정하다.)

〈규칙 1〉 1회 운반하는 제품의 개수는 대형트럭 한 대는 30개, 소형트럭 한 대는 20개이다.
〈규칙 2〉 1회 운반 시 운송 요금은 대형트럭 한 대는 4만 원, 소형트럭 한 대는 3만 원이다.

16 지승이가 초콜릿 한 상자를 선물 받았는데 받자마자 전체의 $\frac{1}{6}$의 초콜릿을 먹고, 민규 형에게 전체의 $\frac{1}{8}$을, 승우 형에게 4개를 주고, 어머니와 아버지에게는 각각 전체의 $\frac{1}{12}$씩 드리고 놀러 나갔다. 나갔다 들어와 보니 윤지 누나가 전체 초콜릿의 $\frac{1}{3}$을 먹어버렸고, 지승이는 울면서 남은 초콜릿을 먹었다. 윤지 누나가 지승이보다 초콜릿 3개를 더 먹었다고 할 때, 상자에 들어 있던 초콜릿은 모두 몇 개인지 구하시오.

17 어떤 시험에 응시자가 60명이고 그 중 불합격자가 20명이었다. 이 시험의 최저 합격 점수는 60명의 평균보다 5점이 낮고, 합격자의 평균보다 30점이 낮았다. 또, 불합격자의 평균의 2배보다 2점이 낮다고 할 때, 최저 합격 점수를 구하시오.

18 일정한 속력으로 달리는 기차 A가 700 m 길이의 터널을 완전히 통과하는 데 1분이 걸리고, 1600 m 길이의 다리를 완전히 건너는 데 2분이 걸린다. 속력을 모르는 기차 B가 기차 A와 900 m 떨어진 지점에서 마주 보고 동시에 달려오기 시작하여 기차의 앞부분이 스치는 순간까지 20초가 걸렸을 때, 기차 B의 속력은 분속 몇 m인지 구하시오.

(단, 기차 A, B의 속력은 각각 일정하다.)

19 거리가 90 km 떨어진 두 정거장에서 시속 60 km로 달리는 자동차와 시속 50 km로 달리는 자동차가 마주 보고 동시에 출발했다. 같은 시각에 시속 77 km로 날고 있는 벌이 한 자동차에서 출발하여 마주 오는 자동차까지 두 자동차 사이를 왕복하여 날고 있다. 두 자동차가 만날 때까지 이 벌이 날아다닌 거리는 몇 km인지 구하시오.(단, 자동차의 길이는 생각하지 않는다.)

20 파란색과 빨간색이 5 : 6으로 섞인 A 물감 290 g과 파란색과 빨간색이 10 : 1로 섞인 B 물감 1380 g이 있다. A 물감을 x g, B 물감을 y g 섞어서 파란색과 빨간색이 5 : 1로 섞인 물감을 만들 때, $x+y$의 최댓값을 구하시오.

21 어느 학교의 작년도 전체 학생 수는 1150명이었다. 올해에는 남학생 수가 작년보다 3 % 감소하고, 여학생 수가 2 % 증가하여 전체 학생 수는 1143명이었다. 올해의 남학생과 여학생의 수를 각각 구하시오.

22 윤아와 태인이가 공동으로 사업을 경영하고 있다. 윤아는 1월에 250만 원을 투자하고, 다음 달부터는 전월보다 x만 원씩 감소시켜 8월까지 투자하였다. 태인이는 3월에 처음으로 y만 원을 투자하고, 다음 달부터는 전월보다 40만 원씩 증가시켜 8월까지 투자하였다. 8월까지의 윤아와 태인이의 투자액이 1440만 원으로 같을 때, 윤아와 태인이의 6월까지의 투자액의 합계의 비를 가장 간단한 자연수의 비로 나타내시오.

23 A, B 두 컵에 농도가 각각 a %, b %의 소금물이 100 g씩 들어 있다. B 컵에서 20 g을 떠내어 버리고, A 컵에서 20 g을 떠내어 B 컵에 섞은 후 A 컵에는 20 g의 물을 넣었다. 이와 같은 방법을 한 번 더 반복하여 A, B 두 컵의 소금물의 농도가 8 %로 같아졌을 때, a와 b의 값을 각각 구하시오.

24 동서로 곧게 뻗어 있는 도로에 역과 우체국이 있고, 우체국은 역에서 동쪽으로 1500 m 떨어진 지점에 있다. 재희는 오전 7시 50분에 역을 출발하여 동쪽으로 분속 70 m로 걷고, 예원이는 오전 8시에 우체국을 출발하여 서쪽으로 분속 130 m로 걷기 시작했다. 역이 재희의 위치와 예원이의 위치의 정중앙이 될 때의 시각을 구하시오.

25 1시간에 10 m^3의 물을 넣는 펌프가 있다. 이 펌프로 물탱크에 물을 넣기 시작한 지 1시간 만에 펌프가 고장이 나서 중단하고 수리하였다. 수리 후에는 고장나기 전보다 넣는 물의 양을 20 %만큼 증가시켜 넣었다. 물탱크의 부피를 x m^3라 할 때, 다음 물음에 답하시오.

(1) 펌프 수리 후부터 물탱크에 물이 가득 찰 때까지 걸리는 시간을 x를 사용한 식으로 나타내시오.

(2) 펌프 수리에 50분이 걸려 처음 예정 시간보다 10분이 더 걸렸다고 할 때, 물탱크의 부피는 몇 m^3인지 구하시오.

26 한 시간 이용료가 오른쪽 표와 같은 테니스 코트를 미라가 주말 6시간을 포함하여 총 18시간을 이용했다. A 코트를 8시간, B 코트를 10시간 이용하고, 이용료로 총 70000원을 지불하였을 때, 미라가 주말에 A 코트를 몇 시간 이용했는지 구하시오.

요일 / 코트	평일	주말
A	4000원	6000원
B	3000원	4000원

27 은지가 독서실에 도착하니 오후 5시와 6시 사이에 시계의 시침과 분침이 일치하였다. 공부를 끝내고 독서실을 나올 때 시계를 보니 오후 9시와 10시 사이에 시침과 분침이 서로 반대 방향으로 일직선이었다. 은지가 독서실에서 공부한 시간을 구하시오.

28 수련회를 간 선아네 학교 학생들이 1반부터 순서대로 장소 이동하는데 행렬의 길이는 1 km였다. 마지막 반의 반장인 선아는 행렬의 가장 끝에서 가다가 행렬의 제일 앞에 있는 1반 반장에게 전할 말이 있어 행렬의 이동속도의 3배로 행렬의 이동 방향과 같은 방향으로 따라가 말을 전했다. 말을 전한 자리에서 20분 동안 기다렸더니 선아의 처음 자리인 행렬의 끝이 왔다고 할 때, 선아가 이동한 거리를 구하시오. (단, 학생들의 속력은 모두 일정하다.)

29 일정한 속도로 운행하는 지하철의 선로를 따라 시속 4 km로 걷고 있는 사람이 있다. 이 사람은 9분마다 지하철에 추월당하고, 6분마다 마주 오는 지하철과 만난다고 한다. 이때 이 지하철의 속력은 시속 몇 km인지 구하시오. 또, 지하철은 몇 분 간격으로 운행되는지 구하시오.

(단, 지하철이 역에 멈추는 것은 생각하지 않는다.)

다음
목적지를
위한
休
휴

누구시라고요?

선생님~ 우리 광수가 몸이 아파 오늘 결석해야겠어요!
← 광수
아~ 그러세요?
전화하신 분은 광수와 어떻게 되시나요?
요녀석 봐라
우리 엄마입니다!

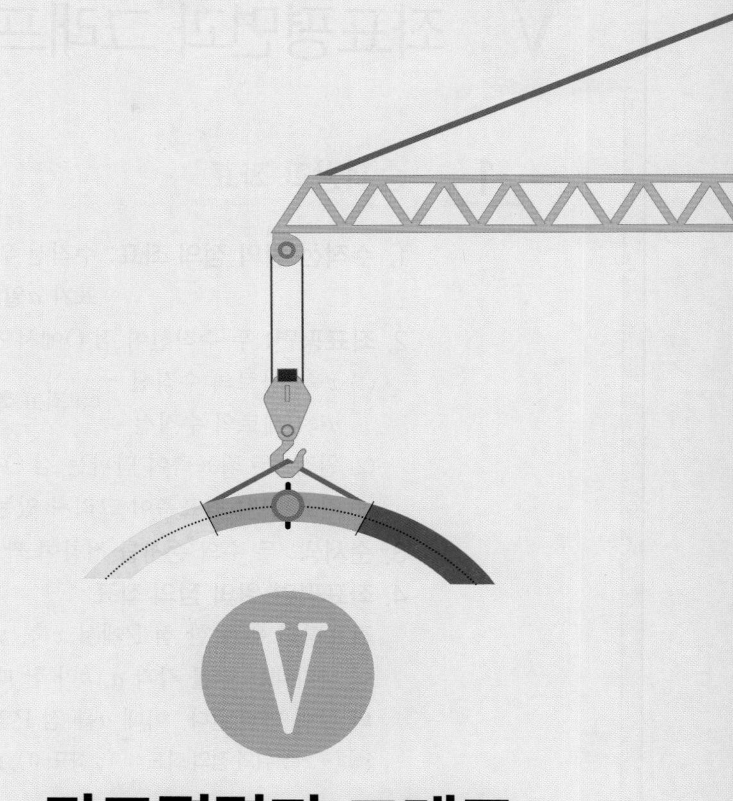

좌표평면과 그래프

핵심개념정리

V 좌표평면과 그래프

1 순서쌍과 좌표

1. **수직선 위의 점의 좌표**: 수직선 위의 점이 나타내는 수를 그 점의 좌표라 하고, 점 P의 좌표가 a일 때, 기호로 P(a)와 같이 나타낸다.
2. **좌표평면**: 두 수직선이 점 O에서 서로 수직으로 만날 때
   (1) x축: 가로의 수직선, y축: 세로의 수직선 ⇨ 좌표축
   (2) 원점: 두 좌표축이 만나는 점 O
   (3) 좌표평면: 좌표축이 그려져 있는 평면

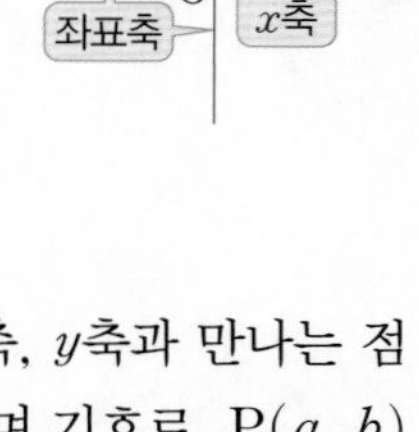

3. **순서쌍**: 두 수의 순서를 정하여 짝으로 나타낸 것
4. **좌표평면 위의 점의 좌표**

   좌표평면 위의 한 점 P에서 x축, y축에 각각 수선을 그어 이 수선이 x축, y축과 만나는 점이 나타내는 수를 각각 a, b라 할 때, 순서쌍 (a, b)를 점 P의 좌표라 하며 기호로, P(a, b)와 같이 나타낸다. 이때 a를 점 P의 x좌표, b를 점 P의 y좌표라 한다.

   참고 x축 위의 점의 좌표 ⇨ (x좌표, 0), y축 위의 점의 좌표 ⇨ (0, y좌표)

2 사분면

1. 좌표평면은 좌표축에 의하여 네 부분으로 나누어지고, 이 네 부분을 각각 제1사분면, 제2사분면, 제3사분면, 제4사분면이라 한다.

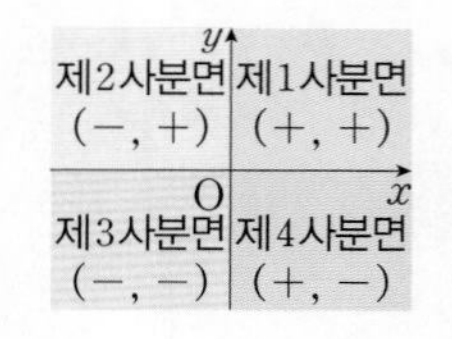

2. 원점과 좌표축 위의 점은 어느 사분면에도 속하지 않는다.
3. **점 (a, b)와 대칭인 점의 좌표**
   ① x축에 대하여 대칭인 점의 좌표: $(a, -b)$
   ② y축에 대하여 대칭인 점의 좌표: $(-a, b)$
   ③ 원점에 대하여 대칭인 점의 좌표: $(-a, -b)$

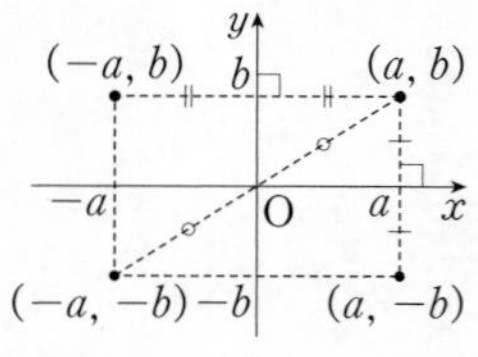

4. **회전이동시킨 점의 좌표** 확장개념
   ① 점 P(a, b)를 원점 O를 중심으로 하여 시계 방향으로 90° 회전이동시킨 점 Q의 좌표: Q$(b, -a)$
   ② 점 P(a, b)를 원점 O를 중심으로 하여 시계 반대 방향으로 90° 회전이동시킨 점 R의 좌표: R$(-b, a)$

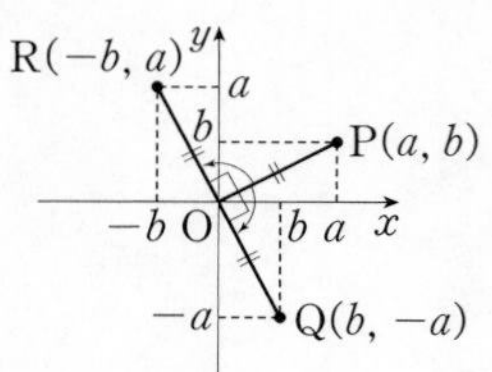

그래프

1. 그래프

(1) 변수: x, y와 같이 여러 가지로 변하는 값을 나타내는 문자

(2) 그래프: 두 변수 사이의 관계를 좌표평면 위에 점, 직선, 곡선 등으로 나타낸 그림

(3) 그래프 그리기: 서로 관계가 있는 두 변수 x, y의 순서쌍 $(x,\ y)$를 좌표로 하는 점을 좌표평면 위에 모두 나타낸다.

2. 그래프의 이해: 그래프를 이용하면 두 변수 사이의 관계를 한 눈에 알 수 있다.

정비례 관계와 그래프

1. 정비례 관계

(1) 정비례: 두 변수 x, y에 대하여 x의 값이 2배, 3배, 4배, …로 변함에 따라 y의 값도 2배, 3배, 4배, …로 변하는 관계가 있을 때 y는 x에 정비례한다고 한다.

(2) 정비례 관계식: y가 x에 정비례하면 관계식은 $y=ax(a\neq 0)$ 꼴이다.

(3) $y=ax(a\neq 0)$에서 $\dfrac{y}{x}=a(x\neq 0)$로 일정한 값을 갖는다.

2. 정비례 관계 $y=ax(a\neq 0)$의 그래프

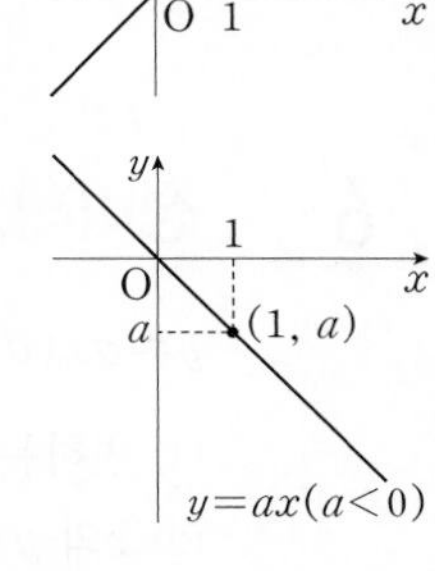

$y=ax\,(a\neq 0)$의 그래프는 원점을 지나는 직선이다.

(1) $a>0$일 때

① 그래프는 오른쪽 위(↗)로 향하는 직선이다.

② 제1사분면과 제3사분면을 지난다.

③ x의 값이 증가하면 y의 값도 증가한다.

(2) $a<0$일 때

① 그래프는 오른쪽 아래(↘)로 향하는 직선이다.

② 제2사분면과 제4사분면을 지난다.

③ x의 값이 증가하면 y의 값은 감소한다.

(3) $|a|$가 작을수록 x축에 가까워지고, $|a|$가 클수록 y축에 가까워진다.

3. 정비례 관계 $y=ax\,(a\neq 0)$의 그래프 그리기

$y=ax\,(a\neq 0)$의 그래프는 원점을 지나는 직선이므로 원점과 이 그래프가 지나는 원점 이외의 한 점을 찾아 두 점을 직선으로 연결한다.

참고 $y=ax\,(a\neq 0)$에서 x의 값이 주어지지 않은 경우 x의 값은 모든 수인 것으로 생각한다.

5 반비례 관계와 그래프

1. 반비례 관계

(1) 반비례: 두 변수 x, y에 대하여 x의 값이 2배, 3배, 4배, …로 변함에 따라 y의 값이 $\frac{1}{2}$배, $\frac{1}{3}$배, $\frac{1}{4}$배, …로 변하는 관계가 있을 때 y는 x에 반비례한다고 한다.

(2) 반비례 관계식: y가 x에 반비례하면 관계식은 $y=\frac{a}{x}(a\neq0,\ x\neq0)$ 꼴이다.

(3) $y=\frac{a}{x}(a\neq0,\ x\neq0)$에서 $xy=a$로 일정한 값을 갖는다.

2. 반비례 관계 $y=\frac{a}{x}(a\neq0,\ x\neq0)$의 그래프

$y=\frac{a}{x}(a\neq0,\ x\neq0)$의 그래프는 원점에 대하여 대칭이고 좌표축에 가까워지면서 한없이 뻗어 나가는 한 쌍의 매끄러운 곡선이다.

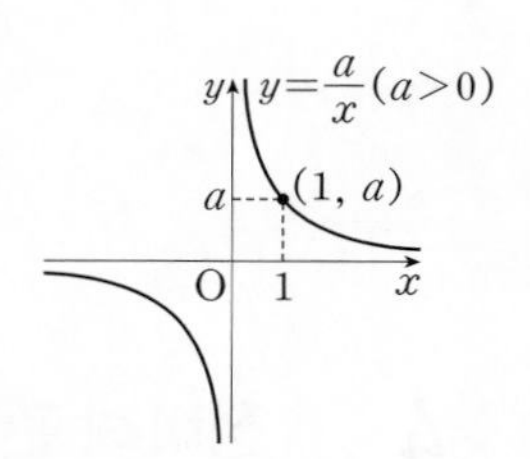

(1) $a>0$일 때

① 제1사분면과 제3사분면을 지난다.

② 각 사분면에서 x의 값이 증가하면 y의 값은 감소한다.

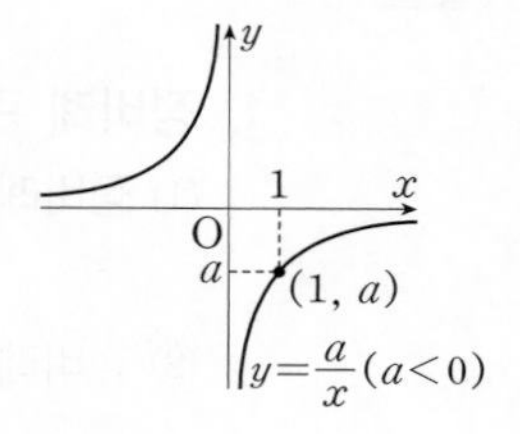

(2) $a<0$일 때

① 제2사분면과 제4사분면을 지난다.

② 각 사분면에서 x의 값이 증가하면 y의 값도 증가한다.

(3) $|a|$가 작을수록 좌표축에 가까워지고, $|a|$가 클수록 좌표축에서 멀어진다.

3. 반비례 관계 $y=\frac{a}{x}(a\neq0,\ x\neq0)$의 그래프 그리기

$y=\frac{a}{x}(a\neq0,\ x\neq0)$의 그래프는 이 곡선이 지나는 점 몇 개를 찾아 좌표평면 위에 나타낸 다음 축에 닿지 않도록 이 점들을 매끄러운 곡선으로 연결한다.

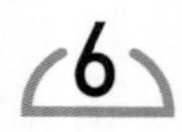

$y=\frac{a}{x}(a\neq0, x\neq0)$에서 x의 값이 주어지지 않은 경우 x의 값은 0이 아닌 모든 수인 것으로 생각한다.

6 정비례, 반비례의 활용

$y=ax(a\neq0)$ 또는 $y=\frac{a}{x}(a\neq0,\ x\neq0)$를 활용하여 문제를 푸는 순서는 다음과 같다.

(1) 변하는 두 양을 변수 x, y로 놓는다.

(2) x와 y 사이의 관계를 나타내는 식을 구한다.

① y가 x에 정비례하면 $y=ax(a\neq0)$의 꼴로 나타낸다.

② y가 x에 반비례하면 $y=\frac{a}{x}(a\neq0,\ x\neq0)$의 꼴로 나타낸다.

(3) (2)의 식에 $x=p$ 또는 $y=q$를 대입하여 필요한 값을 구한다.

(4) 구한 값이 문제의 조건에 맞는지 확인한다.

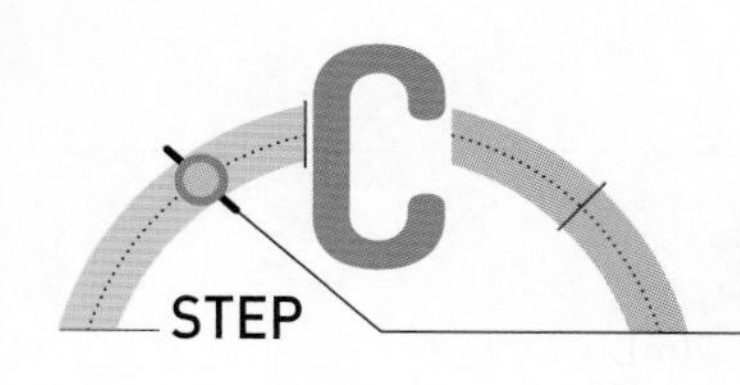

필수체크문제

정답과 풀이 52쪽

01 원점이 아닌 점 A$(a,\ b)$가 y축 위의 점일 때, 다음 중 옳은 것은?

① $a\neq0,\ b\neq0$　② $a=0,\ b=0$　③ $a=0,\ b\neq0$
④ $a\neq0,\ b=0$　⑤ $a=b$

02 x는 0, 1, 2이고, y는 1, 2일 때, $y>x$를 만족시키는 순서쌍 $(x,\ y)$의 개수를 구하시오.

03 점 P$(a,\ b)$가 제4사분면 위의 점일 때, 다음 중 옳은 것은?

① $a>0,\ b>0$　② $a<0,\ b>0$　③ $a<0,\ b<0$
④ $a>0,\ b<0$　⑤ $a<0,\ b=0$

04 점 $(1,\ a)$와 원점에 대하여 대칭인 점이 $(b+4,\ 2)$일 때, $a+b$의 값을 구하시오.

05 오른쪽 그림은 1200 mL의 주스를 x명이 똑같이 나누어 마실 때, 한 사람이 마시는 주스의 양 y mL 사이의 관계를 나타낸 그래프이다. 그래프를 보고, 물음에 답하시오.

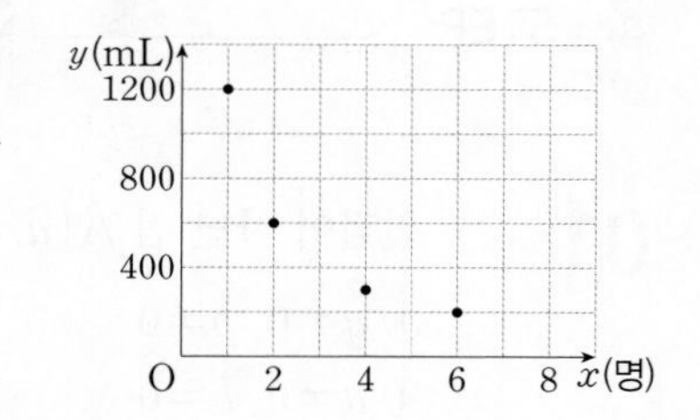

(1) 2명이 나누어 마실 때, 1명이 마시는 주스의 양을 구하시오.

(2) 한 사람이 주스를 200 mL씩 마시려면 몇 명이 나누어 마셔야 하는지 구하시오.

(3) x의 값이 증가할 때, y의 값은 증가하는지 감소하는지 구하시오.

06 오른쪽 그림은 두 변수 x와 y 사이의 관계를 그래프로 나타낸 것이다. 물음에 답하시오.

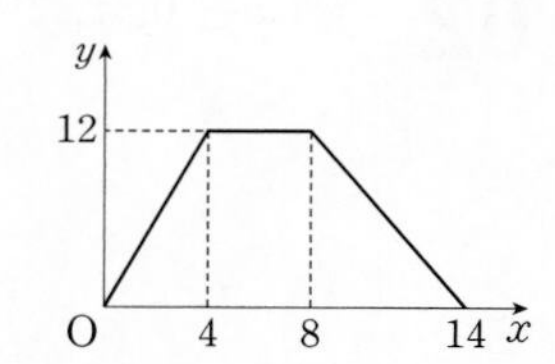

(1) $x=4$일 때, y의 값을 구하시오.

(2) $y=0$일 때, x의 값을 모두 구하시오.

(3) x의 값이 0에서 14까지 증가할 때, y의 값의 변화를 설명하시오.

07 $x>0$일 때, 다음 중 반비례 관계 $y=\dfrac{a}{x}(a>0)$의 그래프는?

① 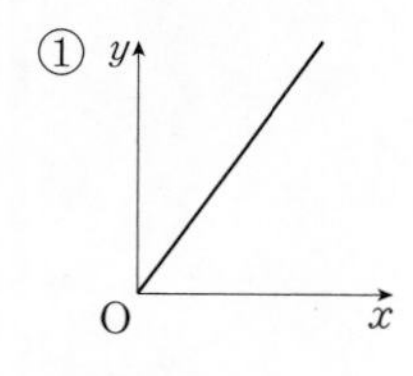

② 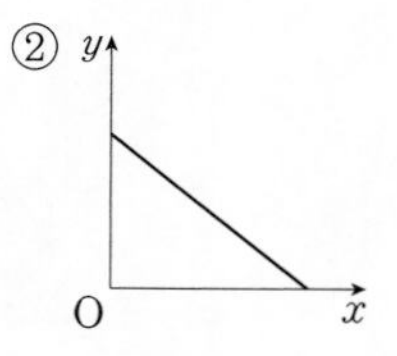

③ 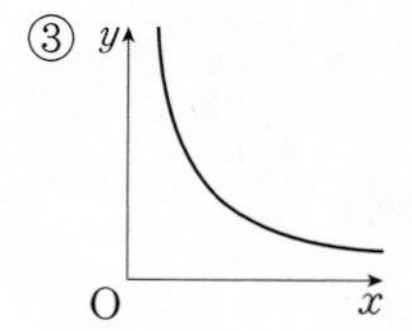

④ 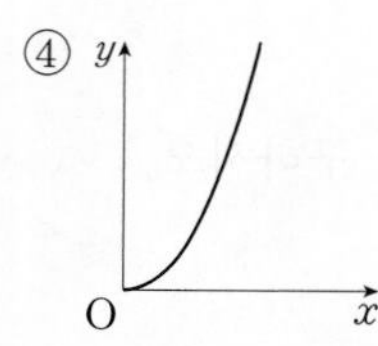

⑤ 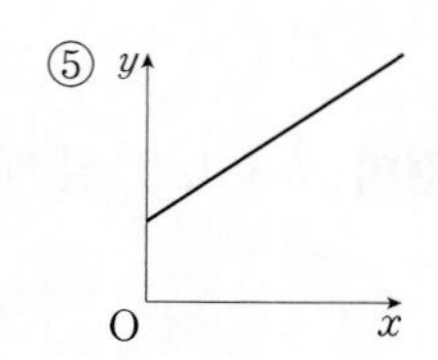

08 정비례 관계 $y=ax$의 그래프가 오른쪽 그림과 같을 때, 다음 중 상수 a의 값이 될 수 있는 것은?

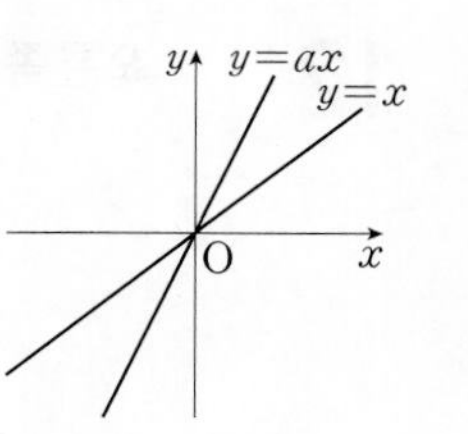

① -2　② $-\frac{1}{2}$　③ $\frac{1}{2}$

④ $\frac{2}{3}$　⑤ $\frac{3}{2}$

09 다음 중 반비례 관계 $y=-\frac{12}{x}$의 그래프 위에 있지 <u>않은</u> 점을 모두 고르면?

① $(-6, 2)$　② $(3, -4)$　③ $(1, 12)$
④ $(24, -0.5)$　⑤ $(12, 1)$

10 $ab<0$, $a-b>0$일 때, 다음 **보기**에서 제3사분면 위의 점을 고르시오.

보기

ㄱ. (a, b)　ㄴ. $(-a, b)$　ㄷ. (b, a)　ㄹ. $(a, -b)$　ㅁ. $(-b, -a)$

11 **보기**에서 그 그래프가 제3사분면을 지나는 것의 기호를 모두 쓰시오.

보기

ㄱ. $y=-2x$　ㄴ. $y=3x$　ㄷ. $y=\frac{4}{9}x$
ㄹ. $y=\frac{3}{8x}$　ㅁ. $y=-\frac{15}{x}$　ㅂ. $y=-\frac{20}{7x}$

12 오른쪽 그림에서 그래프 ①~④가 나타내는 식을 각각 구하시오.

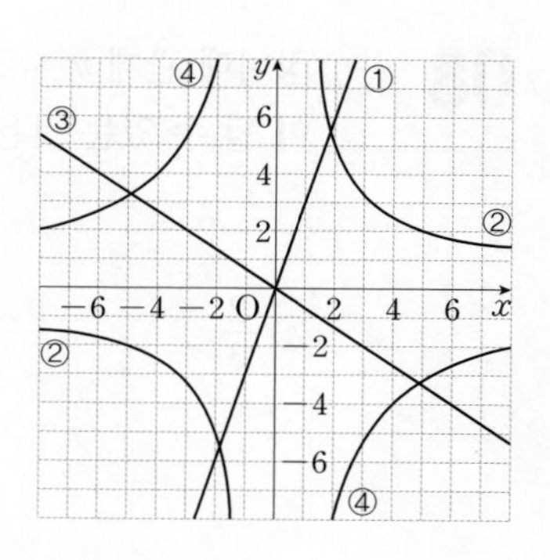

13 김치 120 kg을 봉지에 똑같이 나누어 담으려고 한다. 봉지 x개에 y kg씩 담을 때, x와 y 사이의 관계를 식으로 나타내고, $a+b$의 값을 구하시오.

x(개)	1	a	3	4	5
y(kg)	120	60	40	30	b

14 8개에 4000원인 사과 x개를 사면 y원을 내야 할 때, x와 y 사이의 관계를 식으로 나타내시오.

15 한결이가 동네 공원을 분속 80 m로 걸었더니 한 바퀴 도는데 30분이 걸렸다고 한다. 분속 x m로 공원 한 바퀴를 도는데 걸리는 시간을 y분이라 할 때, x와 y 사이의 관계를 식으로 나타내시오.

16 점 $A(4,\ -5)$와 x축에 대하여 대칭인 점을 B라 할 때, 점 B와 y축에 대하여 대칭인 점의 좌표를 구하시오.

17 점 $P(a,\ -b)$가 제2사분면 위의 점일 때, 점 $P'(-a,\ -b)$는 어느 사분면 위의 점인지 구하시오.

18 점 $P(ab,\ a+b)$가 제4사분면 위의 점일 때, 점 $Q(-b,\ a)$는 어느 사분면 위의 점인지 구하시오.

19 두 점 $A(-4,\ 2)$, $B(8,\ 12)$를 이은 선분의 한가운데에 있는 점의 좌표를 구하시오.

20 다음의 (1)~(4)는 밑면의 크기가 서로 다른 원기둥 모양의 빈 물통이다. ㉠~㉣은 이 네 개의 빈 물통에 매초 일정한 양의 물을 똑같이 넣을 때, 물을 넣은 시간 x초와 물의 높이 y cm 사이의 관계를 나타낸 그래프이다. 각 물통에 해당하는 그래프를 **보기**에서 고르시오.

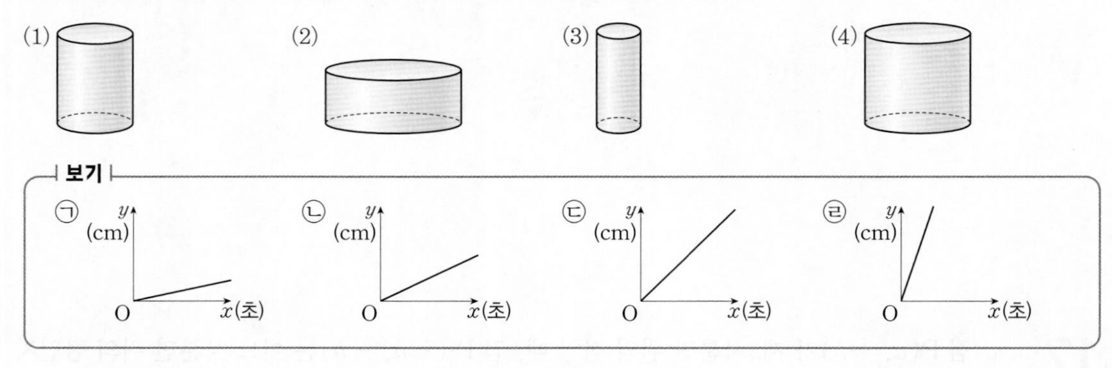

21 좌표평면 위의 두 점 $\mathrm{A}\left(3a-1,\ \frac{a}{5}+2\right)$, $\mathrm{B}\left(\frac{b}{4}-5,\ 7-2b\right)$가 각각 x축, y축 위의 점일 때, $a+b$의 값을 구하시오.

22 점 $\mathrm{P}(5,\ -8)$과 원점에 대하여 대칭인 점은 $\mathrm{Q}(-a,\ a+3b)$이고, 점 P와 x축에 대하여 대칭인 점은 $\mathrm{R}(2a-d,\ c+2d)$일 때, $ab+cd$의 값을 구하시오.

23 정비례 관계 $y=ax(a\neq0)$의 그래프에 대한 설명 중 옳지 않은 것을 모두 고르면?

① 원점을 지나는 직선이다.
② $a>0$이면 제1사분면과 제3사분면을 지난다.
③ a의 절댓값이 작을수록 x축에서 멀어진다.
④ $a<0$일 때, x의 값이 증가하면 y의 값은 감소한다.
⑤ $0<|a|<1$이면 x축보다 y축에 가깝다.

24 정비례 관계 $y=-\frac{3}{8}x$의 그래프가 점 $(a,\ 6)$을 지날 때, a의 값을 구하시오.

25 반비례 관계 $y=-\frac{36}{x}$의 그래프가 두 점 $(a,\ 12)$, $(-6,\ b)$를 지날 때, $a-b$의 값을 구하시오.

26 오른쪽 그림과 같이 정비례 관계 $y=\frac{1}{2}x$의 그래프와 반비례 관계 $y=\frac{a}{x}$의 그래프가 점 P에서 만난다. 점 P의 y좌표가 -4일 때, 상수 a의 값을 구하시오.

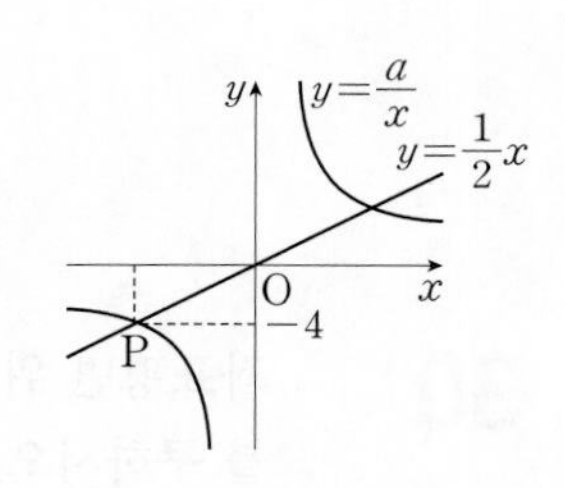

27 오른쪽 그림은 반비례 관계 $y=\frac{3}{x}$의 그래프의 일부이고 점 P에서 x축, y축에 내린 수선의 발을 각각 A, B라 할 때, 직사각형 OAPB의 넓이를 구하시오. (단, O는 원점이다.)

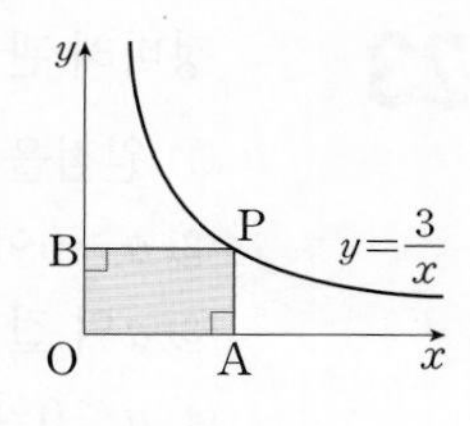

28 정비례 관계 $y=ax$의 그래프가 점 (9, 7)을 지날 때, 다음 중 이 그래프에 대한 설명으로 옳지 않은 것은?

① 점 $(-27,\ -21)$을 지난다.
② 제1사분면과 제3사분면을 지난다.
③ 원점을 지나는 직선이다.
④ $y=x$의 그래프보다 x축에 가깝다.
⑤ x의 값이 증가할 때, y의 값은 감소한다.

29 제2사분면 위에 있는 점의 x좌표가 a이고, 제4사분면 위에 있는 점의 y좌표가 b일 때, 점 $A(ab,\ b+a)$는 어느 사분면 위에 있는지 구하시오.

30 좌표평면 위의 세 점 $A(-2,\ 3)$, $B(0,\ -1)$, $C(2,\ 1)$을 꼭짓점으로 하는 삼각형 ABC의 넓이를 구하시오.

31 정비례 관계 $y=ax$, $y=bx$의 그래프가 오른쪽 그림과 같을 때, 상수 a, b에 대하여 $a+b$의 값을 구하시오.

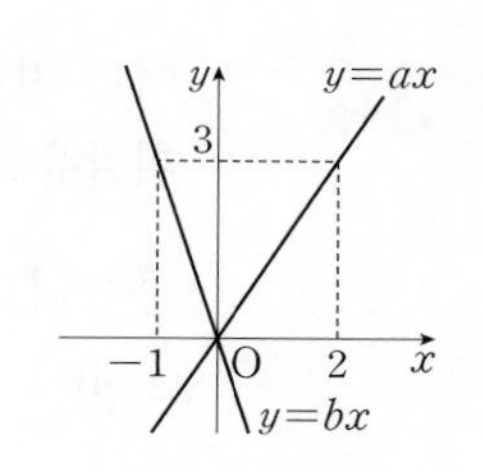

32 다음 물음에 답하시오.

(1) y는 x에 정비례하고 $x=2$일 때, $y=1$이다. $x=5$일 때, y의 값을 구하시오.

(2) y는 x에 정비례하고 $x=-3$일 때, $y=5$이다. $y=3$일 때, x의 값을 구하시오.

(3) y는 x에 반비례하고 $x=2$일 때, $y=-4$이다. $x=-8$일 때, y의 값을 구하시오.

(4) y는 x에 반비례하고 $x=8$일 때, $y=2$이다. $y=4$일 때, x의 값을 구하시오.

33 어느 양초에 불을 붙이면 2시간에 6 cm씩 탄다. 불을 붙인 지 x분 후에 양초가 탄 길이를 y cm라 할 때, x와 y 사이의 관계를 나타내는 식을 구하시오.

34 어떤 자동차로 60 km를 달리는데 휘발유 5 L가 든다고 한다. 이 자동차로 y km를 달리는데 휘발유 x L가 든다고 할 때, 480 km를 달리려면 필요한 휘발유는 몇 L인가?

① 25 L ② 30 L ③ 35 L
④ 40 L ⑤ 45 L

35 어떤 일을 12명이 함께 하면 15일 만에 완성할 수 있다고 한다. 이 일을 x명이 하면 완성하는 데 y일이 걸린다고 할 때, 이 일을 20일 만에 완성하기 위해서는 몇 명이 필요한지 구하시오.
(단, 모든 사람이 같은 시간에 일하는 양은 모두 같다.)

36 농도가 y %인 소금물 x g에 15 g의 소금이 들어 있다. 이 소금물의 농도가 6 %일 때의 소금물의 양은 몇 g인지 구하시오.

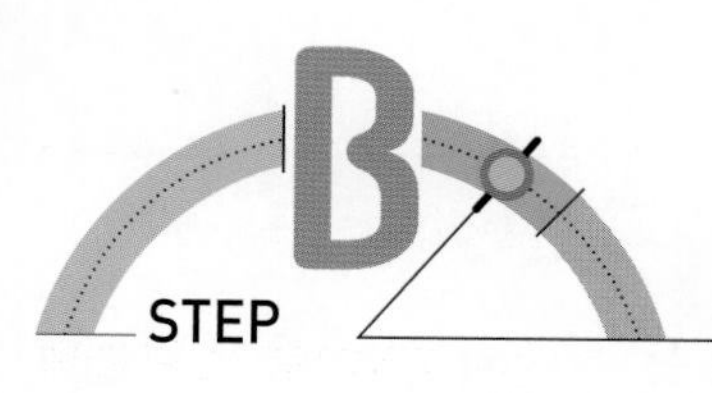

내신만점문제

정답과 풀이 56쪽

01 좌표평면 위의 점에 대하여 다음 물음에 답하시오.

(1) x좌표는 6보다 작은 자연수이고, y좌표는 5보다 작은 자연수인 점 (x, y)의 개수를 모두 구하시오.

(2) 점 $\mathrm{A}(2a-3,\ -4b-1)$과 점 $\mathrm{B}(-3a,\ a+2b-3)$이 원점에 대하여 대칭일 때, a, b의 값을 각각 구하시오.

02 점 $\mathrm{P}(-2,\ 3)$과 y축에 대하여 대칭인 점을 Q, 점 Q와 원점에 대하여 대칭인 점을 R라 할 때, $\triangle\mathrm{PQR}$의 넓이를 구하시오.

03 두 점 $\mathrm{A}(-3,\ 4)$, $\mathrm{B}(b,\ 6)$이 반비례 관계 $y=-\dfrac{a}{x}$의 그래프 위의 점일 때, $a+b$의 값을 구하시오.

04 a, b의 조건이 다음과 같을 때, 점 $\mathrm{P}(a,\ b)$는 어느 사분면 위에 있는지 구하시오.

(1) $a+b>0$, $ab>0$

(2) $a-b>0$, $ab<0$

(3) $b-a>0$, $ab<0$

(4) $\dfrac{a}{b}<0$, $ab+b>0$

05 오른쪽 그림은 드론을 날리기 시작한 지 x분 후의 지면으로부터의 높이를 y m라 할 때, x와 y 사이의 관계를 나타낸 그래프이다. 물음에 답하시오.

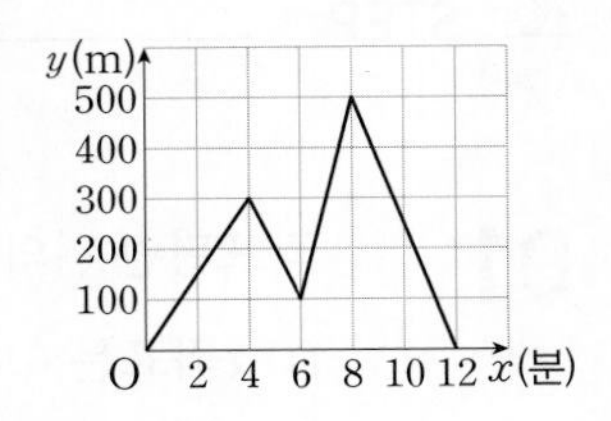

(1) 드론을 날린 시간은 몇 분인지 구하시오.

(2) 드론이 가장 높이 떠 있는 것은 드론을 착륙시키기 몇 분 전인지 구하시오.

(3) 드론의 높이가 낮아졌다가 다시 높아지기 시작한 것은 드론을 날리기 시작한 지 몇 분 후인지 구하시오.

[06~08] 다음 그림과 같은 빈 물통에 일정한 속도로 물을 넣을 때, 물을 넣은 시간 x초와 물의 높이 y cm라 하자. x와 y 사이의 관계를 나타낸 그래프로 알맞은 것을 **보기**에서 골라 그 기호를 쓰시오.

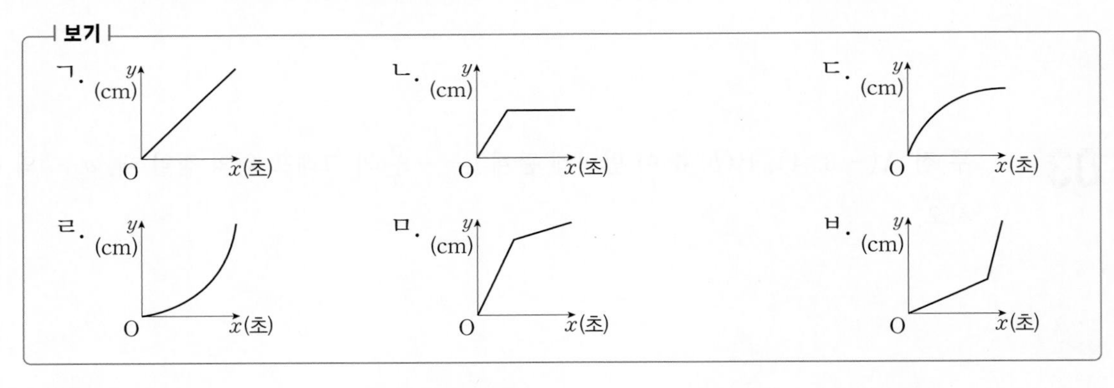

06 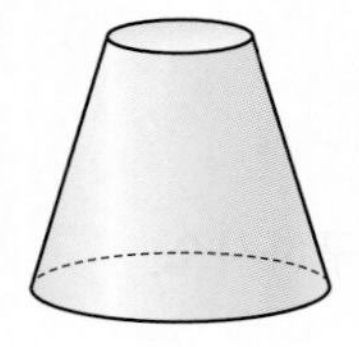

07 

08 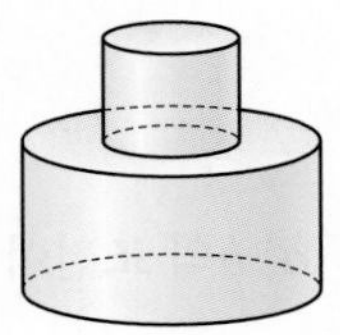

09 오른쪽 그림과 같이 정비례 관계 $y=ax$의 그래프가 두 점 $\mathrm{P}(2,\ 8)$, $\mathrm{Q}(6,\ 2)$를 이은 선분 PQ와 만나도록 하는 상수 a의 값의 범위를 구하시오.

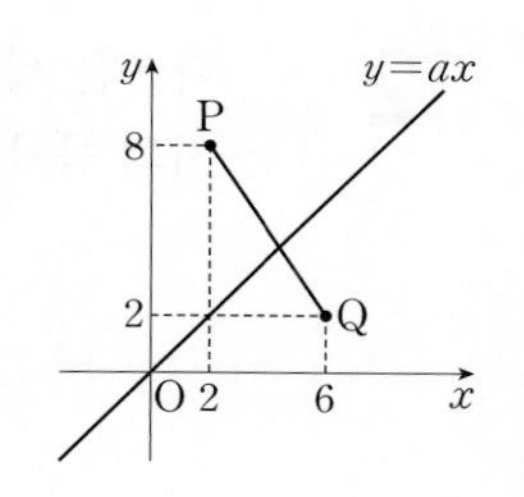

10 다음 중 $y=-|x|$의 그래프로 옳은 것은?

①
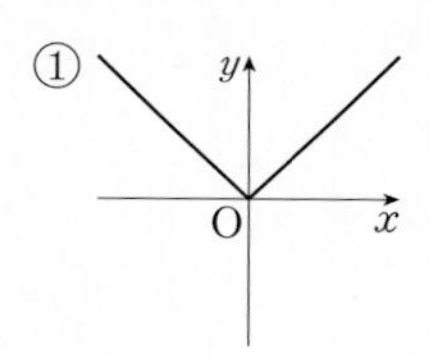

②
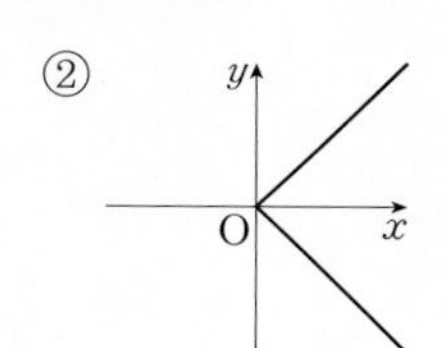

③
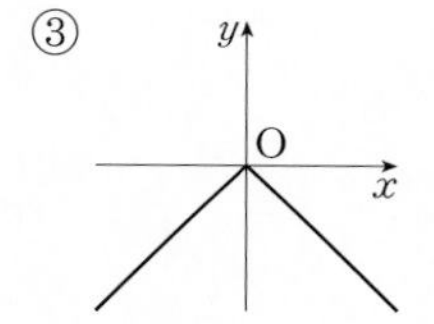

④
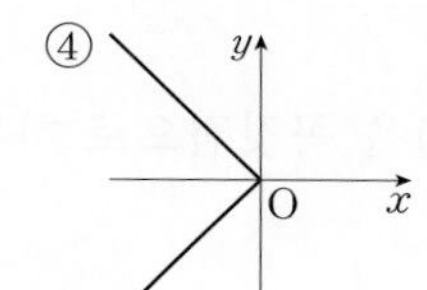

⑤
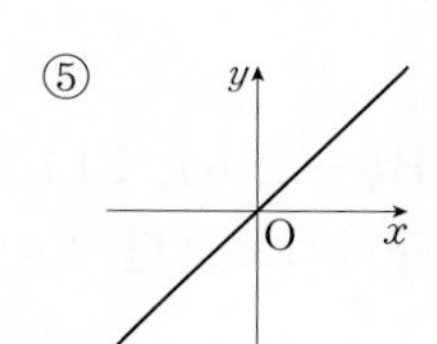

11 오른쪽 그림과 같이 점 $(5,\ -3)$을 지나는 그래프가 있다. 이 그래프 위의 한 점 A에서 x축에 내린 수선의 발 B의 좌표가 $(-10,\ 0)$일 때, $\triangle\mathrm{ABO}$의 넓이를 구하시오.

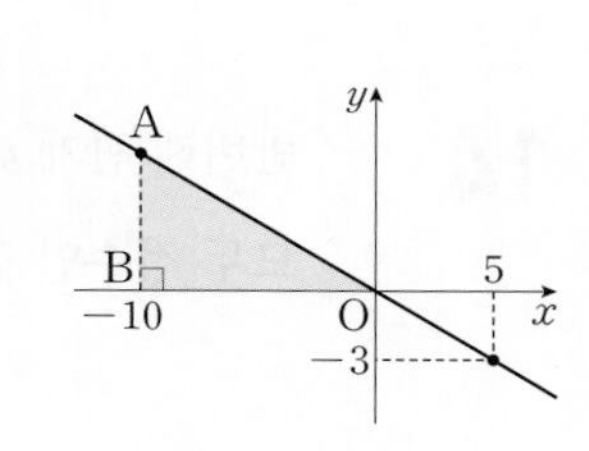

12 다음은 세 친구들이 키우는 강아지의 몸무게 변화를 나타낸 그래프이다. (1)~(3) 중 예준이네 강아지의 몸무게 변화를 나타낸 그래프로 알맞은 것을 고르시오.

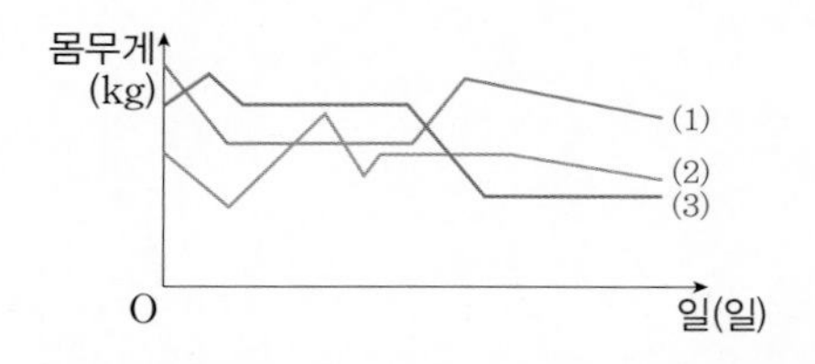

예준: 처음엔 식단 조절을 해줬더니 몸무게가 많이 줄었어. 그러다 한동안 식단을 중단해도 몸무게가 그대로이더니 어느 순간 다시 늘어나는 거야. 그래서 산책 시간과 놀이 시간을 늘렸더니 처음보다는 서서히 몸무게가 계속 줄더라고.

13 좌표평면 위의 네 점 $A(-1,\ 2)$, $B(-2,\ 0)$, $C(1,\ k)$, $D(1,\ 1)$을 꼭짓점으로 하는 사각형 ABCD의 넓이가 7일 때, k의 값을 구하시오. (단, $k<0$)

14 반비례 관계 $y=\dfrac{a}{x}$의 그래프가 점 $(-4,\ 7)$을 지날 때, 이 그래프 위의 점 중에서 x좌표, y좌표가 모두 정수인 점의 개수를 구하시오. (단, a는 상수)

15 1팀은 등산로 입구에서 왼쪽으로 출발하여 도착 지점 ㈎까지 이동하고, 2팀은 등산로 입구에서 오른쪽으로 출발하여 도착 지점 ㈎까지 이동하였다. 다음 그래프는 1팀과 2팀이 등산로 입구에서부터 이동한 거리를 시각에 따라 나타낸 것이다. 물음에 답하시오.

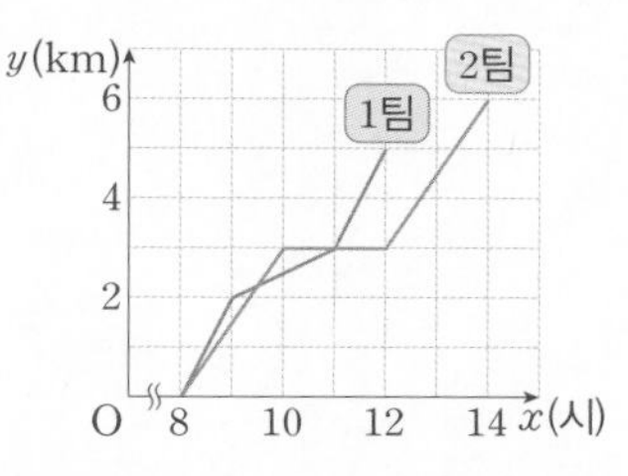

⑴ 1팀과 2팀이 각각 등산로 입구에서 도착 지점 ㈎까지 이동하는 데 걸린 시간을 구하시오.

⑵ 1팀과 2팀 중 한 팀은 중간에 절에 들러 휴식을 취했다. 어떤 팀이 절에 들렀는지 구하시오.

⑶ 더 긴 거리를 이동한 팀은 다른 팀에 비해 몇 km를 더 이동했는지 구하여라.

16 오른쪽 그림과 같이 정비례 관계 $y=ax$의 그래프와 반비례 관계 $y=\frac{b}{x}$의 그래프가 만날 때, ab의 값을 구하시오. (단, a, b는 상수)

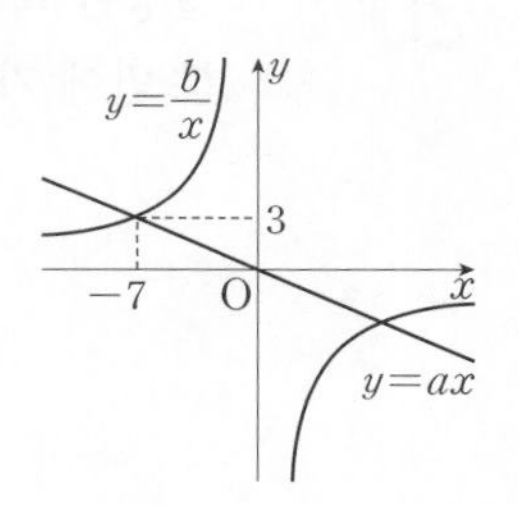

17 두 점 $A(a+2,\ 3b+1)$, $B(6-2a,\ b-1)$이 각각 x축, y축 위의 점일 때, 점 $C(a-b,\ ab)$의 좌표를 구하시오.

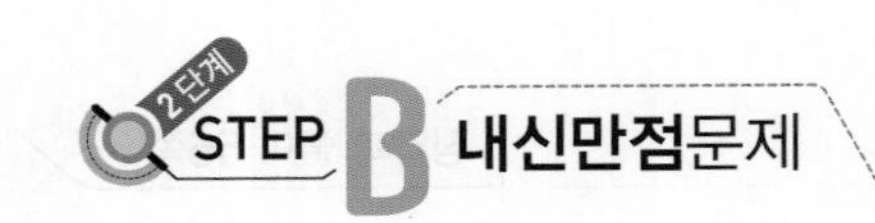

18 톱니 수의 비가 7 : 5인 두 톱니바퀴 P, Q가 서로 맞물려 돌고 있다. 두 톱니바퀴 P, Q의 1분간 회전수를 각각 x번, y번이라 할 때, x와 y 사이의 관계를 나타내는 식을 구하시오.

19 좌표평면 위의 두 점 $\mathrm{A}(4a+7,\ -1)$, $\mathrm{B}(1,\ 9-4b)$가 원점에 대하여 서로 대칭인 점일 때, 점 $\mathrm{C}(-a^2b,\ a+2b)$는 어느 사분면 위의 점인지 구하시오.

20 일정한 속도로 매분 25 L의 물을 넣으면 48분 만에 가득 차는 빈 물탱크가 있다. 이 물탱크를 30분 만에 가득 채우려면 매분 몇 L의 물을 넣어야 하는지 구하시오.

21 다음 각 경우에 대하여 y와 z 사이의 관계가 정비례인지, 반비례인지 구하시오.

(1) y는 x에 정비례하고 x는 z에 정비례한다.

(2) y는 x에 정비례하고 x는 z에 반비례한다.

(3) y는 x에 반비례하고 x는 z에 반비례한다.

(4) y는 x에 반비례하고 x는 z에 정비례한다.

22 정비례 관계 $y=ax$의 그래프와 반비례 관계 $y=\frac{b}{x}$의 그래프가 점 $(-2, 6)$에서 만날 때, $2a-b$의 값을 구하시오. (단, a, b는 상수)

23 $AB+D=C$에 대하여 다음과 같은 두 개의 문자가 일정한 값을 가진다. 나머지 두 문자 사이의 관계가 반비례 관계인 것은?

① $A=2$, $B=3$　② $A=2$, $C=4$　③ $A=4$, $D=1$
④ $B=1$, $C=5$　⑤ $C=3$, $D=2$

24 오른쪽 그림에서 a, b의 값을 각각 구하고, $\triangle$OPQ의 넓이를 구하시오.

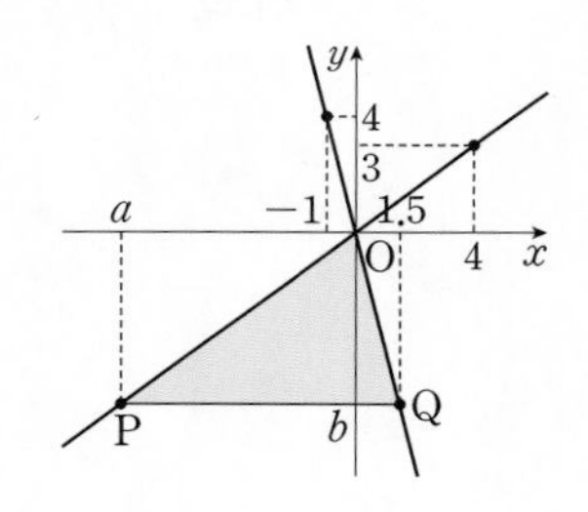

25 반비례 관계 $y=-\frac{a}{x}$의 그래프는 점 $(12, 4)$를 지나고 정비례 관계 $y=bx$의 그래프는 점 $\left(\frac{2}{3}, -\frac{2}{7}\right)$를 지날 때, $a-7b$ 의 값을 구하시오. (단, a, b는 상수)

26 좌표평면 위의 원점이 아닌 점 $P(a, b)$에 대하여 다음 물음에 답하시오.

(1) 점 P와 x축에 대하여 대칭인 점 Q의 좌표를 구하시오.

(2) 점 P와 y축에 대하여 대칭인 점 R의 좌표를 구하시오.

(3) 점 P를 원점을 중심으로 하여 시계 반대 방향으로 90° 회전시킨 점 A의 좌표를 구하시오.

(4) (3)의 점 A와 원점에 대하여 대칭인 점 B의 좌표를 구하시오.

27 오른쪽 그림과 같이 정비례 관계 $y=\frac{3}{2}x$의 그래프 위의 한 점 A에서 y축, x축에 평행하게 그은 직선이 정비례 관계 $y=\frac{1}{4}x$의 그래프와 만나는 점을 각각 B, C라 하자. $\overline{AC}$의 길이가 10일 때, $\overline{AB}$의 길이를 구하시오.

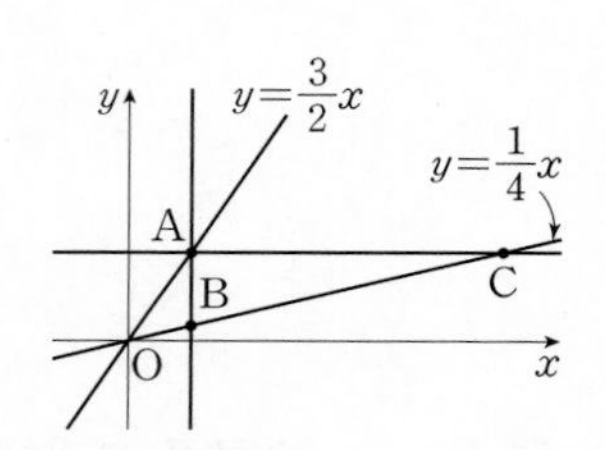

28 정비례 관계 $y=ax$의 그래프 위의 점 A와 두 점 $B(0, 5)$, $C(4, 0)$이 있다. $\triangle ABO$와 $\triangle AOC$의 넓이의 비를 $1:2$가 되게 하는 a의 값을 모두 구하시오.

29 오른쪽 그림은 집에서 2.4 km 떨어진 박물관까지 자전거를 타고 갈 때와 버스를 타고 갈 때 x분 동안 이동한 거리 y m를 각각 나타낸 그래프이다. 집에서 버스를 타고 출발하면 자전거를 타고 출발할 때보다 몇 분 더 빨리 도착하는지 구하시오.

(단, 집에서 박물관까지 직선 도로로만 이동한다.)

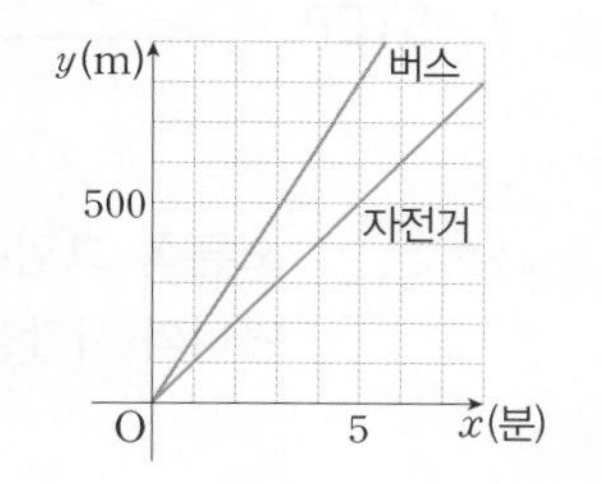

30 좌표평면 위의 네 점 $(-2, -1)$, $(3, -1)$, $(5, 3)$, $(a, 3)$을 꼭짓점으로 하는 평행사변형이 있을 때, 모든 a의 값의 합을 구하시오.

31 좌표평면 위의 세 점 $O(0, 0)$, $A(5, 1)$, $B(2, 4)$를 꼭짓점으로 하는 $\triangle OAB$의 넓이를 정비례 관계 $y=kx$의 그래프가 이등분할 때, 상수 k의 값을 구하시오.

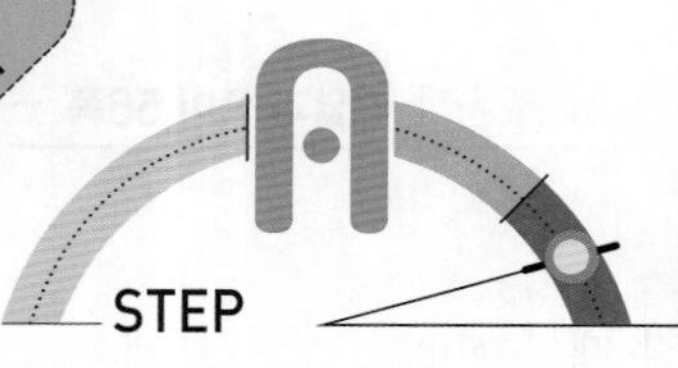

최고수준문제

01 오른쪽 그림은 마라톤 대회에서 은서와 민성이가 달린 거리와 시각을 나타낸 그래프이다. 물음에 답하시오.

(단, 직선 도로만 달린다.)

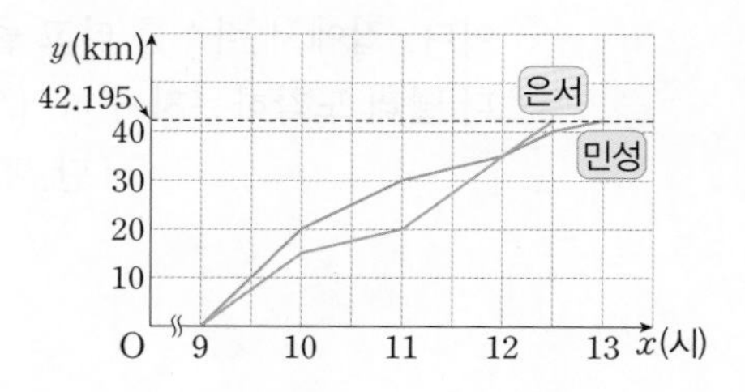

(1) 11시에 민성이는 은서보다 몇 km를 앞서 가고 있는지 구하시오.

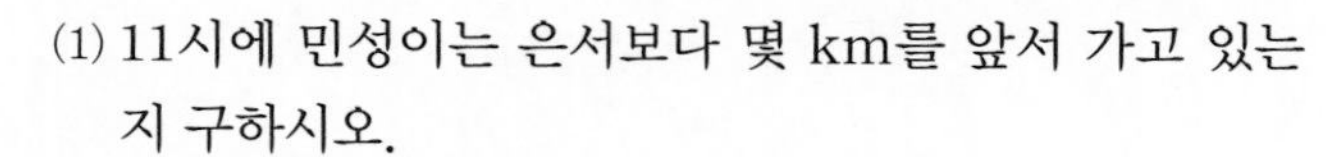

(2) 은서가 민성이를 앞지른 시각을 구하시오.

(3) 은서가 목적지에 도착했을 때, 민성이는 목적지까지 몇 km를 더 가야하는지 구하시오.

02 오른쪽 그림과 같이 정비례 관계 $y=3x$의 그래프와 반비례 관계 $y=\frac{a}{x}$의 그래프가 점 P에서 만날 때, 상수 a의 값과 점 Q의 좌표를 구하시오.

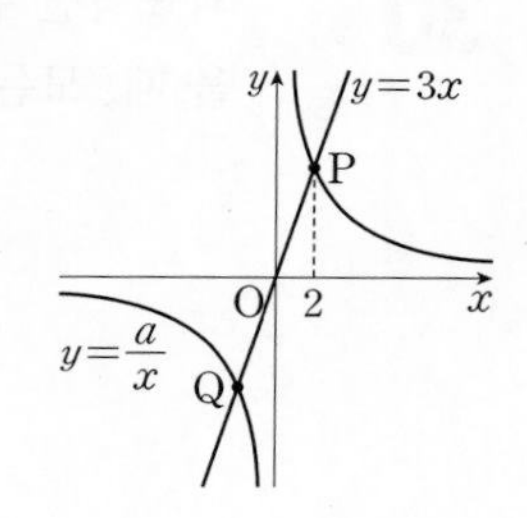

03 오른쪽 그림은 반비례 관계 $y=\frac{a}{x}\,(x>0)$의 그래프의 일부를 나타낸 것이다. 두 점 P, Q의 y좌표의 차가 1일 때, 다음 물음에 답하시오.

(1) 상수 a의 값을 구하시오.

(2) 점 P의 좌표를 구하시오.

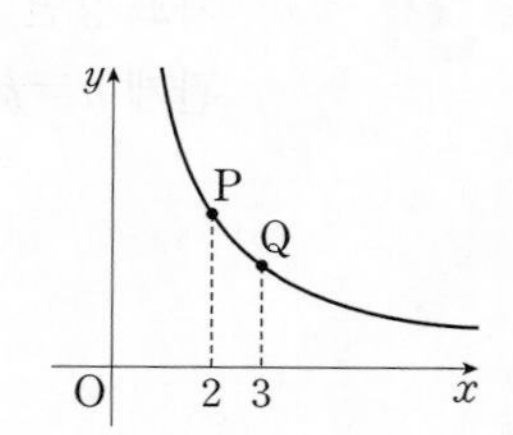

04

좌표평면 위의 세 점 $P(0, 5)$, $Q(6, a)$, $R(6, 0)$에 대하여 다음 물음에 답하시오. (단, $a>0$)

(1) $\triangle PQR$의 넓이를 S라 할 때, a와 S 사이의 관계를 식으로 나타내시오.

(2) $S=21$일 때, a의 값을 구하시오.

05

오른쪽 그림은 어느 날을 기준으로 하여 강의 수위가 변화하는 양을 나타낸 그래프이다. 기준일로부터 x일 후의 수위의 변화를 y cm라 할 때, 다음 물음에 답하시오.

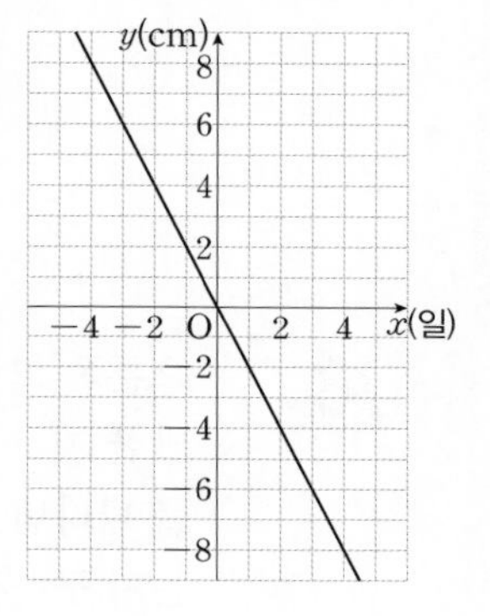

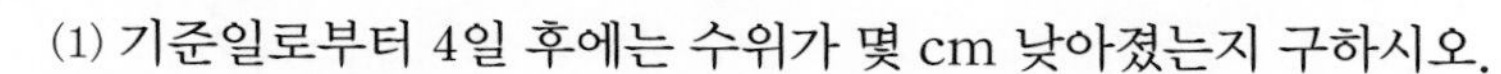

(1) 기준일로부터 4일 후에는 수위가 몇 cm 낮아졌는지 구하시오.

(2) 기준일로부터 3일 전에는 수위가 몇 cm 높았는지 구하시오.

(3) x와 y 사이의 관계를 나타내는 식을 구하시오.

(4) 기준일보다 수위가 12 cm 낮아지는 것은 며칠 후인지 구하시오.

06

오른쪽 그래프에 대하여 다음 물음에 답하시오.

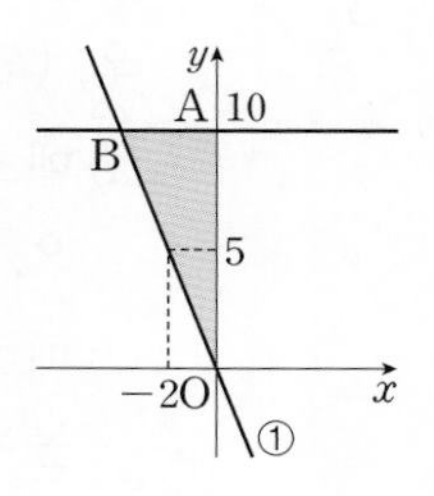

(1) ①의 그래프를 식으로 나타내시오.

(2) 점 $A(0, 10)$에서 x축에 평행한 직선을 그어 ①의 그래프와 만나는 점을 B라 할 때, $\triangle OAB$의 넓이를 구하시오.

STEP A V 좌표평면과 그래프

07 다음은 민재가 수영장에서 수영이 끝난 지 x분 후 집에서 떨어진 거리 y m를 그래프로 나타낸 것이다. 각 상황에 알맞은 그래프를 **보기**에서 고르시오.

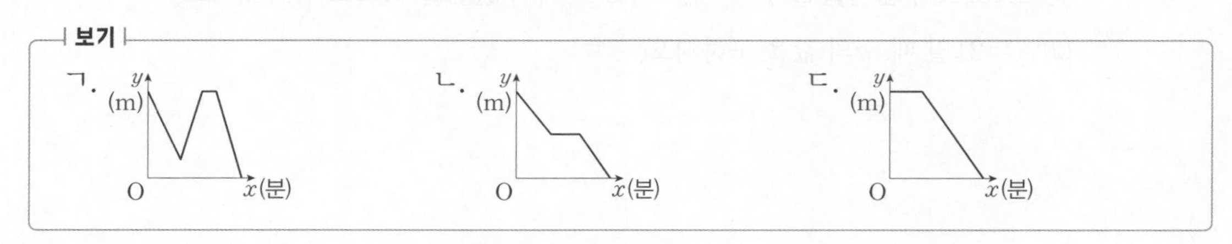

(1) 수영을 마치고 수영장에서 샤워를 한 후 집으로 곧장 갔다.

(2) 집으로 거의 다 갔다가 물안경을 놓고 온 게 생각나 수영장으로 다시 돌아갔다가 집으로 갔다.

(3) 집으로 가던 도중 분식집에 들러 떡볶이를 먹고 집에 갔다.

08 오른쪽 그림은 코끼리 열차가 한 번 왕복할 때 공원 입구에서 출발한 지 x분 후 입구에서부터 열차가 위치한 곳까지의 거리 y m를 나타낸 그래프이다. 이 코끼리 열차는 2시간 동안 몇 번 왕복하는지 구하시오.

(단, 승객들이 열차를 타고 내리는 시간은 생각하지 않는다.)

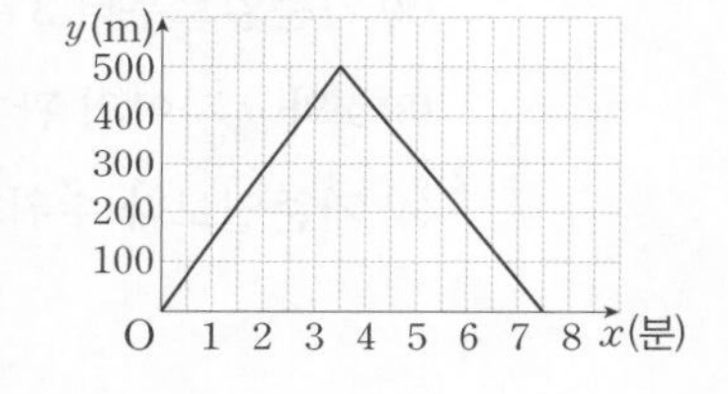

09 밑넓이가 100 cm^2이고 부피가 2 L인 원기둥 모양의 빈 용기에 물을 넣을 때, 다음 물음에 답하시오. (단, (부피)=(밑넓이)×(높이))

(1) 매초 50 cm^3만큼의 물을 넣으면 물을 넣기 시작하고 몇 초 후 용기에 물이 가득 차는지 구하시오.

(2) 매초 a cm^3만큼의 물을 30초 동안 넣으면 높이가 h cm가 된다. 매초 $2a$ cm^3만큼의 물을 넣어 높이가 h cm가 되는 것은 물을 넣기 시작하고 몇 초 후인지 구하시오.

(3) 매초 a cm^3만큼의 물을 x초 동안 넣으면 높이가 y cm가 된다고 할 때, x와 y 사이의 관계를 a를 사용한 식으로 나타내시오.

10 원점과 점 $(5,\ -4)$를 지나는 정비례 관계의 그래프가 두 점 $(a,\ -8)$과 $\left(-\frac{5}{2},\ b\right)$를 지난다. 이때 점 $(a,\ b)$를 지나는 반비례 관계 $y=\frac{c}{x}$의 그래프 위의 점 중에서 x좌표와 y좌표가 모두 정수인 점의 개수를 구하시오. (단, c는 상수)

11 오른쪽 그림에 대하여 다음 물음에 답하시오. (단, O는 원점)

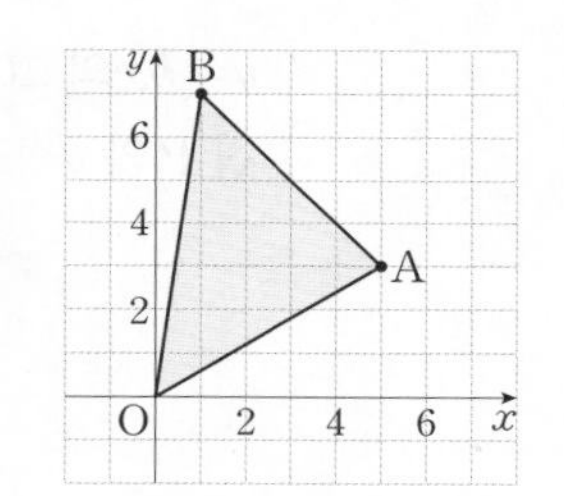

(1) 세 점 O, A, P$(12,\ a)$가 일직선 위에 있을 때, a의 값을 구하시오.

(2) 정비례 관계 $y=kx$의 그래프가 △OAB의 내부를 지나도록 하는 k의 값의 범위를 구하시오. (단, k는 상수이고 $y=kx$의 그래프가 △OAB의 꼭짓점은 지나지 않는다.)

12 점 $(0,\ 3)$을 지나고 x축에 평행한 직선이 정비례 관계 $y=-6x$, $y=\frac{3}{4}x$의 그래프와 만나는 점을 각각 P, Q라 할 때, △POQ의 넓이를 구하시오.

13 정비례 관계 $y=ax$의 그래프가 점 $(6,\ -1)$을 지나고 반비례 관계 $y=\dfrac{b}{x}$의 그래프가 점 $(-8,\ 3)$을 지날 때, 두 그래프는 두 점에서 만난다. 두 점 중 x좌표가 0보다 큰 수의 점의 좌표를 구하시오. (단, a, b는 상수)

14 오른쪽 그림과 같이 반비례 관계 $y=\dfrac{a}{x}$의 그래프가 정비례 관계 $y=3x$, $y=bx$의 그래프와 만나는 점을 각각 A, B라 하자. 점 A의 y좌표가 12, 점 B의 y좌표가 6일 때, ab의 값을 구하시오. (단, a, b는 상수)

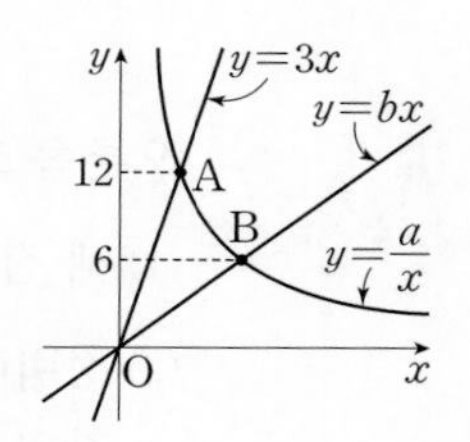

15 오른쪽 그림의 좌표평면에서 세 점 A, B, C의 좌표는 A$(5,\ 8)$, B$(1,\ 1)$, C$(7,\ -1)$이고, 직선 l은 점 $(-2,\ 0)$을 지나고 y축에 평행한 직선이다. 다음 물음에 답하시오.

(1) 점 A와 직선 l에 대하여 대칭인 점의 좌표를 구하시오.

(2) $\triangle$ABC의 넓이를 구하시오.

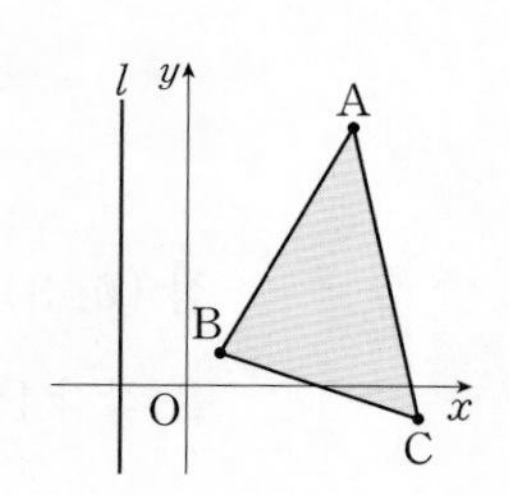

16 오른쪽 그림과 같은 그래프가 점 $A(-2, a)$, $C(1, -6)$을 지날 때, 다음 물음에 답하시오.

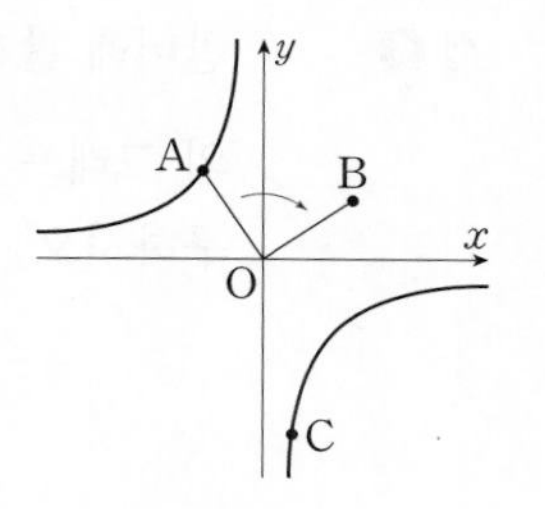

(1) x와 y 사이의 관계를 식으로 나타내시오.

(2) 점 A를 원점을 중심으로 하여 화살표 방향으로 90°만큼 회전이동시킨 점 B의 좌표를 구하시오.

17 오른쪽 그래프에 대하여 다음 물음에 답하시오. (단, $x>0$)

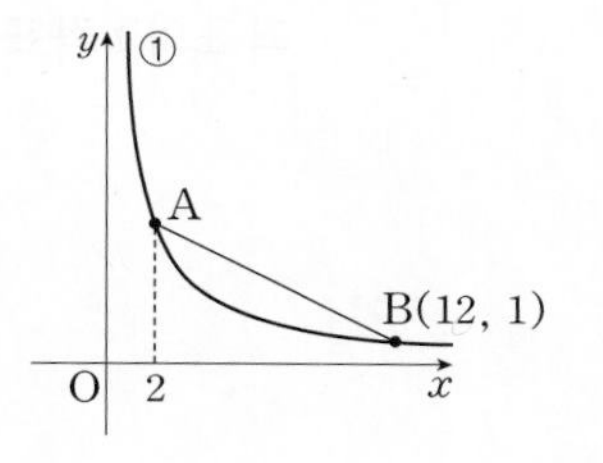

(1) ①의 그래프가 나타내는 식을 구하시오.

(2) 정비례 관계 $y=ax$의 그래프가 선분 AB와 만나기 위한 a의 값의 범위를 구하시오.

18 오른쪽 그림은 정비례 관계의 그래프와 반비례 관계의 그래프이다. 두 그래프가 점 $(3, 5)$에서 만날 때, 다음 물음에 답하시오.

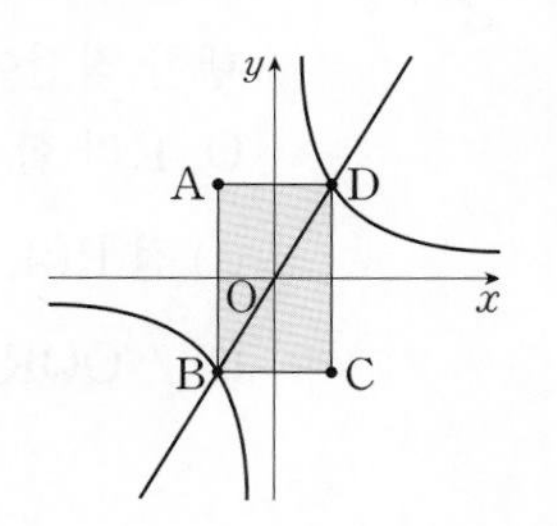

(1) 반비례 관계의 그래프가 나타내는 식을 구하시오.

(2) 선분 AB와 선분 DC, 선분 AD와 선분 BC가 각각 y축, x축에 평행할 때, 직사각형 ABCD의 넓이를 구하시오.

19 반비례 관계 $y=\frac{3}{x}$의 그래프에서 제3사분면 위의 임의의 한 점을 P라 하고, 반비례 관계 $y=-\frac{5}{x}$의 그래프 위의 한 점을 Q라 하자. 점 Q의 x좌표는 점 P의 x좌표의 2배일 때, △OPQ의 넓이를 구하시오. (단, O는 원점)

20 오른쪽 그림이 반비례 관계 $y=\frac{10}{x}$의 그래프일 때, 색칠한 부분에서 x좌표와 y좌표가 모두 정수인 점의 개수를 구하시오.

(단, 그래프와 좌표축 위의 점은 포함하지 않는다.)

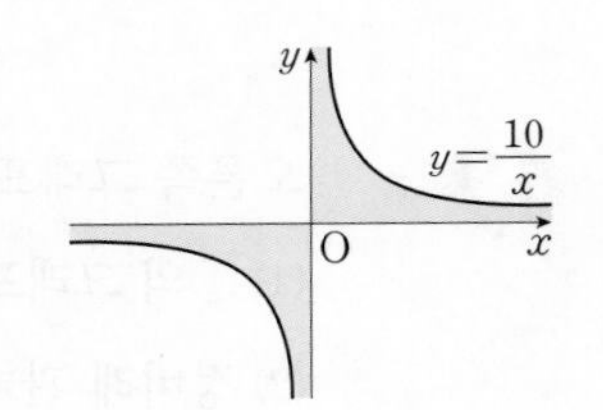

21 오른쪽 그림과 같이 x축 위의 양의 방향에 있는 점 P를 지나고 y축에 평행한 직선이 정비례 관계 $y=\frac{1}{2}x$, $y=2x$의 그래프와 만나는 점을 각각 Q, R라 할 때, 다음 물음에 답하시오. (단, O는 원점)

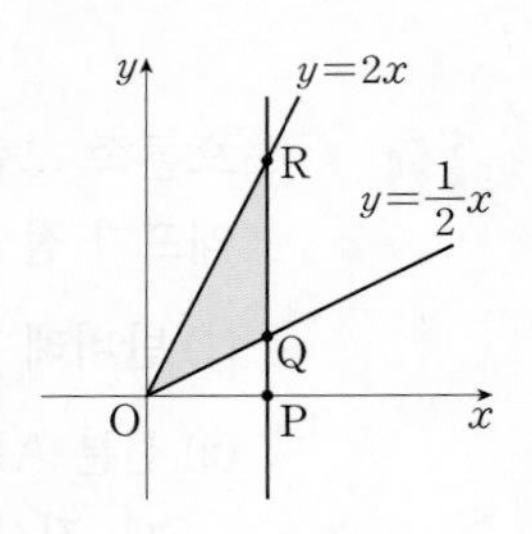

(1) 점 P(4, 0)일 때, △OQR의 넓이를 구하시오.

(2) △OQR의 넓이가 27일 때, 두 점 P, Q의 좌표를 각각 구하시오.

22 오른쪽 그림과 같이 좌표평면 위에 네 점 O(0, 0), A(4, 10), B(8, 0), C(8, 10)이 있다. 정비례 관계 $y=ax$의 그래프가 사다리꼴 AOBC의 넓이를 이등분할 때, 상수 a의 값을 구하시오.

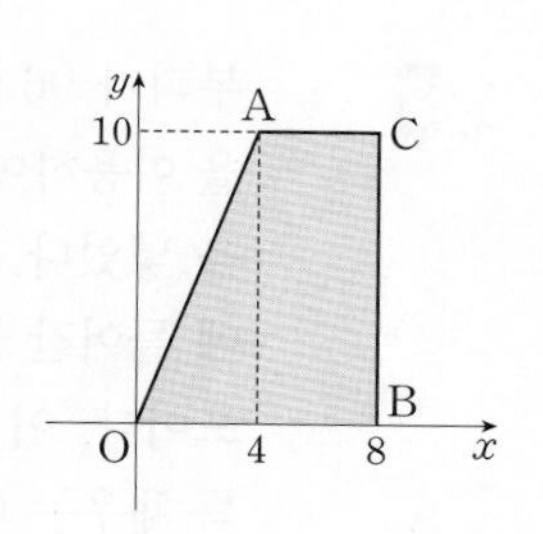

23 점 $P(a-b, ab)$가 제2사분면 위에 있을 때, 다음 중 항상 제4사분면 위에 있는 점은? (단, $a^2>b^2$)

① $A\left(\frac{a-b}{ab}, a+b\right)$　② $B\left(-\frac{ab}{a+b}, \frac{a^3}{b}\right)$　③ $C\left(\frac{a^2-b}{ab}, ab^2\right)$

④ $D\left(-\frac{ab^2}{a-b}, \frac{a}{b}\right)$　⑤ $E\left(\frac{b-a^2}{a+b}, \frac{a+b^2}{a-b}\right)$

24 오른쪽 그림에서 △COD의 넓이가 6일 때, △ABO의 넓이를 구하시오. (단, O는 원점)

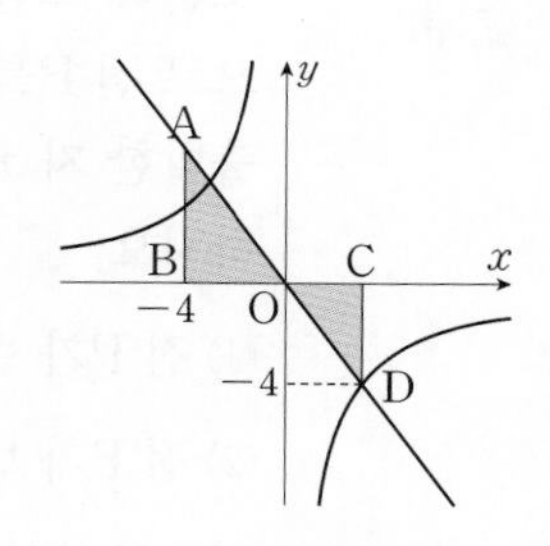

25

부피가 96 m^3인 빈 물통에 물을 넣는데 처음 20분 동안은 수도 A만을 이용하여 물을 넣고, 그 후에는 두 수도 A와 B를 같이 이용하여 물을 넣었다. 오른쪽 그림은 물을 넣기 시작하여 x분이 지난 후에 물통에 들어간 물의 양을 y m^3라 할 때, x와 y 사이의 관계를 나타낸 그래프이다. 이 물통이 비어있을 때, 수도 B만을 이용하여 물통에 물을 가득 채우는 데에는 몇 시간 몇 분이 걸리는지 구하시오.

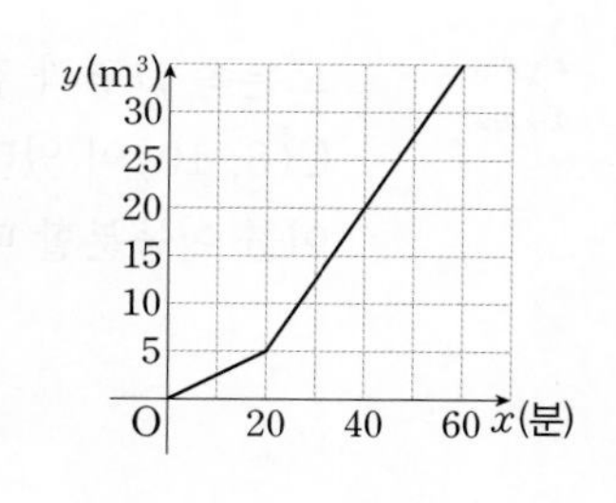

26

오른쪽 그림에서 직사각형 ABCD의 점 A와 대각선 BD의 중점 E는 반비례 관계 $y=\frac{5}{x}(x>0)$의 그래프 위의 점이고, 두 점 B, C는 x축 위에 있다. 다음 물음에 답하시오.

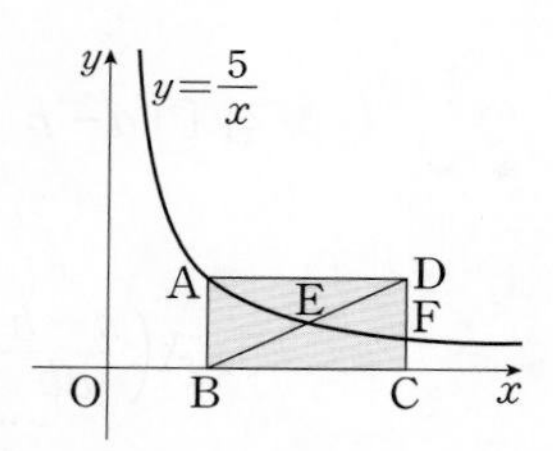

(1) 점 E의 x좌표가 m일 때, 점 B의 좌표를 m을 사용하여 나타내시오.

(2) 점 E의 x좌표가 5일 때, 반비례 관계 $y=\frac{5}{x}$의 그래프와 $\overline{\mathrm{CD}}$가 만나는 점 F의 좌표를 구하시오.

27

오른쪽 그림의 직사각형 ABCD의 변 위를 점 P가 매초 2 cm의 속력으로 점 B를 출발하여 점 C를 지나 점 D까지 움직인다. 점 P가 점 B를 출발한 지 x초 후의 △ABP의 넓이를 y cm^2라 할 때, 다음 물음에 답하시오.

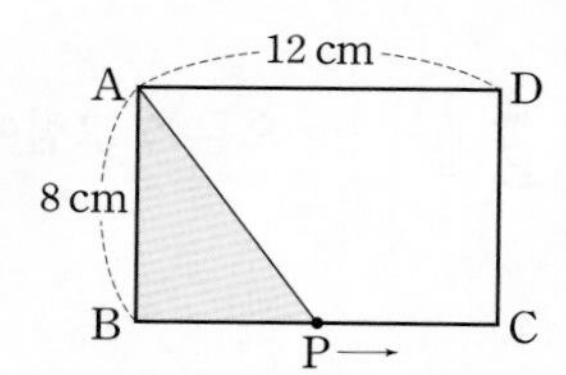

(1) 점 P가 변 BC 위에 있을 때, x와 y 사이의 관계를 식으로 나타내시오.

(2) 점 P가 변 CD 위에 있을 때, y의 값을 구하시오.

(3) x와 y 사이의 관계를 나타내는 그래프를 그리시오.

28 오른쪽 그림과 같이 좌표평면 위의 네 점 O$(0, 0)$, A$(8, 0)$, B$(8, 8)$, C$(0, 8)$을 꼭짓점으로 하는 정사각형 OABC가 있다. 두 점 P, Q가 원점 O를 동시에 출발하여 점 P는 매초 2의 속력으로, 점 Q는 매초 3의 속력으로 각각 화살표 방향으로 움직여 정사각형의 변 위를 한 바퀴 돌 때, 다음 물음에 답하시오.

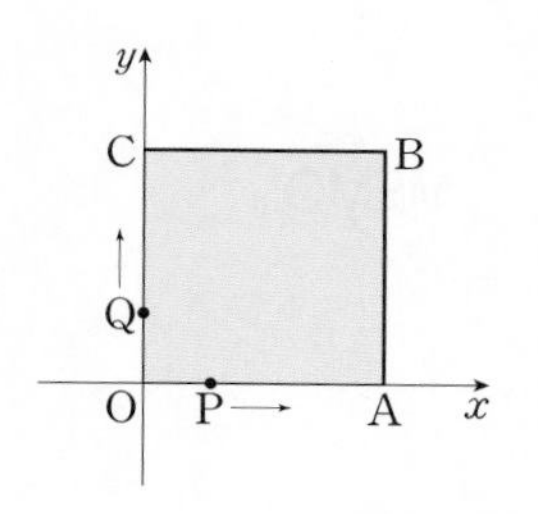

(1) 점 P가 변 AB의 중점에 있을 때, 점 Q의 좌표를 구하시오.

(2) 점 P와 점 Q가 처음으로 만나는 것은 원점 O를 출발한 지 몇 초 후인지 구하시오.

29 오른쪽 그림에서 제1사분면 위의 두 점 P, R는 각각 정비례 관계 $y=\frac{7}{5}x$, $y=\frac{3}{5}x$의 그래프 위의 점이다. 넓이가 25이고 각 변이 x축, y축에 평행한 정사각형 PQRS가 되도록 네 점 P, Q, R, S를 잡을 때, 두 점 Q, S의 좌표를 각각 구하시오.

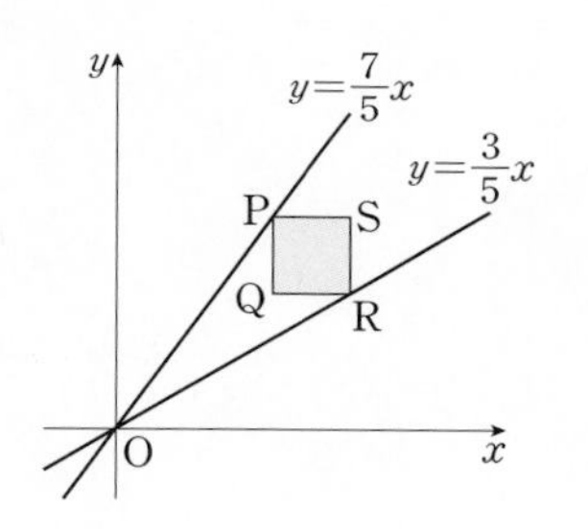

30 오른쪽 그림은 정비례 관계 $y=-3x$의 그래프와 반비례 관계 $y=\frac{k}{x}$의 그래프이다. 이때 사각형 PQOR의 넓이를 구하시오. (단, k는 상수)

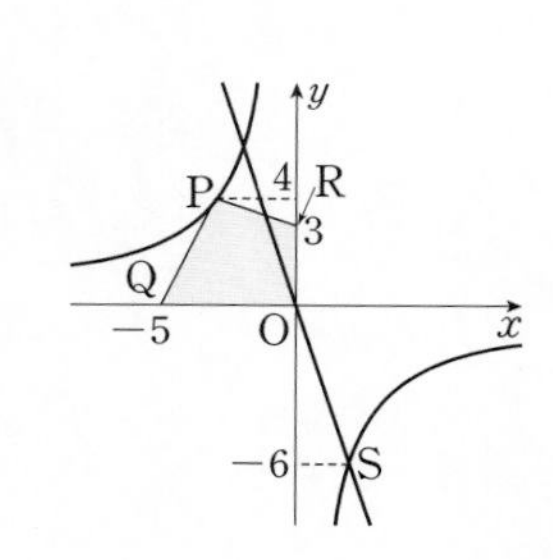

MEMO

잘 풀리는 1%의 사람은 자기자신과 경쟁하고
안 풀리는 99%의 사람은 타인과의 경쟁에
얽매입니다.

어제의 나를 끌어올릴 사람은
바로 오늘의 나입니다.

A
CLASS
MATH

A-classMath
위 권 의 지 름 길

22개정 교육과정

수학 쫌 한다면

에이급수학

중등 1-1

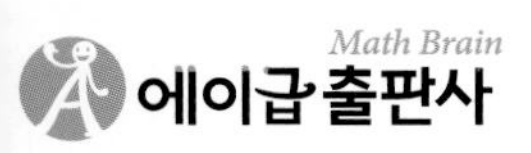

세상에는 두 종류의 사람이 있습니다.
자신이 할 수 있다고 생각하는 사람과
자신이 할 수 없다고 생각하는 사람입니다.
두 사람 다 옳습니다. 왜냐하면
생각하는 대로 되기 때문입니다.

– 헨리 포드 –

정답과 풀이

Ⅰ 소인수분해

STEP C 필수체크문제 | 본문 9~19쪽

01 ⑤ 02 12 03 1002 04 ④ 05 ③
06 ② 07 ③ 08 ④ 09 ④, ⑤ 10 2
11 4 12 금요일 13 101 14 ② 15 ⑤
16 11의 배수 17 (1) 12개 (2) 18개 (3) 8개
18 ㅁ, ㄷ, ㅂ, ㄴ, ㄱ, ㄹ
19 약수의 개수: 12개, 약수의 총합: 168
20 4 21 3 22 ④ 23 10 24 ②
25 ④ 26 $2^6\times3^4\times5^3\times7$ 27 7 28 ③
29 980 30 ②, ③, ⑤ 31 ③ 32 ⑤
33 43개 34 6과 36, 12와 18 35 35, 105 36 4개
37 $2^3\times3^2\times5\times7$ 38 16개 39 (1) 12 m (2) 38그루
40 62 41 7시 12분 42 12개 43 $\frac{60}{7}$ 44 $\frac{105}{2}$

STEP B 내신만점문제 | 본문 20~29쪽

01 6 02 7, 14, 28 03 42 04 3
05 65, 66, 68 06 9개 07 7 08 2
09 6개 10 282개 11 ④ 12 399 13 16
14 303 15 6 cm 16 59 17 최소공배수: 48,
두 자연수: 8과 48, 16과 24 18 90 19 2개
20 84개 21 11, 13, 17, 19 22 43개 23 86
24 216 25 $a=12$, $b=10$ 26 65, 195 27 48
28 35 29 60 30 588 31 3600개 32 140
33 115 34 A: 8바퀴, B: 5바퀴 35 3 36 16개
37 (1) 오전 6시 24분 (2) 오전 8시 16분 38 70명

STEP A 최고수준문제 | 본문 30~39쪽

01 4가지 02 9, 12 03 945 04 60, 96, 168
05 16개 06 80 07 160 08 최대공약수: 8,
두 수: 24와 32 09 103 10 88명 11 64
12 7, 16 13 23가지 14 17 15 1681 16 1013
17 (1) 6 (2) 4개 18 20개 19 (1) 10 (2) 4개
(3) 8개 20 22 21 15명 22 (1) 88 (2) 12개
23 n이 홀수이면 10^n+1, n이 짝수이면 10^n-1 24 11가지
25 36초 후 26 36792 27 42개 28 133 29 (1) 22
(2) 19 (3) 3, 4 30 3쌍 31 37번 32 10일
33 568020 34 45초 35 (1) 10개 (2) 8개

Ⅱ 정수와 유리수

STEP C 필수체크문제 | 본문 46~56쪽

01 ③ 02 ①, ⑤ 03 ㄷ, ㄹ, ㅂ 04 ⑤ 05 ②
06 ④ 07 7개 08 (1) $<$ (2) $>$ (3) $<$ (4) $<$
09 (1) $-7<a<2$ (2) $3\le a\le12$ (3) $-5<a\le8.2$
10 -7 11 $d<b<a<c$ 12 (1) -19 (2) $+\frac{3}{2}$
13 3 14 ② 15 ②, ⑤ 16 $-\frac{17}{60}$ 17 ④
18 $\frac{23}{20}$ 19 $-\frac{2}{5}$ 20 -19 21 ⑤ 22 ㉣
23 ① 24 ② 25 $-\frac{2}{3}$, $\frac{7}{2}$, -2 26 $-\frac{2}{9}$
27 $-\frac{1}{2}$ 28 ④, ⑤ 29 ①, ②, ③
30 $a>0$, $b<0$ 31 2 32 $\frac{5}{21}$ 33 $-\frac{21}{11}$
34 ③ 35 (1) -10 (2) $\frac{1}{18}$ (3) -4 36 ④
37 $\frac{55}{6}$ 38 5 39 $-\frac{43}{12}$

STEP B 내신만점문제 | 본문 57~65쪽

01 26 02 $\frac{1}{2}$ 03 -9 04 8개 05 -3
06 $a=2$, $b=-5$ 07 -3 08 $-\frac{1}{2}$ 09 $\frac{71}{24}$
10 $a>b$ 11 0 12 $\frac{9}{2}$ 13 -13 14 9개
15 4 16 (1) $-\frac{11}{2}$ (2) $\frac{7}{6}$ (3) $-\frac{9}{4}$ (4) $\frac{29}{6}$ 17 4

18 0.8 L 19 -12 20 a, $-b$, b, $-a$ 21 ④
22 1, 15 23 4개 24 0 25 4 26 $-\frac{10}{3}$
27 33 28 B 29 $\frac{31}{8}$ 30 (1) $a=3$, $b=2$
(2) $a=-2$, $b=-3$ (3) $a=2$, $b=-3$ (4) $a=7$, $b=-2$
31 $\frac{1}{8}$ 32 $\frac{1}{a^2}$, $-\frac{1}{a^2}$
33 (1) $>$ (2) $<$ (3) $>$, $<$ (4) $<$, $<$ (5) $<$, $<$
34 (1) 0 (2) $(-1, -2)$, $(-1, -3)$, $(-2, -3)$

STEP A 최고수준문제 | 본문 66~73쪽

01 (1) $+$, $+$, $-$, $-$, $+$, $-$ (2) $+$, $-$, $-$, $+$, 0, 0
02 (1) -4점 (2) 14점 03 $a+b+c<0$ 04 -4
05 1.75 06 n이 홀수일 때: -3, n이 짝수일 때: 3
07 (1) $-\frac{1}{8}$ (2) 7 (3) $\frac{1}{84}$ 08 $\frac{1}{12}$ 09 $(1, 65)$, $(3, 15)$, $(5, 5)$ 10 $(1, -4)$, $(1, 6)$, $(5, 4)$, $(5, 6)$
11 -8, 8 12 $-\frac{23}{3}$ 13 $C<B<A$ 14 17
15 -4 16 43 17 (1) 2점 높다. (2) 75점 18 -10
19 (1) $b>0$ (2) 0 (3) -6, -3, -2
20 $a<0$, $b<0$, $c<0$, $d<0$ 21 (1) $\frac{1}{c}$, $\frac{1}{d}$, $\frac{1}{a}$, $\frac{1}{b}$
(2) $a\times d<b\times c$ 22 (1) A: 15, B: -12 (2) -15, -8, -1, c (3) f 23 (1) -8, -2, 2, 8 (2) -5, -1, 1, 5 (3) $(-3, 5, 2)$, $(3, -5, -2)$ 24 (1) 7계단 (2) 3승 4패
25 $a<0$, $b<0$, $c>0$, $d<0$ 26 $-\frac{35}{2}$
27 $(-9, -1, 1, 3, 6)$, $(-6, -3, -1, 1, 9)$ 28 248번째
29 2033 30 88개

Ⅲ 문자와 식

STEP C 필수체크문제 | 본문 78~84쪽

01 ④ 02 ① 03 ⑤ 04 (1) $3a+5$ (2) $2x+3y$
(3) $3(5a+b)$ (4) $2(a^2-b)$ (5) $\frac{1}{2}(a+b)$ (6) x^2y^3
(7) $(a+2)(2b-3)$ (8) $(a+b)(a-b)$ 05 ⑤
06 $(7-5x)$ km 07 $\frac{100a}{150+a}$ % 08 (1) 9
(2) -9 (3) 27 (4) 729 (5) -729 (6) -729 09 ④
10 16 11 (1) 3 (2) -7 (3) $-\frac{3}{2}$ 12 1
13 ④, ⑤ 14 (1) $\frac{5}{12}$ (2) 1 (3) 23 15 ④ 16 13
17 4 18 $\frac{5}{6}a$명 19 $-3x+1$ 20 $-7x+1$
21 (1) 13 (2) $20x-6$ (3) $-\frac{1}{12}x-\frac{41}{12}$ (4) $-2y$
22 -7 23 $9x-19y$ 24 $170°-2a°$
25 $\left(\frac{a}{5}+\frac{x}{10}\right)$시간
26 예 연속하는 자연수 중 작은 수를 x, 큰 수를 $x+1$이라 하면 $x+(x+1)=2x+1$로 홀수이다.

STEP B 내신만점문제 | 본문 85~91쪽

01 -33 02 (1) 39 (2) $\frac{13}{9}$ 03 (1) $-\frac{1}{6}x-\frac{7}{18}$
(2) $-\frac{1}{3}x+\frac{7}{6}y$ 04 (1) $\frac{2}{5}x+\frac{2}{5}$ (2) $-13x-5$
05 -120 06 $6x-8y+3$ 07 $-\frac{11}{3}x-4$
08 $\left(a+\frac{ap}{100}\right)$개 09 $(4n-4)$개
10 시속 $\left(\frac{x}{y}-3\right)$ km 11 $\frac{2}{3}(x+y)$ km 12 -4
13 (1) $-9y+8z$ (2) $4x+3y-6z$ (3) $-x-19y+18z$
14 (1) $5a-1$ (2) $-7a-12$ (3) $-6a-36$ 15 $\frac{a-b}{5}$점
16 $(6x-26)$명 17 $\left(\frac{1}{4}a-15\right)$점 18 $\left(\frac{1}{3}x+\frac{20}{3}\right)$ %
19 68원 20 (1) $\frac{2}{3}x$번 (2) 63번 21 $(4x+8)$장
22 $(7a+3)$개 23 $(nx-x+y)$ cm

STEP A 최고수준문제 | 본문 92~97쪽

01 54 m　02 $6-x$　03 $2x$　04 $2a$　05 $\frac{17}{5}$

06 $\frac{5}{2}a$명　07 $(3x-1)$ m　08 $\left(a+\frac{7}{3}b\right)$ cm

09 $\left(180a+\frac{9}{5}ar\right)$원　10 $\frac{13x+80}{2x+10}$ %

11 $\left(\frac{21}{20}a-\frac{2}{25}b\right)$명　12 $\frac{22}{25}a$원　13 12

14 $\left(\frac{2}{5}x+172\right)$ km/시　15 $\frac{400}{x-y}$분 후

16 A 마트: $64a$원, B 마트: $63a$원, B 마트

17 $(27n+9)$ cm^2　18 $2(b+c+g)$ 또는 $2(a+b+e)$

19 $(3n+2)$개, 74개　20 $(8n+24)$ cm^2

21 $\frac{5a+3b}{8}$ %

Ⅳ 방정식

STEP C 필수체크문제 | 본문 103~111쪽

01 ④, ⑤　02 ②, ⑤　03 -9　04 ③　05 ③

06 ①　07 ②　08 ②　09 $x=-2$　10 22

11 2　12 (1) -15 (2) 3 (3) $\frac{2}{3}$ (4) 0　13 11.6

14 (1) -2 (2) $\frac{10}{3}$ (3) $\frac{3}{2}$ (4) 1　15 3　16 $x=-1$

17 2　18 -5　19 67　20 300원　21 1400원

22 닭: 8마리, 돼지: 4마리　23 3 cm　24 4 m

25 11250원　26 350대　27 12 km　28 27 km

29 $\frac{7}{2}$ km　30 125 g　31 5 %

32 A 상자: 36개, B 상자: 45개

33 3 %의 소금물: 120 g, 8 %의 소금물: 180 g

STEP B 내신만점문제 | 본문 112~120쪽

01 $\frac{5}{2}$　02 $x=2$　03 $a\neq1$일 때 $x=\frac{a+2}{a-1}$, $a=1$일 때 해가 없다.　04 6　05 6

06 (1) 2 (2) -1　07 (1) $x=1$ (2) 해가 없다. (3) $x=8$

08 (1) $a=2$, $b=-3$ (2) $a=2$, $b\neq-3$　09 -2

10 84　11 10명　12 95 cm　13 450 g

14 $\frac{52}{117}$　15 19달 후　16 2.7 km　17 297명　18 15000원

19 22000원　20 24 km　21 2시 $43\frac{7}{11}$분　22 1시간 후

23 10 %　24 81, 82, 83, 88, 89, 90　25 4번

26 7시간　27 65점　28 약 9.8 %　29 140명

30 따라잡을 수 없다.

31 10 %의 설탕물: 10 g, 6 %의 설탕물: 290 g

32 사탕의 총 개수: 36개, 학생 한 명이 가진 사탕의 개수: 6개, 학생 수: 6명

STEP A 최고수준문제 | 본문 121~129쪽

01 (1) -3 (2) 6　02 (1) ① $a+c$, $b+d$ ② ac, ad ③ c, d (2) $<3, -7>=3x-7=-1$에서 $x=2$ $<1, 0>=x=2$이므로 성립한다. (3) 4

03 (1) $36n-15$ (2) $17a$ cm

04 정가: 6000원, 원가: 5000원　05 110 g

06 ① 4 ② 8 ③ 16 ④ 27　07 학생 수: 468명, 의자 수: 114개　08 21초　09 시속 14.4 km

10 채린: 34점, 민우: 26점　11 18명　12 120 g

13 7200 m　14 90°일 때: 4시 $5\frac{5}{11}$분, 4시 $38\frac{2}{11}$분, 일치할 때: 4시 $21\frac{9}{11}$분

15 350개　16 24개　17 92점　18 분속 1800 m

19 63 km　20 1656

21 남학생: 582명, 여학생: 561명　22 3 : 2

23 $a=\frac{25}{2}$, $b=\frac{25}{4}$　24 오전 8시 36분 40초

25 (1) $\frac{x-10}{12}$시간 (2) 50 m^3　26 2시간

27 3시간 $49\frac{1}{11}$분　28 $\frac{3}{2}$ km

29 속력: 시속 20 km, 간격: 7.2분

V 좌표평면과 그래프

STEP C 필수체크문제 | 본문 135~144쪽

01 ③ **02** 3개 **03** ④ **04** -7

05 (1) 600 mL (2) 6명 (3) 감소한다.

06 (1) 12 (2) 0, 14 (3) x의 값이 0에서 4까지 증가할 때, y의 값은 0에서 12까지 증가한다. x의 값이 4에서 8까지 증가할 때, y의 값은 12로 일정하다. x의 값이 8에서 14까지 증가할 때, y의 값은 12에서 0으로 감소한다.

07 ③ **08** ⑤ **09** ③, ⑤ **10** ㄴ **11** ㄴ, ㄷ, ㄹ

12 ① $y=3x$ ② $y=\frac{10}{x}$ ③ $y=-\frac{2}{3}x$ ④ $y=-\frac{16}{x}$

13 $y=\frac{120}{x}$, 26 **14** $y=500x$

15 $y=\frac{2400}{x}$ **16** $(-4, 5)$

17 제1사분면 **18** 제4사분면 **19** $(2, 7)$

20 (1) ㉢ (2) ㉠ (3) ㉣ (4) ㉡ **21** 10 **22** -5

23 ③, ⑤ **24** -16 **25** -9 **26** 32 **27** 3

28 ⑤ **29** 제4사분면 **30** 6 **31** $-\frac{3}{2}$

32 (1) $\frac{5}{2}$ (2) $-\frac{9}{5}$ (3) 1 (4) 4 **33** $y=\frac{1}{20}x$

34 ④ **35** 9명 **36** 250 g

STEP B 내신만점문제 | 본문 145~153쪽

01 (1) 20개 (2) $a=-3$, $b=-\frac{7}{2}$ **02** 12 **03** 10

04 (1) 제1사분면 (2) 제4사분면 (3) 제2사분면 (4) 제2사분면

05 (1) 12분 (2) 4분 전 (3) 6분 후 **06** ㄹ **07** ㄷ

08 ㅂ **09** $\frac{1}{3}\le a\le 4$ **10** ③ **11** 30

12 (1) **13** -2 **14** 12개

15 (1) 1팀: 4시간, 2팀: 6시간 (2) 2팀 (3) 1 km

16 9 **17** $C\left(\frac{10}{3}, -1\right)$ **18** $y=\frac{7}{5}x$

19 제2사분면 **20** 40 L **21** (1) 정비례 (2) 반비례 (3) 정비례 (4) 반비례 **22** 6 **23** ⑤

24 $a=-8$, $b=-6$, △OPQ의 넓이: $\frac{57}{2}$ **25** -45

26 (1) $Q(a, -b)$ (2) $R(-a, b)$ (3) $A(-b, a)$ (4) $B(b, -a)$ **27** $\frac{5}{2}$ **28** $\frac{5}{2}$, $-\frac{5}{2}$

29 9분 **30** 10 **31** $\frac{5}{7}$

STEP A 최고수준문제 | 본문 154~163쪽

01 (1) 10 km (2) 12시 (3) 2.195 km

02 $a=12$, $Q(-2, -6)$ **03** (1) 6 (2) $P(2, 3)$

04 (1) $S=3a$ (2) 7 **05** (1) 8 cm (2) 6 cm (3) $y=-2x$ (4) 6일 후 **06** (1) $y=-\frac{5}{2}x$ (2) 20 **07** (1) ㄷ (2) ㄱ (3) ㄴ

08 16번 **09** (1) 40초 후 (2) 15초 후 (3) $y=\frac{a}{100}x$

10 12개 **11** (1) $\frac{36}{5}$ (2) $\frac{3}{5}<k<7$ **12** $\frac{27}{4}$

13 $(12, -2)$ **14** 36 **15** (1) $(-9, 8)$ (2) 25

16 (1) $y=-\frac{6}{x}$ (2) $B(3, 2)$ **17** (1) $y=\frac{12}{x}$ (2) $\frac{1}{12}\le a\le 3$

18 (1) $y=\frac{15}{x}$ (2) 60 **19** $\frac{17}{4}$ **20** 46개

21 (1) 12 (2) $Q(6, 3)$, $R(6, 12)$

22 $\frac{15}{16}$ **23** ③ **24** $\frac{32}{3}$ **25** 3시간 12분

26 (1) $B\left(\frac{m}{2}, 0\right)$ (2) $F\left(\frac{15}{2}, \frac{2}{3}\right)$

27 (1) $y=8x$ (2) 48 (3)

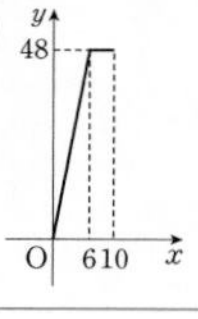

28 (1) $Q(8, 6)$ (2) $\frac{32}{5}$초 후

29 $Q(10, 9)$, $S(15, 14)$

30 $\frac{29}{2}$

I 소인수분해

STEP C 필수체크문제

본문 9~19쪽

01 ⑤　02 12　03 1002　04 ④　05 ③
06 ②　07 ③　08 ④　09 ④, ⑤　10 2
11 4　12 금요일　13 101　14 ②　15 ⑤
16 11의 배수　17 (1) 12개 (2) 18개 (3) 8개
18 ㅁ, ㄷ, ㅂ, ㄴ, ㄱ, ㄹ
19 약수의 개수: 12개, 약수의 총합: 168　20 4
21 3　22 ④　23 10　24 ②　25 ④
26 $2^6\times3^4\times5^3\times7$　27 7　28 ③　29 980
30 ②, ③, ⑤　31 ③　32 ⑤　33 43개
34 6과 36, 12와 18　35 35, 105　36 4개
37 $2^3\times3^2\times5\times7$　38 16개　39 (1) 12 m (2) 38그루
40 62　41 7시 12분　42 12개
43 $\frac{60}{7}$　44 $\frac{105}{2}$

01 ❷ 소수와 거듭제곱

⑤ $\frac{1}{x}\times\frac{1}{x}\times\frac{1}{x}\times\frac{1}{y}\times\frac{1}{y}=\frac{1}{x^3\times y^2}$　답 ⑤

02 ❶ 약수와 배수

75를 나누었을 때, 나머지가 3이므로 $75-3=72$를 6으로 나누면 나누어떨어진다.
$72\div6=12$이므로 어떤 수는 12이다.　답 12

03 ❶ 약수와 배수

$6\times166=996$이고 $6\times167=1002$이므로 1000에 가장 가까운 6의 배수는 1002이다.　답 1002

04 ❷ 소수와 거듭제곱

④ 합성수는 약수의 개수가 3개 이상이다.　답 ④

05 ❷ 소수와 거듭제곱

50 51 52 53 54 55 56 57 58 59
60 61 62 63 64 65 66 67 68 69
70 71 72 73 74 75 76 77 78 79 80

50 이상 80 이하의 자연수 중 소수는 53, 59, 61, 67, 71, 73, 79의 7개이다.　답 ③

06 ❷ 소수와 거듭제곱

소수를 작은 수부터 차례대로 나열하면 2, 3, 5, 7, 11, 13, 17, …이므로 N이 될 수 있는 수는 13, 14, 15, 16의 4개이다.　답 ②

07 ❸ 소인수분해

$98=2\times7^2$이므로 98의 소인수는 2, 7이다.　답 ③

08 ❷ 소수와 거듭제곱

소수는 41, 29, 2, 17, 23, 37, 53, 19, 43, 11, 31, 59, 5, 13, 3, 47, 7이므로 색칠하면 ㄹ 모양이 나타난다.

41	29	2	17	23
57	33	16	27	37
31	11	43	19	53
59	56	35	24	9
5	13	3	47	7

답 ④

09 ❶ 약수와 배수

12의 배수는 3의 배수이면서 4의 배수이므로 각 자리의 숫자의 합이 3의 배수(④)이고, 끝의 두 자리 수가 00 또는 4의 배수인 수이다. 또, 12는 4와 6의 최소공배수이므로 12의 배수는 4와 6의 공배수(⑤)이다.　답 ④, ⑤

10 ❶ 약수와 배수

52□(이)가 3의 배수이므로 $5+2+\square=7+\square$에서
$\square=2, 5, 8$
7□2가 2의 배수이므로 $\square=0, 1, 2, 3, \cdots, 8, 9$
$\therefore \square=2, 5, 8$
따라서 □ 안에 공통으로 들어갈 수 있는 수 중 가장 작은 작은 수는 2이다.　답 2

11 ❶ 약수와 배수

3의 배수는 각 자리의 숫자의 합이 3의 배수이면 되므로 $14+\square$에서 $\square=1, 4, 7$
4의 배수는 끝의 두 자리 수가 00 또는 4의 배수이면 되므로 $\square=0, 4, 8$
$\therefore \square=4$　답 4

12 ❶ 약수와 배수

$150=7\times21+3$이므로 21주가 지나고 3일 더 지나야 한다.

따라서 화요일인 오늘부터 150일째 되는 날은 금요일이다.

답 금요일

13 ❶ 약수와 배수

7의 배수 중 100에 가까운 자연수는 $7\times13=91$, $7\times14=98$, $7\times15=105$이다.

$91+3=94$, $98+3=101$, $105+3=108$이므로 구하는 수는 101이다. 답 101

14 ❸ 소인수분해

52를 어떤 자연수로 나누면 나누어떨어지므로 어떤 자연수는 52의 약수이다.

$$\begin{array}{r|l} 2 & 52 \\ 2 & 26 \\ & 13 \end{array}$$

$52=2^2\times13$이므로 어떤 자연수는 $3\times2=6$(개)이다.

답 ②

15 ❹ 최대공약수와 최소공배수

서로소는 최대공약수가 1인 수이다.

① 6과 10은 최대공약수가 2이므로 서로소가 아니다.

② 17과 51은 최대공약수가 17이므로 서로소가 아니다.

③ 12와 33은 최대공약수가 3이므로 서로소가 아니다.

④ 18과 26은 최대공약수가 2이므로 서로소가 아니다.

⑤ 21과 65는 최대공약수가 1이므로 서로소이다. 답 ⑤

16 ❶ 약수와 배수

십의 자리의 숫자를 a, 일의 자리의 숫자를 b라 하면 두 자리 자연수는 $10a+b$이다.

$(10a+b)+(10b+a)=11a+11b=11(a+b)$

따라서 두 수의 합은 11의 배수이다. 답 11의 배수

17 ❸ 소인수분해

(1)
$$\begin{array}{r|l} 2 & 72 \\ 2 & 36 \\ 2 & 18 \\ 3 & 9 \\ & 3 \end{array}$$

$72=2^3\times3^2$이므로 약수의 개수는

$(3+1)\times(2+1)=4\times3=12$(개)이다.

(2)
$$\begin{array}{r|l} 2 & 180 \\ 2 & 90 \\ 3 & 45 \\ 3 & 15 \\ & 5 \end{array}$$

$180=2^2\times3^2\times5$이므로 약수의 개수는

$(2+1)\times(2+1)\times(1+1)=3\times3\times2=18$(개)이다.

(3)
$$\begin{array}{r|l} 2 & 250 \\ 5 & 125 \\ 5 & 25 \\ & 5 \end{array}$$

$250=2\times5^3$이므로 약수의 개수는

$(1+1)\times(3+1)=2\times4=8$(개)이다.

답 (1) 12개 (2) 18개 (3) 8개

18 ❸ 소인수분해

ㄱ. $32=2^5$이므로 32의 약수의 개수는 $5+1=6$(개)이다.

ㄴ. $54=2\times3^3$이므로 54의 약수의 개수는 $(1+1)\times(3+1)=8$(개)이다.

ㄷ. $108=2^2\times3^3$이므로 108의 약수의 개수는 $(2+1)\times(3+1)=12$(개)이다.

ㄹ. $125=5^3$이므로 125의 약수의 개수는 $3+1=4$(개)이다.

ㅁ. $210=2\times3\times5\times7$이므로 210의 약수의 개수는 $(1+1)\times(1+1)\times(1+1)\times(1+1)=16$(개)이다.

ㅂ. $405=3^4\times5$이므로 405의 약수의 개수는 $(4+1)\times(1+1)=10$(개)이다.

따라서 약수가 많은 수부터 기호를 나열하면 ㅁ, ㄷ, ㅂ, ㄴ, ㄱ, ㄹ이다. 답 ㅁ, ㄷ, ㅂ, ㄴ, ㄱ, ㄹ

19 ❸ 소인수분해

$60=2^2\times3\times5$의 약수의 개수는

$(2+1)\times(1+1)\times(1+1)=12$(개)이다.

60의 약수는 1, 2, 3, 4, 5, 6, 10, 12, 15, 20, 30, 60이므로 총합은 $1+2+3+4+5+6+10+12+15+20+30+60=168$이다. 답 약수의 개수: 12개, 약수의 총합: 168

다른 풀이

약수의 총합은 $(1+2+2^2)\times(1+3)\times(1+5)=168$

20 ❸ 소인수분해

$3600=2^4\times3^2\times5^2=(2^2\times3\times5)^2$은 이미 자연수의 제곱인 수이므로 곱할 수 있는 가장 작은 자연수는 1이다.

따라서 M이 될 수 있는 수 중 두 번째로 작은 자연수는 $2^2=4$이다. 답 4

21 ❸ 소인수분해

(ⅰ) $\square=2^x$이라 하면

$2^7=2^3\times2^4$에서 $\square=2^4=16$

(ⅱ) $\square=a^x$이라 하면 (단, a는 2보다 큰 소수)

$(3+1)\times(x+1)=8$ $\therefore x=1$

$\square=a$이고 a는 2보다 큰 소수이므로 가장 작은 자연수 $a=3$이다. $\therefore \square=3$

(ⅰ), (ⅱ)에서 $\square=3$이다. 답 3

22 ❸ 소인수분해

2)252
2)126
3) 63
3) 21
  7

$252=2^2\times3^2\times7$

$9\times\square=3^2\times\square$, $12\times\square=2^2\times3\times\square$이므로

$9\times\square$와 $12\times\square$의 최소공배수는 $2^2\times3^2\times\square$이다.

따라서 □ 안에 공통으로 들어갈 자연수는 7이다.

답 ④

23 ❸ 소인수분해

$1440=2^5\times3^2\times5=2^4\times3^2\times(2\times5)$이므로 자연수 x로 나누어 제곱수가 되게 하는 가장 작은 자연수는 10이다. 답 10

24 ❹ 최대공약수와 최소공배수

24와 32의 공약수의 개수는 24와 32의 최대공약수의 약수의 개수와 같다. 24와 32의 최대공약수는 $8=2^3$이므로 공약수의 개수는 $3+1=4$(개)이다. 답 ②

25 ❹ 최대공약수와 최소공배수

두 수의 최대공약수의 약수는 두 수의 공약수이고, 두 수의 최소공배수의 배수는 두 수의 공배수이다. 답 ④

26 ❹ 최대공약수와 최소공배수

$$2^4\times3^2\times5$$
$$2^2\times3^4\quad\times7$$
$$2^3\quad\times5^3$$

(최대공약수 X) $=2^2$

(최소공배수 Y) $=2^4\times3^4\times5^3\times7$

따라서 $X\times Y=2^6\times3^4\times5^3\times7$이다. 답 $2^6\times3^4\times5^3\times7$

27 ❹ 최대공약수와 최소공배수

a)$4\times a$ $6\times a$ $14\times a$
2)4 6 14
 2 3 7

세 자연수 $4\times a$, $6\times a$, $14\times a$의 최소공배수는 588이므로

$a\times2\times2\times3\times7=84\times a=588$

$\therefore a=7$

답 7

28 ❹ 최대공약수와 최소공배수

$$2^a\times3^3\times7$$
$$2^4\times3^4\times7^b$$

(최대공약수)$=2^3\times3^3\times7$ ⇨ $a=3$

(최소공배수)$=2^4\times3^4\times7^2$ ⇨ $b=2$

$\therefore a+b=3+2=5$ 답 ③

29 ❹ 최대공약수와 최소공배수

A-solution

두 개 이상의 자연수의 공배수는 모두 최소공배수의 배수이다.

20, 28, 35의 공배수는 세 수의 최소공배수의 배수이다.

20, 28, 35의 최소공배수는 140이고,

$140\times7=980$, $140\times8=1120$이므로

1000에 가장 가까운 수는 980이다.

2) 20 28 35
2) 10 14 35
5) 5 7 35
7) 1 7 7
 1 1 1

답 980

30 ❹ 최대공약수와 최소공배수

① 두 자연수가 서로소이면 공약수는 1뿐이다.

④ 서로소인 두 수의 최소공배수는 두 수의 곱이다.

답 ②, ③, ⑤

31 ❶ 약수와 배수

A-solution

3의 배수는 각 자리의 숫자의 합이 3의 배수이므로 각 자리의 숫자는 0, 1, 2 또는 1, 2, 3이다.

각 자리의 숫자의 합이 3의 배수가 되는 수이므로 102, 120, 123, 132, 201, 210, 213, 231, 312, 321의 10개이다. 답 ③

32 ❶ 약수와 배수

A-solution

a, b, c를 한 문자에 관한 값으로 나타내어 $a+b+c$의 값을 구한다.

$\frac{b}{c}=9$에서 $b=9\times c$

$a=\frac{b}{3}$에서 $a=\frac{1}{3}\times9\times c=3\times c$

즉, $a+b+c=3\times c+9\times c+c=13\times c$이고, c는 자연수이므로 $13\times c$는 13의 배수이다.

답 ⑤

33 ❸ 소인수분해

약수의 개수가 홀수 개인 수는 자연수의 제곱수이다. 1부터 50까지의 자연수 중에서 제곱수는 1^2, 2^2, $\cdots$, 7^2까지 7개이므로 약수의 개수가 짝수 개인 수는 $50-7=43$(개)이다. 답 43개

34 ❹ 최대공약수와 최소공배수

두 자연수를 $6\times a$, $6\times b$(단, a, b는 서로소, $a<b$)라 하면

$6\times a\times6\times b=216$

$\therefore a\times b=6$

$(a, b)=(1, 6), (2, 3)$이므로 구하는 수는 6과 36, 12와 18이다.

답 6과 36, 12와 18

35 ❹ 최대공약수와 최소공배수

$28=2^2\times7$, $42=2\times3\times7$이고 $x=7\times a$라 하면 세 수의 최대공약수는 7이고, 최소공배수는 $420=2^2\times3\times5\times7$이므로 x는 2를 인수로 가질 수 없고, 5는 인수로 반드시 가져야 하며 3은 인수로 가질 수 있다.

$\therefore a=5$ 또는 $a=15$

$\therefore x=35$ 또는 $x=105$

답 35, 105

36 ❹ 최대공약수와 최소공배수

$A=8\times a$, $B=8\times b$(단, a, b는 서로소)라 하면

$8\times a\times b=160$에서 $a\times b=20$

$(a, b)=(1, 20), (4, 5), (5, 4), (20, 1)$이므로 조건을 만족시키는 A는 8, 32, 40, 160의 4개이다.

답 4개

다른 풀이

$160=8\times2^2\times5$이므로 자연수 A가 될 수 있는 수는 8, 8×2^2, 8×5, $8\times2^2\times5$의 4개이다. (A가 8×2이거나 $8\times2\times5$인 경우 최대공약수가 8이 아니므로 A의 값이 될 수 없다.)

37 ❹ 최대공약수와 최소공배수

$A=2^a\times3^b\times5^c\times7^d$이라 하면

$$\begin{array}{r} 2^a\times3^b\times5^c\times7^d \\ 2^2\times3^3\times5^3 \\ \hline \end{array}$$

(최대공약수)$=2^2\times3^2\times5$ ⇨ $b=2$, $c=1$

(최소공배수)$=2^3\times3^3\times5^3\times7$ ⇨ $a=3$, $d=1$

$\therefore A=2^3\times3^2\times5\times7$

답 $2^3\times3^2\times5\times7$

다른 풀이

두 수 A, B의 최대공약수를 G, 최소공배수를 L이라 하면 $A\times B=L\times G$이다.

$A\times2^2\times3^3\times5^3=2^5\times3^5\times5^4\times7$

$\therefore A=2^3\times3^2\times5\times7$

38 ❺ 최대공약수와 최소공배수의 활용

초콜릿과 쿠키를 되도록 많은 봉지에 똑같이 나누어 담으려면 봉지의 수는 128과 112의 최대공약수이어야 한다.

$$\begin{array}{r|rr} 2 & 128 & 112 \\ \hline 2 & 64 & 56 \\ \hline 2 & 32 & 28 \\ \hline 2 & 16 & 14 \\ \hline & 8 & 7 \end{array}$$

따라서 16개의 봉지가 필요하다.

답 16개

39 ❺ 최대공약수와 최소공배수의 활용

(1) 나무의 수를 가능한 한 적게 하려면 나무 사이의 간격을 최대로 해야 하고, 네 모퉁이에는 반드시 나무를 심어야 하므로 최대 간격은 120과 108의 최대공약수이다. 따라서 나무 사이의 간격은 12 m이다.

$$\begin{array}{r|rr} 2 & 120 & 108 \\ \hline 2 & 60 & 54 \\ \hline 3 & 30 & 27 \\ \hline & 10 & 9 \end{array}$$

(2) 나무 사이의 간격은 12 m이고 $120\div12=10$, $108\div12=9$이므로 필요한 나무의 수는 $(10+9)\times2=38$(그루)이다.

답 (1) 12 m (2) 38그루

40 ❺ 최대공약수와 최소공배수의 활용

A-solution

어떤 수를 a, b, c 어느 것으로 나누어도 나머지가 모두 1일 때
⇨ (어떤 수)$=(a, b, c$의 공배수$)+1$

3, 4, 5의 최소공배수는 60이므로 60으로 나누어 2가 남는 수는 $60+2=62$, $60\times2+2=122$, $60\times3+2=182$, …이다. 이 중 두 자리 자연수는 62이다.

답 62

41 ❺ 최대공약수와 최소공배수의 활용

민재와 기준이가 출발 후 다시 만나 출발점에 동시에 도착하게 될 때까지의 시간은 6과 4의 최소공배수인 12분이다.

따라서 구하는 시각은 7시 12분이다.

답 7시 12분

42 ❺ 최대공약수와 최소공배수의 활용

단계별 풀이

1단계 만들려는 가장 작은 정사각형의 한 변의 길이 구하기

16, 12를 변의 길이로 하는 직사각형 모양의 타일로 가장 작은 정사각형을 만들려면 16, 12의 최소공배수가 정사각형의 한 변의 길이가 되어야 한다.

최소공배수는 48이므로 가장 작은 정사각형의 한 변의 길이는 48 cm이다.

2단계 가로, 세로에 필요한 직사각형 모양의 타일의 개수 구하기

가로에는 $48\div16=3$(개), 세로에는 $48\div12=4$(개)의 직사각형 모양의 타일이 필요하다.

3단계 필요한 전체 타일의 개수 구하기

필요한 타일의 개수는 $3\times4=12$(개)이다.

답 12개

43 ❺ 최대공약수와 최소공배수의 활용

A-solution

두 개 이상의 분수에 곱하여 그 결과가 자연수가 되게 하는 분수 중에서 가장 작은 분수는 분모의 최소공배수를 분자로 하고, 분자의 최대공약수를 분모로 하는 분수이다.

$\frac{7}{15}$, $4\frac{1}{12}=\frac{49}{12}$이므로 구하는 분수의 분자는 15와 12의 최소공배수인 60, 분모는 7과 49의 최대공약수인 7이다.

따라서 구하는 분수는 $\frac{60}{7}$이다. 답 $\frac{60}{7}$

44 ⑤ 최대공약수와 최소공배수의 활용

세 수 중 어느 것으로 나누어도 그 결과가 자연수가 되는 것은 세 수의 역수 중 어느 것에 곱해도 항상 자연수가 되는 것과 같다.
$\frac{4}{3}$, $\frac{6}{5}$, $\frac{18}{7}$에서 4, 6, 18의 최대공약수는 2이고, 3, 5, 7의 최소공배수는 105이다.
따라서 구하는 분수는 $\frac{105}{2}$이다. 답 $\frac{105}{2}$

STEP B 내신만점문제

본문 20~29쪽

01 6　02 7, 14, 28　03 42　04 3
05 65, 66, 68　06 9개　07 7　08 2
09 6개　10 282개　11 ④　12 399　13 16
14 303　15 6 cm　16 59
17 최소공배수: 48, 두 자연수: 8과 48, 16과 24
18 90　19 2개　20 84개　21 11, 13, 17, 19
22 43개　23 86　24 216　25 $a=12$, $b=10$
26 65, 195　27 48　28 35　29 60
30 588　31 3600개　32 140　33 115
34 A: 8바퀴, B: 5바퀴　35 3　36 16개
37 (1) 오전 6시 24분 (2) 오전 8시 16분　38 70명

01

70에 가장 가까운 소수는 67, 71, 73이므로
$73-67=6$이다. 답 6

02

몫을 Q라 하면
$34=a\times Q+6$ (단, a는 6보다 크고 28보다 작거나 같은 수이다.)
$a\times Q=28=2\times2\times7$
따라서 a가 될 수 있는 수는 7, 14, 28이다. 답 7, 14, 28

03

$5<a<35$인 소수이므로
$a=7, 11, 13, 17, 19, 23, 29, 31$이다.
$b=a-4=3, 7, 9, 13, 15, 19, 25, 27$이고 이 중에서 소수인 수는 3, 7, 13, 19이므로 b의 값을 모두 더하면
$3+7+13+19=42$이다. 답 42

04

최대공약수가 $6=2\times3$이므로 m, n 중 작은 수가 1이고, 최소공배수가 $1260=2^2\times3^2\times5\times7$이므로 m, n 중 큰 수가 2이다.
$\therefore m+n=3$ 답 3

05

나머지를 r라 하면
$a=7\times9+r$ (단, r는 0보다 크거나 같고 7보다 작은 수이다.)
나머지는 소수이므로 $r=2, 3, 5$이다.
$\therefore a=65, 66, 68$ 답 65, 66, 68

06

A-solution
두 수의 공약수는 최대공약수의 약수이다.

두 수의 공약수의 개수는 최대공약수 100의 약수의 개수와 같다.
$100=2^2\times5^2$이므로 두 수의 공약수의 개수는
$(2+1)\times(2+1)=9$(개)이다. 답 9개

07

A-solution
9의 배수는 각 자리의 숫자의 합이 9의 배수이다.

$(5+\square+4+3)-1=11+\square$가 9의 배수이면 된다.
□는 한 자리 수이므로 $\square=7$이다. 답 7

08

어떤 수를 a, 몫을 Q라 하면
$a=15\times Q+12=5\times3\times Q+(5\times2)+2$
$=5\times(3\times Q+2)+2$
따라서 나머지는 2이다. 답 2

09

$\square ABCD=x\times y=126(cm^2)$에서
x, y는 126의 약수이고, 126의 약수는
1, 2, 3, 6, 7, 9, 14, 18, 21, 42, 63, 126이다.
즉, x의 값에 따른 y의 값을 (x, y)로 나타내면 (단, $x<y$)
$(x, y)=(1, 126), (2, 63), (3, 42),$
$(6, 21), (7, 18), (9, 14)$
따라서 직사각형의 개수는 6개이다. 답 6개

10

세 자리 자연수 중 5로 나누어떨어지는 수는 $5\times20=100$, …, $5\times199=995$에서 $199-19=180$(개),
7로 나누어떨어지는 수는 $7\times15=105$, …, $7\times142=994$에서

$142-14=128$(개),
$5\times7=35$로 나누어떨어지는 수는 $35\times3=105$, ⋯,
$35\times28=980$에서 $28-2=26$(개)이다.
$\therefore$ $180+128-26=282$(개)

답 282개

11

$18\times A=2\times3^2\times A$
④ $A=2^3\times3^2$일 때 $18\times2^3\times3^2=2^4\times3^4$의 약수의 개수는
$(4+1)\times(4+1)=25$(개)

답 ④

12

$\frac{196}{n}$이 자연수이므로 n은 196의 약수이다.
따라서 $196=2^2\times7^2$이므로 196의 약수의 총합은
$(1+2+2^2)\times(1+7+7^2)=399$이다.

답 399

13

$98=2\times7^2$이므로 최소의 x를 곱하여 y^2이 되게 하려면 $x=2$, $y=14$이다.
$\therefore$ $x+y=2+14=16$

답 16

14

4, 5, 6의 어느 것으로 나누어도 3이 남는 수는 4, 5, 6의 공배수보다 3만큼 큰 수이다.
4, 5, 6의 최소공배수는 60이므로 4, 5, 6의 공배수 중 300에 가장 가까운 수는 $60\times5=300$이다.
따라서 구하는 수는 $300+3=303$이다.

답 303

15

A-solution
두 사각형의 모든 변의 길이가 나누어떨어져야 하므로 모든 변의 길이의 공약수를 구한다. 그 중 정사각형의 크기가 가장 커야 하므로 최대공약수를 구한다.

오른쪽 그림과 같이 종이를 나누어 보면 구하는 정사각형의 한 변의 길이는 18, 24, 48의 최대공약수인 6 cm이다.

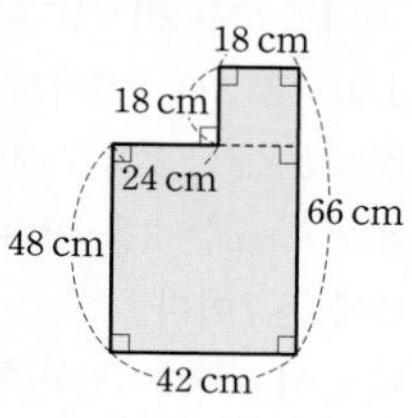

답 6 cm

16

3, 4, 5로 나누어 나머지가 2, 3, 4가 된다는 것은 나누어떨어지려면 1이 모자란다는 것을 의미한다.
3, 4, 5의 최소공배수는 60이므로 3, 4, 5의 공배수 중 두 자리 수는 60이다.
따라서 구하는 두 자리 자연수는 $60-1=59$이다.

답 59

17

A-solution
두 수를 A, $B(A<B)$, A와 B의 최대공약수를 G, 최소공배수를 L이라 하면 $A=a\times G$, $B=b\times G$(단, a, b는 서로소), $A\times B=L\times G$이다.

(두 수의 곱)$=$(최대공약수)$\times$(최소공배수)이므로
$384=8\times$(최소공배수)
$\therefore$ (최소공배수)$=48$
두 자연수를 각각 $8\times a$, $8\times b$라 하면(단, $a<b$, a, b는 서로소)
$a\times b\times8^2=384$
$a\times b=\frac{384}{64}=6$
따라서 $(a, b)=(1, 6)$, $(2, 3)$에서 두 자연수는 8과 48, 16과 24이다.

답 최소공배수: 48, 두 자연수: 8과 48, 16과 24

18

세 자연수의 최대공약수를 G라 하면 $A=3\times G$, $B=5\times G$, $C=6\times G$

$$\begin{array}{r|ccc} G & 3\times G & 5\times G & 6\times G \\ \hline 3 & 3 & 5 & 6 \\ \hline & 1 & 5 & 2 \end{array}$$

이때 A, B, C의 최소공배수는 $G\times3\times1\times5\times2=1350$이므로 $G=45$
$\therefore$ $A=3\times45=135$, $B=5\times45=225$, $C=6\times45=270$
$\therefore$ $A+B-C=135+225-270=90$

답 90

19

x와 10의 최소공배수가 10이므로 x는 10의 약수인 1, 2, 5, 10 중 1과 6 사이의 자연수인 2, 5의 2개이다.

답 2개

20

500까지의 자연수 중에서 4의 배수이면서 6의 배수가 아닌 자연수의 개수는 4의 배수의 개수에서 4와 6의 공배수의 개수를 빼면 된다.
$500\div4=125$이고, 4와 6의 공배수는 최소공배수인 12의 배수이므로 $500\div12=41\cdots8$에서 41개이다.
따라서 구하는 자연수는 $125-41=84$(개)이다.

답 84개

21

10과 x의 최대공약수가 1이므로 10과 x는 서로소이다. 10 이상 20 이하인 수 중 10과 서로소인 수 x는 11, 13, 17, 19이다.

답 11, 13, 17, 19

22

$14=2\times7$이므로 14와 서로소인 수는 2의 배수도 아니고 7의 배수도 아닌 수이다.
1부터 100까지의 자연수 중 2의 배수는 50개, 7의 배수는 14개, 14의 배수는 7개이므로 14와 서로소인 수의 개수는
$100-(50+14-7)=43$(개)이다. 답 43개

23

3, 7의 최소공배수는 21이다.
$21\times2+2=44$, $21\times3+2=65$, $21\times4+2=86$,
$21\times5+2=107$이므로 구하는 수는 86이다. 답 86

24

$a=6\times x$, $b=6\times y$(단, x, y는 서로소)라 하면
$a\times b=36\times x\times y=1296$
$\therefore x\times y=36$
a는 b 이상이므로 x는 y 이상이다.
$(x, y)=(36, 1), (9, 4)$에서
$(a, b)=(216, 6), (54, 24)$이고
a는 4의 배수이므로 $a=216$이다. 답 216

25

$a>b$, $a+b=22$이므로 a는 12 이상 21 이하이고, b는 1 이상 10 이하이다.
이때 a, b의 최소공배수는 $60=2^2\times3\times5$이므로
$a=2^2\times3=12$, $b=2\times5=10$이다. 답 $a=12$, $b=10$

26

$26=13\times2$, $78=13\times2\times3$, $x=13\times a$라 하면 최소공배수는 $390=13\times2\times3\times5$이므로 a는 2를 인수로 가질 수 없고 5는 반드시 인수로 가져야 하며 3은 인수로 가질 수도 있다.
$\therefore a=5$ 또는 $a=15$
$\therefore x=65$ 또는 $x=195$ 답 65, 195

27

$84=12\times7$, $A=12\times a$(단, 7, a는 서로소)라 하면
$84+A=(12\times7)+12\times a=12\times(7+a)$가 11의 배수이므로
$(7+a)$가 11의 배수이어야 한다.
또, A는 두 자리 자연수이므로 $a<9$에서 $a=4$이다.
$\therefore A=12\times4=48$ 답 48

28

$a=4\times x$, $b=7\times x$(x는 자연수)라 하면
a, b의 최소공배수는 $4\times7\times x=980$이므로 $x=35$
따라서 a, b의 최대공약수는 35이다. 답 35

29

24와 90을 각각 소인수분해하면 $24=2^3\times3$, $90=2\times3^2\times5$
$2^3\times3\times a=2\times3^2\times5\times b=c^2$이므로
c^2의 최솟값은 $2^4\times3^2\times5^2$이다.
$\therefore c=2^2\times3\times5=60$ 답 60

30

단계별 풀이

1 단계 $\frac{x}{4}=\frac{y}{6}=\frac{z}{7}$의 값 구하기
$\frac{x}{4}=\frac{y}{6}=\frac{z}{7}=k$라 하면
$x=4k$, $y=6k$, $z=7k$
x, y, z의 최대공약수는 7이므로 $k=7$
2 단계 x, y, z의 값 각각 구하기
$x=4\times7=28$, $y=6\times7=42$, $z=7\times7=49$
3 단계 x, y, z의 최소공배수 구하기
x, y, z의 최소공배수는 28, 42, 49의 최소공배수이므로 588이다. 답 588

31

부피가 최소인 정육면체는 한 모서리의 길이가 최소인 경우이므로 정육면체의 한 모서리의 길이는 3, 4, 5의 최소공배수이어야 한다. 3, 4, 5의 최소공배수는 60이므로 필요한 상자의 개수는
가로 $60\div3=20$(개), 세로 $60\div4=15$(개),
높이 $60\div5=12$(개)이다.
따라서 상자는 $20\times15\times12=3600$(개)가 필요하다.
답 3600개

32

최대공약수 $20=2^2\times5$이고,
$180=2^2\times3^2\times5$이므로
$a^2\times b\times c=2^2\times5\times\square$이다.
$a^2\times b\times c$는 3을 인수로 가질 수 없고 2, 3, 5 이외에 가장 작은 소수는 7이다.
따라서 $a^2\times b\times c$의 최솟값은 $2^2\times5\times7=140$이다. 답 140

33

36의 약수는 1, 2, 3, 4, 6, 9, 12, 18, 36이므로
$\langle36\rangle=1+2+3+4+6+9+12+18+36$
$=91=x$
$91=7\times13$이므로

$\{91\}=(1+1)\times(1+1)=4=y$

$\langle x\rangle=\langle 91\rangle=1+7+13+91=112$,

$4=2^2$에서 $\{y\}=\{4\}=2+1=3$이므로

$\langle x\rangle+\{y\}=\langle 91\rangle+\{4\}=112+3=115$ 답 115

다른 풀이

$36=2^2\times3^2$이므로

$\langle 36\rangle=(1+2+2^2)\times(1+3+3^2)=91$

$\therefore x=91$

$91=7\times13$이므로

$\langle x\rangle=\langle 91\rangle=(1+7)\times(1+13)=112$

$\{x\}=\{91\}=(1+1)\times(1+1)=4$

$\therefore y=4$

$4=2^2$이므로 $\{y\}=\{4\}=3$

$\therefore \langle x\rangle+\{y\}=112+3=115$

34

두 톱니바퀴가 처음으로 다시 같은 톱니에서 맞물릴 때까지 돌아간 톱니의 수는 75와 120의 최소공배수이므로 600개이다.
따라서 두 톱니바퀴가 처음으로 다시 같은 톱니에서 맞물리는 것은 톱니바퀴 A가 $600\div75=8$(바퀴), 톱니바퀴 B가 $600\div120=5$(바퀴) 회전한 후이다.

답 A: 8바퀴, B: 5바퀴

35

단계별 풀이

1 단계 최대공약수를 이용하여 x의 값 구하기
최대한 많은 학생들에게 똑같이 나누어 주어야 하므로 학생 수는 60, 48, 72의 최대공약수인 12명이다. $\therefore x=12$

2 단계 y, z, w의 값 구하기
학생 한 명이 받을 연필, 지우개, 공책은 각각 $60\div12=5$(자루), $48\div12=4$(개), $72\div12=6$(권)이다.
$\therefore y=5,\ z=4,\ w=6$

3 단계 x와 $(y+z+w)$의 최대공약수 구하기
$y+z+w=5+4+6=15$에서 12와 15의 최대공약수는 3이다.

답 3

36

망고 $38-2=36$(개), 복숭아 $65-5=60$(개),
자두 $99-3=96$(개)를 모두 똑같이 나누어 주었으므로 나누어 준 학생 수는 36, 60, 96의 최대공약수인 12명이다.
$36\div12=3$(개), $60\div12=5$(개), $96\div12=8$(개)
따라서 한 학생이 받은 과일의 수는 $3+5+8=16$(개)이다.

답 16개

37

(1) A행 버스는 5시 14분, 28분, 42분, 56분, 6시 10분, 24분, …에 출발하고, B행 버스는 6시 8분, 16분, 24분, …에 출발하므로 A행 버스와 B행 버스가 처음으로 동시에 출발하는 시각은 오전 6시 24분이다.

(2) 14와 8의 최소공배수는 56이므로 오전 6시 24분에서 56분이 지날 때마다 두 버스가 동시에 출발한다. 이는 6시 24분, 7시 20분, 8시 16분, 9시 12분, …이므로 오전 8시와 9시 사이에 두 버스가 동시에 출발하는 시각은 오전 8시 16분이다.

답 (1) 오전 6시 24분 (2) 오전 8시 16분

38

4, 6, 8의 최소공배수는 24이므로 구하는 인원은 24의 배수에서 2를 뺀 수이다.
$24\times1-2=22$, $24\times2-2=46$, $24\times3-2=70$, …
10명씩 한 모둠으로 하면 인원이 남거나 모자라지 않으므로 인원수는 10의 배수이다.
따라서 참가한 최소 인원수는 70명이다. 답 70명

STEP A 최고수준문제

본문 30~39쪽

01 4가지 02 9, 12 03 945 04 60, 96, 168
05 16개 06 80 07 160
08 최대공약수: 8, 두 수: 24와 32 09 103
10 88명 11 64 12 7, 16 13 23가지 14 17
15 1681 16 1013 17 (1) 6 (2) 4개 18 20개
19 (1) 10 (2) 4개 (3) 8개 20 22 21 15명
22 (1) 88 (2) 12개
23 n이 홀수이면 10^n+1, n이 짝수이면 10^n-1
24 11가지 25 36초 후 26 36792 27 42개
28 133 29 (1) 22 (2) 19 (3) 3, 4 30 3쌍
31 37번 32 10일 33 568020 34 45초
35 (1) 10개 (2) 8개

01

$140=2^2\times5\times7$을 서로소인 두 수 a, b의 곱으로 표현하는 방법은 1×140, 4×35, 5×28, 7×20이다.
따라서 구하는 방법은 모두 4가지이다. 답 4가지

02

$A=3\times a$, $B=3\times b$(단, a, b는 서로소, $a<b$)라 하면

최소공배수가 36이므로 $3\times a\times b=36$

$\therefore a\times b=12$

$(a, b)=(1, 12), (3, 4)$이므로 $(A, B)=(3, 36), (9, 12)$이다.

따라서 두 수의 합이 21이므로 두 자연수는 9, 12이다.

답 9, 12

03

$63x4+2=63x6$의 끝의 두 자리 수 $x6$이 4의 배수이면 되므로

$x=1, 3, 5, 7, 9$

$\therefore 1\times3\times5\times7\times9=945$

답 945

04

최대공약수를 G, 최소공배수를 L이라 하면 세 자연수는

$5\times G$, $8\times G$, $14\times G$이고, 최소공배수는 $L=2^3\times5\times7\times G$이므로 $G+L=G+280\times G=281\times G=3372$

$\therefore G=12$

따라서 구하는 세 자연수는 $5\times12=60$, $8\times12=96$,

$14\times12=168$이다.

답 60, 96, 168

05

$146\div23=6\cdots8$에서

$23\times7+7=168$, $\cdots$, $23\times22+22=528$이므로 23으로 나누었을 때, 몫과 나머지가 같은 수 중 146보다 큰 수는

$22-7+1=16$(개)이다.

답 16개

06

세 분수 $\frac{64}{N}$, $\frac{72}{N}$, $\frac{M}{N}$이 모두 자연수이므로

N은 64, 72, M의 공약수이어야 한다.

64와 72의 최대공약수가 8이므로

두 수의 공약수는 1, 2, 4, 8이고, $\frac{M}{N}$이 가장 작을 때이므로

N은 최대공약수인 8이다.

즉, $\frac{64}{8}<\frac{72}{8}<\frac{M}{8}$에서 $8<9<\frac{M}{8}$을 만족시키는 M의 값 중 가장 작은 것을 구해야 하므로

$\frac{M}{8}=10$ $\therefore M=8\times10=80$

답 80

07

$A=3\times G$, $B=4\times G$라 하면

$3\times4\times G=240$ $\therefore G=20$

$A=3\times20=60$, $B=4\times20=80$

$\therefore G+A+B=20+60+80=160$

답 160

08

두 자연수를 A, $B(A<B)$, 최대공약수를 G라 하면

$A=a\times G$, $B=b\times G$ (단, a, b는 서로소, $a<b$)

$a\times b\times G^2=768$, $a\times b\times G=96$

$\therefore G=8$, $a\times b=12$

$(a, b)=(1, 12), (3, 4)$이고 A, B는 두 자리 자연수이므로

$8\times3=24$, $8\times4=32$이다.

답 최대공약수: 8, 두 수: 24와 32

09

어떤 수를 x, 몫이 8일 때의 나머지를 r, 10으로 나눌 때의 몫을 Q라 하면

$x=12\times8+r=10\times Q+3$

$\therefore 93+r=10\times Q$

$0<r<12$이므로 $r=7$이고, $x=12\times8+7=103$이다.

답 103

10

블록의 한 모서리의 길이는 $36=2^2\times3^2$, $54=2\times3^3$,

$99=3^2\times11$의 최대공약수인 $3^2=9$(cm)이다.

$36\div9=4$, $54\div9=6$, $99\div9=11$이므로

총 $4\times6\times11=264$(개)의 블록이 생긴다.

따라서 $264\div3=88$(명)이 나누어 가졌다.

답 88명

11

A-solution

약수가 3개인 자연수 ⇨ $(\text{소수})^2$

나머지 r의 약수의 개수가 3개이므로 소수의 제곱수이다. 또, 5보다 작은 자연수이므로 $r=4$이다.

A를 5로 나누었을 때의 몫을 P, 12로 나누었을 때의 몫을 Q라 하면 $A=5\times P+4=12\times Q+4$

따라서 A는 5와 12의 공배수에 4를 더한 수와 같다.

$\therefore A=5\times12+4=64$

답 64

12

단계별 풀이

1단계 조건에 맞는 두 자연수 모두 구하기

두 자연수를 $A=6\times a$, $B=6\times b$(단, a, b는 서로소, $a>b$)라 하면

$6\times a\times6\times b=2376$

$\therefore a\times b=66$

$(a, b)=(11, 6), (22, 3), (33, 2), (66, 1)$이고

$(A, B)=(66, 36), (132, 18), (198, 12), (396, 6)$이다.

2/단계 큰 수를 작은 수로 나누어 보기

$66 \div 36 = 1 \cdots 30$, $132 \div 18 = 7 \cdots 6$,

$198 \div 12 = 16 \cdots 6$, $396 \div 6 = 66$

3/단계 나머지가 6일 때의 몫 구하기

몫은 7, 16이다.

답 7, 16

13

0.23572357⋯은 2, 3, 5, 7의 4개의 수가 반복되고

0.235235⋯는 2, 3, 5의 3개의 수가 반복된다.

이때 3, 4의 최소공배수가 12이므로 소수점 아래 12개의 숫자마다 같은 수의 배열이 나오게 된다.

12개의 숫자가 반복이 될 때 두 소수의 소수점 아래 처음 3개의 수는 2, 3, 5로 같은 숫자이다.

따라서 $86 \div 12 = 7 \cdots 2$에서 같은 숫자가 나오는 경우는

$3 \times 7 + 2 = 23$(가지)이다.

답 23가지

14

$180 = 2^2 \times 3^2 \times 5$이고 약분해도 분자에 3이 남아 있으므로

$125 - k = 3^3 \times a$의 꼴이다. $a = 4$일 때, k는 최소이므로

$k = 125 - 3^3 \times 4 = 17$이다.

답 17

15

2, 3, 4, 5, 6, 7, 8의 최소공배수는 840이므로 구하는 수는

$840 \times 2 + 1 = 1681$이다.

답 1681

16

$n(a, b)$는 a 이상 b 이하의 자연수 중 6의 배수이면서 30의 배수가 아닌 수의 개수이다.

$n(1, b) = n(1, 99) + n(100, b)$에서

$n(1, 99) = 16 - 3 = 13$

$\therefore n(1, b) = 13 + 1000 = 1013$

답 1013

17

(1) $500 = 2^2 \times 5^3$이므로 약수의 개수는

$(2+1) \times (3+1) = 12$(개)

$\therefore f(f(500)) = f(12)$

$12 = 2^2 \times 3$이므로 약수의 개수는

$(2+1) \times (1+1) = 6$(개)

$\therefore f(12) = 6$

(2) $f(x) = 3$이므로 x는 소수의 제곱수이다. 따라서 x의 값이 될 수 있는 수는 4, 9, 25, 49의 4개이다.

답 (1) 6 (2) 4개

18

A-solution

$6 = 2 \times 3$이므로 6의 배수는 2의 배수이면서 3의 배수이다.

a는 0, 2, 4, 6, 8의 5개의 수를 가질 수 있고,

$3 + a + b + a + b + a = 3 + 3 \times a + 2 \times b$가 3의 배수이므로

$2 \times b$가 3의 배수가 되어야 한다.

따라서 b는 0, 3, 6, 9의 4개의 수를 가질 수 있으므로 구하는 여섯 자리 수는 $5 \times 4 = 20$(개)이다.

답 20개

19

(1) $(6 \wedge 8) \vee 10 = 2 \vee 10 = 10$

(2) $10 \vee m = 10$이므로 m은 10의 약수이다.

따라서 자연수 m의 개수는 1, 2, 5, 10의 4개이다.

(3) $10 \wedge n = 1$이므로 n은 10과 서로소인 수이다.

따라서 20보다 작은 자연수 n은

1, 3, 7, 9, 11, 13, 17, 19의 8개이다.

답 (1) 10 (2) 4개 (3) 8개

20

1부터 50까지의 자연수 중 3의 배수는 16개, 9의 배수는 5개, 27의 배수는 1개이다.

$16 + 5 + 1 = 22$이므로

$1 \times 2 \times 3 \times \cdots \times 49 \times 50$은 3^{22}으로 나누어떨어진다.

$\therefore n = 22$

답 22

21

되도록 많은 학생들에게 똑같이 나누어 주려고 하므로 구하는 학생 수는 $58 + 2 = 60$, $32 - 2 = 30$, $46 - 1 = 45$의 최대공약수이다.

따라서 최대공약수는 15이므로 나누어 줄 학생 수는 15명이다.

답 15명

22

(1) $x = 2^3 \times a$이고 a는 2의 배수가 아니다.

따라서 100 이하의 자연수 x 중 가장 큰 수는 $a = 11$일 때인 88이다.

(2) $x = 2^2 \times a$이고 a는 2의 배수가 아니다. a는 3 이상 25 이하의 자연수 중 2의 배수가 아닌 수이므로 12개이다.

따라서 x는 모두 12개이다.

답 (1) 88 (2) 12개

23

$n = 1$이면 10이므로 $10 + 1 = 11$

$n = 2$이면 100이므로 $100 - 1 = 99$

$n=3$이면 1000이므로 $1000+1=1001$

$n=4$이면 10000이므로 $10000-1=9999$

이와 같이 반복하면 n이 홀수이면 10^n+1, n이 짝수이면 10^n-1이다.

답 n이 홀수이면 10^n+1, n이 짝수이면 10^n-1

24

$87\boxed{a}\boxed{b}$가 9의 배수가 되려면

$8+7+a+b=15+a+b$가 9의 배수이어야 하므로 $a+b=3$ 또는 $a+b=12$이다.

a와 b는 각각 0 이상 9 이하의 자연수이므로

$a+b=3$이 되는 경우는 $(a, b)=(0, 3), (1, 2), (2, 1), (3, 0)$의 4가지

$a+b=12$가 되는 경우는 $(a, b)=(3, 9), (4, 8), (5, 7), (6, 6), (7, 5), (8, 4), (9, 3)$의 7가지

따라서 구하는 경우는 $4+7=11$(가지)이다. 답 11가지

25

$A \to B \to C \to A$의 경로로 1번 도는 거리는

$24\times3=72$(m)이다. 점 A에서 A까지 1번 도는 데 점 P는 $72\div8=9$(초), 점 Q는 $72\div6=12$(초),

점 R는 $72\div4=18$(초) 걸린다.

그러므로 다시 점 A를 동시에 지나는 것은 9, 12, 18의 최소공배수인 36초 후이다. 답 36초 후

26

$72=9\times8$이므로 $\boxed{a}679\boxed{b}$는 9의 배수이면서 8의 배수이다.

8의 배수이려면 $79b$가 8의 배수이어야 하므로 b는 2이다.

9의 배수이려면 $a+6+7+9+2=a+24$가 9의 배수이어야 한다.

$\therefore a=3$

따라서 다섯 자리 수는 36792이다. 답 36792

27

단계별 풀이

1단계 말뚝의 간격 구하기

말뚝과 말뚝 사이의 간격은 96, 160, 192, 224의 공약수이고, 20보다 작은 수 중 가장 큰 공약수는 16이다.

따라서 말뚝 사이의 간격은 16 m이다.

2단계 사각형 모양의 토지의 둘레의 길이 구하기

사각형 모양의 토지의 둘레의 길이는

$96+160+192+224=672$(m)

3단계 필요한 말뚝의 개수 구하기

필요한 말뚝의 개수는 $672\div16=42$(개)이다. 답 42개

28

A-solution

두 수를 A, B, 두 수의 최대공약수를 G, 최소공배수를 L이라 하면

$A\times B=G\times L \Rightarrow L=\dfrac{A\times B}{G}$

㉡의 조건에서 $a=14\times\alpha$, $b=14\times\beta$(단, α, β는 서로소)라 하면

$84=14\times\alpha\times\beta=14\times6$

$\therefore \alpha\times\beta=6$

즉, $(\alpha, \beta)=(1, 6), (2, 3)$ ($\because a<b$이면 $\alpha<\beta$)

(i) $(\alpha, \beta)=(1, 6)$이면 $a=14$, $b=84$

㉠에서 $a=14$, $b=84$, $c=7\times r$

이때 ㉢에서 $126=\dfrac{84\times7\times r}{21}$, $r=\dfrac{9}{2}$이므로

조건을 만족시키지 않는다.

(ii) $(\alpha, \beta)=(2, 3)$이면 $a=28$, $b=42$

㉠에서 $a=28$, $b=42$, $c=7\times r$

이때 ㉢에서 $126=\dfrac{42\times7\times r}{21}$, $r=9$

$r=9$는 조건을 만족시키므로 $a=28$, $b=42$, $c=7\times9=63$이다.

$\therefore a+b+c=28+42+63=133$ 답 133

29

(1) $x\equiv1$이므로 $x-1=7\times p$ (단, p는 자연수)

$x-1=7, 14, 21, 28, \cdots$

$\therefore x=8, 15, 22, 29, \cdots$

따라서 세 번째로 작은 수는 22이다.

(2) $3\times x\equiv1$이므로 $3\times x-1=7\times p$ (단, p는 자연수)

$3\times x=7\times p+1$

이때 $p=1, 2, 3, \cdots$을 대입하였을 때, $7\times p+1$은 3의 배수이어야 하므로 8, 15, 22, 29, 36, ⋯ 중에서

$3\times x=15, 36, 57, \cdots$

$\therefore x=5, 12, 19, \cdots$

따라서 세 번째로 작은 수는 19이다.

(3) $x^2\equiv2$이므로 x^2-2에 $x=2, 3, 4, \cdots, 9$를 대입하여 7의 배수가 되는 수를 찾으면 3, 4이다.

답 (1) 22 (2) 19 (3) 3, 4

30

연속된 세 자연수를 $n-1$, n, $n+1$이라 하면(단, n은 2 이상 18 이하인 수)

$(n-1)+n+(n+1)=3\times n$

$3\times n$이 5의 배수가 되려면 n이 5의 배수이어야 한다. 2에서 18까지의 수 중에서 5의 배수는 3개이므로 구하는 세 자연수의 쌍은 $(4, 5, 6)$, $(9, 10, 11)$, $(14, 15, 16)$의 3쌍이다.

답 3쌍

31

단계별 풀이

1 단계 세 점이 한 바퀴 도는 데 걸린 시간 각각 구하기

한 바퀴 도는 데 점 A는 8초, 점 B는 $60\div20=3$(초),
점 C는 $60\div30=2$(초)가 걸린다.

2 단계 세 점이 점 P를 동시에 통과할 때까지 걸리는 시간 구하기

8, 3, 2의 최소공배수인 24초마다 점 P를 동시에 통과한다.

3 단계 15분 동안 몇 번 통과하는지 구하기

$15\times60=900$(초)에서 $900\div24=37.5$이므로 37번 통과한다.

답 37번

32

민지가 일을 시작하는 주기: $3+1=4$(일)
한수가 일을 시작하는 주기: $7+3=10$(일)
4, 10의 최소공배수인 20일이 지날 때마다 민지와 한수는 같은 날 일을 시작한다.

				4				8				12				16				20
민지																				
한수																				

20일 동안 같이 쉬는 날은 8일과 20일의 2번이다. 100일 동안 20일은 5번 반복되므로 100일 동안 민지와 한수가 같이 쉬는 날은 $2\times5=10$(일)이다.

답 10일

33

여섯 자리 수를 $568abc$라 하면
(i) 5의 배수이려면 c는 0 또는 5이다.
(ii) 4의 배수이려면 bc는 4의 배수이거나 00이다.
(i), (ii)에서 $c=0$이다.
따라서 bc는 00 또는 20의 배수이므로 b는 0 또는 2의 배수이다.
(iii) 3의 배수이려면

$5+6+8+a+b+0=19+a+b=$(3의 배수)

$\therefore a+b=2,\ 5,\ 8,\ 11,\ 14,\ 17$

따라서 (i), (ii), (iii)의 조건을 만족시키는 최소인 여섯 자리 수는 568020이다.

답 568020

34

한 번 켜진 후에 전구 A는 $4+2=6$(초) 후, B는 $5+3=8$(초) 후에 다시 켜진다.
6과 8의 최소공배수는 24이므로 24초 후 두 전구는 동시에 다시 켜진다. 24초 동안 전구 A가 꺼져 있는 것은 처음 켜진 지 4초, 5초, 10초, 11초, 16초, 17초, 22초, 23초 후이고 전구 B가 꺼져 있는 것은 처음 켜진 지 5초, 6초, 7초, 13초, 14초, 15초, 21초, 22초, 23초 후이다.
24초 동안 두 전구가 동시에 꺼지는 순간은 처음 켜진지 5초, 22초, 23초 후이고, 360초는 24초가 $360\div24=15$(번) 지나므로 360초 동안 $15\times3=45$(초) 동안 두 전구가 모두 꺼져 있다.

답 45초

35

(1) n회째에 움직인 문이 2개이려면 n의 약수가 2개일 때이므로 n은 소수이다.
따라서 조건과 맞는 n은 2, 3, 5, 7, 11, 13, 17, 19, 23, 29의 10개이다.

(2) 열려 있는 문은 홀수 번 움직인 문이므로 1에서 50까지의 수 중 배수가 홀수 개인 수의 번호가 붙어 있는 문이다.

$50=1\times50=2\times25=3\times16+2$
$=4\times12+2=5\times10$
$=6\times8+2=7\times7+1$
$=8\times6+2=9\times5+5=10\times5$
$=11\times4+6=12\times4+2$
$=13\times3+11=14\times3+8$
$=15\times3+5=16\times3+2$
$=17\times2+16=18\times2+14$
$=19\times2+12=20\times2+10$

따라서 열려 있는 문은 2, 7, 9, 10, 13, 14, 15, 16번이 붙어 있는 8개의 문이다.

답 (1) 10개 (2) 8개

Ⅱ 정수와 유리수

STEP C 필수체크문제

본문 46~56쪽

01 ③ 02 ①, ⑤ 03 ㄷ, ㄹ, ㅂ 04 ⑤
05 ② 06 ④ 07 7개 08 (1) $<$ (2) $>$
(3) $<$ (4) $<$ 09 (1) $-7<a<2$ (2) $3\le a\le 12$
(3) $-5<a\le 8.2$ 10 -7 11 $d<b<a<c$
12 (1) -19 (2) $+\frac{3}{2}$ 13 3 14 ② 15 ②, ⑤
16 $-\frac{17}{60}$ 17 ④ 18 $\frac{23}{20}$ 19 $-\frac{2}{5}$ 20 -19
21 ⑤ 22 ㉣ 23 ① 24 ②
25 $-\frac{2}{3}$, $\frac{7}{2}$, -2 26 $-\frac{2}{9}$ 27 $-\frac{1}{2}$ 28 ④, ⑤
29 ①, ②, ③ 30 $a>0$, $b<0$ 31 2
32 $\frac{5}{21}$ 33 $-\frac{21}{11}$ 34 ③ 35 (1) -10 (2) $\frac{1}{18}$
(3) -4 36 ④ 37 $\frac{55}{6}$ 38 5 39 $-\frac{43}{12}$

01 ❶ 정수와 유리수

③ 정수는 -8, $-\frac{9}{3}=-3$, 0, $+\frac{8}{2}=+4$의 4개이다.

답 ③

02 ❶ 정수와 유리수

① -1.1, $\frac{1}{4}$은 유리수이지만 정수는 아니다.

⑤ 음이 아닌 정수는 0과 자연수이고 0은 자연수가 아니다.

답 ①, ⑤

03 ❶ 정수와 유리수

ㄱ. 정수는 양의 정수, 0, 음의 정수로 이루어져 있다.
ㄴ. 0은 유리수이다.
ㄹ. 가장 작은 자연수는 1이다.
ㅁ. 연속하는 두 정수 사이에는 다른 정수가 존재하지 않는다.

답 ㄷ, ㄹ, ㅂ

04 ❷ 수직선과 절댓값

A-solution

절댓값이 클수록 원점에서 멀리 떨어져 있다.

$\left|+\frac{15}{2}\right|=\frac{15}{2}=7.5$, $|+6|=6$, $|0|=0$, $|-2.4|=2.4$,
$|-8.1|=8.1$이므로 -8.1이 0을 나타내는 점에서 가장 멀리 떨어져 있다.

답 ⑤

05 ❷ 수직선과 절댓값

A가 B보다 12만큼 크므로 수직선에서 A, B를 나타내는 두 점 사이의 거리는 12이다.

B 0 A (12)

즉, $|A|=|B|=\frac{12}{2}=6$

절댓값이 6인 수는 -6, 6이고 A가 B보다 크므로 $A=6$, $B=-6$이다.

답 ②

06 ❷ 수직선과 절댓값

ㄱ. 절댓값이 가장 작은 정수는 0이다.
ㄷ. 유리수 0의 절댓값은 0으로 1개이다.
따라서 옳은 것은 ㄴ, ㄹ, ㅁ이다.

답 ④

07 ❷ 수직선과 절댓값

$\frac{15}{4}=3\frac{3}{4}$보다 작으면서 정수인 절댓값은 0, 1, 2, 3이므로 절댓값이 $\frac{15}{4}$보다 작은 정수는 -3, -2, -1, 0, 1, 2, 3의 7개이다.

답 7개

08 ❸ 수의 대소 관계

(1) 음수는 절댓값이 클수록 작은 수이므로 $-3<-2.7$이다.
(2) $\frac{12}{5}=2.4$이고 $\frac{9}{4}=2.25$이므로 $\frac{12}{5}>\frac{9}{4}$이다.
(3) $|-9.8|=9.8$이므로 $+9.2<|-9.8|$이다.
(4) $-\frac{15}{8}=-1.875$이므로 $-\frac{15}{8}<-1.87$이다.

답 (1) $<$ (2) $>$ (3) $<$ (4) $<$

09 ❸ 수의 대소 관계

(1) 미만은 작다이므로 $-7<a<2$
(2) 이상은 크거나 같다이므로 $3\le a\le 12$
(3) 초과는 크다이고 크지 않다는 작거나 같다이므로
$-5<a\le 8.2$

답 (1) $-7<a<2$ (2) $3\le a\le 12$ (3) $-5<a\le 8.2$

10 ❸ 수의 대소 관계

$-\frac{22}{3}\le x\le \frac{15}{4}$이고 $-\frac{22}{3}=-7.3\cdots$, $\frac{15}{4}=3.75$이므로

정수 x는 $-7, -6, -5, -4, -3, -2, -1, 0, 1, 2, 3$이다.
따라서 절댓값이 가장 큰 수는 -7이다. 답 -7

11 ❸ 수의 대소 관계

(가)에서 $a>0$, (나)에서 $c>a$
(다)에서 $b<0<c$, (라)에서 $d<b<0$

$\therefore d<b<a<c$ 답 $d<b<a<c$

12 ❹ 유리수의 덧셈과 뺄셈

(1) $(-5)-(+6)+(-11)-(-3)$
$=(-5)+(-6)+(-11)+(+3)$
$=(-11)+(-11)+(+3)$
$=(-22)+(+3)=-19$

(2) $\left(+\frac{1}{3}\right)+\left(+\frac{7}{12}\right)-\left(+\frac{1}{4}\right)-\left(-\frac{5}{6}\right)$
$=\left(+\frac{1}{3}\right)+\left(+\frac{7}{12}\right)+\left(-\frac{1}{4}\right)+\left(+\frac{5}{6}\right)$
$=\left(+\frac{1}{3}\right)+\left(+\frac{7}{12}\right)+\left(+\frac{5}{6}\right)+\left(-\frac{1}{4}\right)$
$=\left(+\frac{21}{12}\right)+\left(-\frac{1}{4}\right)$
$=+\frac{18}{12}=+\frac{3}{2}$ 답 (1) -19 (2) $+\frac{3}{2}$

13 ❹ 유리수의 덧셈과 뺄셈

단계별 풀이

1단계 주어진 수에 가장 가까운 정수 구하기

$-5\frac{1}{7}$에 가장 가까운 정수는 -5이므로 $a=-5$

$\frac{14}{9}=1\frac{5}{9}$에 가장 가까운 정수는 2이므로 $b=2$

2단계 $a+b$의 값 구하기

$a+b=-5+2=-3$

3단계 $|a+b|$의 값 구하기

$|a+b|=|-3|=3$ 답 3

14 ❹ 유리수의 덧셈과 뺄셈

$a+2=7$에서 $a=7-2=5$
$b+(-2)=7$에서 $b=7-(-2)=7+2=9$
$\therefore a-b=5-9=-4$ 답 ②

15 ❹ 유리수의 덧셈과 뺄셈

① $5+(-3)=2$
② $-2-(-4)=-2+4=2$
③ $2+(-5)=-3$
④ $-5+2=-3$
⑤ $3-(-5)=3+5=8$ 답 ②, ⑤

16 ❹ 유리수의 덧셈과 뺄셈

$A=\frac{3}{4}-1+\frac{1}{5}=-\frac{1}{4}+\frac{1}{5}=-\frac{1}{20}$

$B=-6+\frac{2}{3}+5=-6+5+\frac{2}{3}=-1+\frac{2}{3}=-\frac{1}{3}$

$\therefore B-A=-\frac{1}{3}-\left(-\frac{1}{20}\right)=-\frac{1}{3}+\frac{1}{20}=-\frac{17}{60}$ 답 $-\frac{17}{60}$

17 ❹ 유리수의 덧셈과 뺄셈

$a=-\frac{11}{5}-(-6)=-\frac{11}{5}+6=\frac{19}{5}$,

$b=4+\frac{7}{3}=\frac{19}{3}$

$\frac{19}{5}(=3.8)<x<\frac{19}{3}(=6.3\cdots)$를 만족시키는 모든 정수 x는 4, 5, 6이므로 그 합은 $4+5+6=15$이다. 답 ④

18 ❹ 유리수의 덧셈과 뺄셈

어떤 유리수를 □라 하면 $\square-\frac{2}{5}=\frac{7}{20}$

$\square=\frac{7}{20}+\frac{2}{5}=\frac{15}{20}=\frac{3}{4}$

따라서 바르게 계산하면 $\frac{3}{4}+\frac{2}{5}=\frac{23}{20}$이다. 답 $\frac{23}{20}$

19 ❹ 유리수의 덧셈과 뺄셈

$-\frac{12}{5}<-\frac{9}{4}<-\frac{11}{5}$, $2=\frac{10}{5}$이므로 두 유리수 $-\frac{9}{4}$와 2 사이에 있는 수 중 분모가 5인 기약분수는 $-\frac{11}{5}, -\frac{9}{5}, -\frac{8}{5}, -\frac{7}{5}, -\frac{6}{5}, -\frac{4}{5}, -\frac{3}{5}, \cdots, \frac{3}{5}, \frac{4}{5}, \frac{6}{5}, \frac{7}{5}, \frac{8}{5}, \frac{9}{5}$이다.

이 중에서 가장 큰 수는 $\frac{9}{5}$이고, 가장 작은 수는 $-\frac{11}{5}$이므로 $a=\frac{9}{5}$, $b=-\frac{11}{5}$이다.

따라서 $a+b=\frac{9}{5}-\frac{11}{5}=-\frac{2}{5}$이다. 답 $-\frac{2}{5}$

20 ❹ 유리수의 덧셈과 뺄셈

단계별 풀이

1단계 한 변에 놓인 네 수의 합 구하기

한 변에 놓인 네 수의 합은 $-1+(-5)+3+7=4$

2단계 A, B의 값 구하기

$A+8+2+(-1)=4$에서 $A+9=4$
$\therefore A=4-9=-5$

$-5+B+(-12)+7=4$에서 $B+(-10)=4$

$\therefore B=4+10=14$

3단계 $A-B$의 값 구하기

$A-B=-5-14=-19$ 답 -19

21 ⑤ 유리수의 곱셈과 나눗셈

① $(-4)\times(-2)=+8$

② $\left(-\frac{9}{2}\right)\times\left(+\frac{5}{18}\right)=-\left(\frac{9}{2}\times\frac{5}{18}\right)=-\frac{5}{4}$

③ $(-1.8)\times(+0.5)=-\left(\frac{9}{5}\times\frac{1}{2}\right)=-\frac{9}{10}$

④ $(-4)\times\left(-\frac{7}{2}\right)\times\left(+\frac{11}{28}\right)=+\left(4\times\frac{7}{2}\times\frac{11}{28}\right)=+\frac{11}{2}$

⑤ $\left(-\frac{5}{4}\right)\times\left(-\frac{16}{25}\right)\times\left(-\frac{5}{8}\right)=-\left(\frac{5}{4}\times\frac{16}{25}\times\frac{5}{8}\right)=-\frac{1}{2}$

따라서 계산 결과가 0에 가장 가까운 것은 ⑤이다. 답 ⑤

22 ⑤ 유리수의 곱셈과 나눗셈

㉠ $(-2)^2=4$

㉡ $-2^3=-8$

㉢ $(-2)^3=-8$

㉣ $-(-2)^3=-(-8)=8$

㉤ $-3^2=-9$

㉥ $-(-3)^2=-9$

따라서 가장 큰 수는 ㉣이다. 답 ㉣

23 ⑤ 유리수의 곱셈과 나눗셈

A-solution

자연수 n에 대하여 $(-1)^n=\begin{cases}1 & (n\text{이 짝수})\\ -1 & (n\text{이 홀수})\end{cases}$

$(-1)^{2032}+(-1)^{2033}-(-1)^{2034}=1+(-1)-(+1)=-1$

답 ①

24 ⑤ 유리수의 곱셈과 나눗셈

A-solution

●×▲+●×■=●×(▲+■)

$46\times(-1.28)+54\times(-1.28)=100\times(-1.28)=-128$

즉, $a=100$, $b=-128$이므로

$a+b=100+(-128)=-28$ 답 ②

25 ⑤ 유리수의 곱셈과 나눗셈

곱한 값이 가장 큰 값이 되려면 양수가 되어야 하므로 양수끼리만 곱해지거나, 음수가 짝수 개 곱해져야 한다. 그런데 양수가 2개뿐이므로 음수 2개인 $-\frac{2}{3}$, -2와 양수 2개 중 절댓값이 큰 수 $\frac{7}{2}$을 곱하면 된다. 답 $-\frac{2}{3}$, $\frac{7}{2}$, -2

26 ⑤ 유리수의 곱셈과 나눗셈

-3의 역수는 $-\frac{1}{3}$이므로 $x=-\frac{1}{3}$

$1\frac{1}{2}=\frac{3}{2}$의 역수는 $\frac{2}{3}$이므로 $y=\frac{2}{3}$

$\therefore x\times y=\left(-\frac{1}{3}\right)\times\frac{2}{3}=-\frac{2}{9}$ 답 $-\frac{2}{9}$

27 ⑤ 유리수의 곱셈과 나눗셈

$a=-2+\frac{1}{4}=-\frac{7}{4}$

$b=3-\left(-\frac{1}{2}\right)=\frac{7}{2}$

$\therefore \frac{a}{b}=a\div b=-\frac{7}{4}\div\frac{7}{2}=-\frac{7}{4}\times\frac{2}{7}=-\frac{1}{2}$ 답 $-\frac{1}{2}$

28 ⑤ 유리수의 곱셈과 나눗셈

① $a+b>0$일 때, a와 b 중 하나는 음수일 경우도 있다.
  $a=3$, $b=-1$이면 $a+b=2$

② $a-b>0$일 때, a는 양수, b는 음수일 경우도 있다.
  $a=3$, $b=-1$이면 $a-b=4$

③ $a\times b<0$이면 a와 b 중 하나만 음수이다. 답 ④, ⑤

29 ⑤ 유리수의 곱셈과 나눗셈

④ 곱셈과 나눗셈만 있는 계산에서는 음수의 개수가 짝수 개이면 양수이고, 홀수 개이면 음수이다.

⑤ 부호가 다른 두 수의 덧셈에서는 각 수의 절댓값의 차에 절댓값이 큰 수의 부호를 붙인다. 답 ①, ②, ③

30 ⑤ 유리수의 곱셈과 나눗셈

$\frac{a}{b}<0$에서 a, b는 서로 다른 부호이고

$a>b$이므로 $a>0$, $b<0$이다. 답 $a>0$, $b<0$

31 ⑥ 혼합 계산

$1-\cfrac{1}{1-\cfrac{1}{\frac{1}{2}}}=1-\frac{1}{1-2}=1-\frac{1}{-1}=1+1=2$ 답 2

32 ⑥ 혼합 계산

$a=-\frac{1}{2}$, $b=\frac{5}{7}$, $c=-\frac{3}{2}$이므로

$$a\div c\times b=\left(-\frac{1}{2}\right)\div\left(-\frac{3}{2}\right)\times\frac{5}{7}$$
$$=\left(-\frac{1}{2}\right)\times\left(-\frac{2}{3}\right)\times\frac{5}{7}$$
$$=+\left(\frac{1}{2}\times\frac{2}{3}\times\frac{5}{7}\right)=\frac{5}{21}$$

답 $\frac{5}{21}$

33 ❻ 혼합 계산

$\left(-\frac{11}{4}\right)\div\left(-\frac{9}{2}\right)\times\square=-\frac{7}{6}$에서

$\left(-\frac{11}{4}\right)\times\left(-\frac{2}{9}\right)\times\square=-\frac{7}{6}$, $\frac{11}{18}\times\square=-\frac{7}{6}$

$\therefore \square=-\frac{7}{6}\div\frac{11}{18}=-\frac{7}{6}\times\frac{18}{11}=-\frac{21}{11}$

답 $-\frac{21}{11}$

34 ❻ 혼합 계산

④ → ③ → ⑤ → ② → ①의 순서로 계산하므로 두 번째로 계산하는 곳은 ③이다.

답 ③

35 ❻ 혼합 계산

(1) $(-2)+(-5)\times(-1)\div\left(-\frac{2}{3}\right)-\frac{1}{2}$

$=(-2)+5\times\left(-\frac{3}{2}\right)-\frac{1}{2}$

$=(-2)+\left(-\frac{15}{2}\right)-\frac{1}{2}=-10$

(2) $\left(-\frac{1}{2}\right)-\left(-\frac{2}{3}\right)+\left(-\frac{5}{6}\right)\times\frac{2}{15}$

$=-\frac{1}{2}+\frac{2}{3}-\frac{1}{9}=\frac{1}{18}$

(3) $\frac{3}{4}\div\left(-\frac{1}{2}\right)^2-2^2\times\frac{7}{4}=\frac{3}{4}\div\frac{1}{4}-4\times\frac{7}{4}$

$=\frac{3}{4}\times4-7=3-7=-4$

답 (1) -10 (2) $\frac{1}{18}$ (3) -4

36 ❻ 혼합 계산

① $5-(1.4-2.9)\times2=5-(-1.5)\times2$

$=5-(-3)=5+3=8$

② $\left\{\left(-\frac{2}{3}+\frac{1}{2}\right)\times(-12)+6\right\}\div4$

$=\left\{-\frac{1}{6}\times(-12)+6\right\}\div4$

$=(2+6)\div4=8\div4=2$

③ $5\times\left(-\frac{5}{2}+\frac{3}{4}\div6+\frac{11}{8}\right)+5$

$=5\times\left(-\frac{5}{2}+\frac{3}{4}\times\frac{1}{6}+\frac{11}{8}\right)+5$

$=5\times\left(-\frac{5}{2}+\frac{1}{8}+\frac{11}{8}\right)+5$

$=5\times(-1)+5=0$

④ $\left(\frac{4}{3}-\frac{1}{4}\right)\div\left(\frac{1}{6}-\frac{8}{9}\right)-\frac{1}{2}$

$=\frac{13}{12}\div\left(-\frac{13}{18}\right)-\frac{1}{2}$

$=\frac{13}{12}\times\left(-\frac{18}{13}\right)-\frac{1}{2}$

$=-\frac{3}{2}-\frac{1}{2}=-2$

⑤ $\{72\times(-2.5)+(-2.5)\times28\}\div0.5$

$=\{(-2.5)\times(72+28)\}\div0.5$

$=\{(-2.5)\times100\}\div0.5$

$=-250\div\frac{1}{2}=-250\times2$

$=-500$

답 ④

37 ❻ 혼합 계산

$A=\frac{9}{2}\div\left\{5\times\left(-\frac{1}{2}\right)+1\right\}=\frac{9}{2}\div\left(-\frac{5}{2}+1\right)$

$=\frac{9}{2}\div\left(-\frac{3}{2}\right)=\frac{9}{2}\times\left(-\frac{2}{3}\right)=-3$

$B=\left\{\frac{2}{3}-(-1.25)^2\times1\frac{3}{5}\right\}\div0.6$

$=\left\{\frac{2}{3}-\left(-\frac{5}{4}\right)^2\times\frac{8}{5}\right\}\div\frac{3}{5}$

$=\left(\frac{2}{3}-\frac{25}{16}\times\frac{8}{5}\right)\div\frac{3}{5}=\left(\frac{2}{3}-\frac{5}{2}\right)\div\frac{3}{5}$

$=-\frac{11}{6}\times\frac{5}{3}=-\frac{55}{18}$

$\therefore A\times B=-3\times\left(-\frac{55}{18}\right)=\frac{55}{6}$

답 $\frac{55}{6}$

38 ❻ 혼합 계산

$7-6\div\left\{4+\left(3-10\times\frac{1}{2}\right)\right\}\times(-2)\times\left(-\frac{1}{3}\right)$

$=7-6\div\{4+(-2)\}\times\frac{2}{3}$

$=7-6\times\frac{1}{2}\times\frac{2}{3}=7-2=5$

답 5

39 ❻ 혼합 계산

A에 $\frac{13}{8}$을 입력하면

$\frac{13}{8}\times4-\frac{7}{3}=\frac{13}{2}-\frac{7}{3}=\frac{25}{6}$

B에 $\frac{25}{6}$를 입력하면

$\frac{25}{6}\div\left(-\frac{10}{11}\right)+1=\frac{25}{6}\times\left(-\frac{11}{10}\right)+1$

$=-\frac{55}{12}+1=-\frac{43}{12}$

답 $-\frac{43}{12}$

STEP B 내신만점문제

본문 57~65쪽

01 26　02 $\frac{1}{2}$　03 -9　04 8개　05 -3

06 $a=2$, $b=-5$　07 -3　08 $-\frac{1}{2}$　09 $\frac{71}{24}$

10 $a>b$　11 0　12 $\frac{9}{2}$　13 -13　14 9개

15 4　16 (1) $-\frac{11}{2}$ (2) $\frac{7}{6}$ (3) $-\frac{9}{4}$ (4) $\frac{29}{6}$

17 4　18 0.8 L　19 -12　20 a, $-b$, b, $-a$

21 ④　22 1, 15　23 4개　24 0　25 4

26 $-\frac{10}{3}$　27 33　28 B　29 $\frac{31}{8}$

30 (1) $a=3$, $b=2$ (2) $a=-2$, $b=-3$ (3) $a=2$, $b=-3$ (4) $a=7$, $b=-2$　31 $\frac{1}{8}$　32 $\frac{1}{a^2}$, $-\frac{1}{a^2}$

33 (1) $>$ (2) $<$ (3) $>$, $<$ (4) $<$, $<$ (5) $<$, $<$

34 (1) 0 (2) $(-1, -2)$, $(-1, -3)$, $(-2, -3)$

01

$2-a=-7$에서 $a=9$

$9+8=17$에서 $b=17$

$\therefore a+b=9+17=26$

답 26

02

x의 절댓값이 3이므로 $x=3$ 또는 $x=-3$

(i) $x=3$일 때, $\frac{1}{4}-3=-\frac{11}{4}$

(ii) $x=-3$일 때, $\frac{1}{4}-(-3)=\frac{13}{4}$

$\therefore -\frac{11}{4}+\frac{13}{4}=\frac{1}{2}$

답 $\frac{1}{2}$

03

-10 초과 -4 미만인 정수는 -9, -8, -7, -6, -5이고, -8보다 작은 정수는 -9, -10, -11, $\cdots$이다.

$a=b$이므로 $a=-9$이다.

답 -9

04

만들 수 있는 $\frac{b}{a}$는 $\frac{6}{3}$, $\frac{9}{3}$, $\frac{12}{3}$, $\frac{3}{6}$, $\frac{9}{6}$, $\frac{12}{6}$, $\frac{3}{9}$, $\frac{6}{9}$, $\frac{12}{9}$, $\frac{3}{12}$, $\frac{6}{12}$, $\frac{9}{12}$이다.

$\frac{6}{3}=2$, $\frac{9}{3}=3$, $\frac{12}{3}=4$, $\frac{12}{6}=2$이므로

만들 수 있는 수 중 정수가 아닌 유리수는 $12-4=8$(개)이다.

답 8개

05

두 점 A와 B 사이의 거리는 $4-(-10)=14$이므로 두 점의 한가운데에 있는 점에서 두 점까지의 거리는 각각 7이다.

따라서 점 M이 나타내는 수는 $-10+7=-3$이다.

답 -3

다른 풀이

$\frac{-10+4}{2}=\frac{-6}{2}=-3$

06

단계별 풀이

1단계 a, b의 값 각각 구하기

$|a|=2$이므로 $a=-2$ 또는 $a=2$

$|b|=5$이므로 $b=-5$ 또는 $b=5$

2단계 $a-b$의 값이 가장 클 때의 a, b의 값 각각 구하기

가능한 $a-b$의 값은

$a-b=-2-(-5)=3$, $a-b=-2-5=-7$

$a-b=2-(-5)=7$, $a-b=2-5=-3$

따라서 $a-b$의 값이 가장 클 때는 $a=2$, $b=-5$이다.

답 $a=2$, $b=-5$

07

$-3<-2.3<-2$이므로 $[x]=-3$이다.

답 -3

08

$-\frac{2}{5}$와 $-\frac{1}{4}$ 사이의 간격은 $\left(-\frac{1}{4}\right)-\left(-\frac{2}{5}\right)=\frac{3}{20}$이므로

점 사이의 간격은 $\frac{3}{20}\div 2=\frac{3}{20}\times\frac{1}{2}=\frac{3}{40}$이다.

x는 $-\frac{2}{5}$보다 $\frac{3}{40}$만큼 큰 수이므로 $x=-\frac{2}{5}+\frac{3}{40}=-\frac{13}{40}$

y는 $-\frac{1}{4}$보다 $\frac{3}{40}$만큼 큰 수이므로 $y=-\frac{1}{4}+\frac{3}{40}=-\frac{7}{40}$

$\therefore x+y=\left(-\frac{13}{40}\right)+\left(-\frac{7}{40}\right)$

$=-\frac{20}{40}=-\frac{1}{2}$

답 $-\frac{1}{2}$

09

$\left(-\frac{2}{3}\right)\times 4\times a=1$에서 $\left(-\frac{8}{3}\right)\times a=1$　$\therefore a=-\frac{3}{8}$

$4\times a\times b=1$에서 $4\times\left(-\frac{3}{8}\right)\times b=1$, $\left(-\frac{3}{2}\right)\times b=1$

$\therefore b=-\frac{2}{3}$

$a\times b\times c=1$에서 $\left(-\frac{3}{8}\right)\times\left(-\frac{2}{3}\right)\times c=1$, $\frac{1}{4}\times c=1$

$\therefore c=4$

$\therefore a+b+c=\left(-\frac{3}{8}\right)+\left(-\frac{2}{3}\right)+4=\frac{71}{24}$

답 $\frac{71}{24}$

10

$a^2>0$에서 $a\neq0$이고 $a\times b=0$이므로 $b=0$이다.
또, $a+b>0$에서 $a>0$이므로 $a>b$이다. 답 $a>b$

11

$|-0.2|=0.2$, $\left|\frac{1}{4}\right|=0.25$, $|0|=0$, $|0.23|=0.23$,

$\left|-\frac{1}{3}\right|=0.33\cdots$

이 중에서 절댓값이 가장 큰 수는 $-\frac{1}{3}$이고, 절댓값이 가장 작은 수는 0이다.

$\therefore -\frac{1}{3}\times0=0$ 답 0

12

$1+\left(-\frac{1}{2}+\frac{2}{2}\right)+\left(\frac{1}{3}+\frac{2}{3}+\frac{3}{3}\right)+\left(-\frac{1}{4}-\frac{2}{4}-\frac{3}{4}-\frac{4}{4}\right)$

$+\left(\frac{1}{5}+\frac{2}{5}+\frac{3}{5}+\frac{4}{5}+\frac{5}{5}\right)+\left(-\frac{1}{6}-\frac{2}{6}-\frac{3}{6}+\frac{4}{6}+\frac{5}{6}\right)$

$=1+\frac{1}{2}+2-\frac{5}{2}+3+\frac{1}{2}=7-\frac{5}{2}=\frac{9}{2}$ 답 $\frac{9}{2}$

13

$a\times b<0$, $a=10$에서 b는 음수이므로
$|b|=a+3=13$에서 $b=-13$이다. 답 -13

14

$-\frac{6}{17}<-\frac{1}{3}<-\frac{5}{17}$이고 $\frac{4}{17}<\frac{2}{7}<\frac{5}{17}$이므로 $-\frac{1}{3}$과 $\frac{2}{7}$ 사이에 있는 정수가 아닌 유리수 중에서 분모가 17인 유리수는

$-\frac{5}{17}$, $-\frac{4}{17}$, $-\frac{3}{17}$, $-\frac{2}{17}$, $-\frac{1}{17}$, $\frac{1}{17}$, $\frac{2}{17}$, $\frac{3}{17}$, $\frac{4}{17}$의 9개이다. 답 9개

15

$|A|=|B|$이고 $A-B=8$이므로 $A>0$, $B<0$이다.
이때 A, B를 나타내는 점은 0을 나타내는 점으로부터 각각 4만큼 떨어져 있으므로 $A=4$, $B=-4$이다.
$\therefore A=4$ 답 4

16

(1) $\left(-\frac{1}{4}\right)\div\left(-\frac{1}{2}\right)^3-(-6)\times\left\{\frac{3}{4}+(-2)\right\}$

$=\left(-\frac{1}{4}\right)\div\left(-\frac{1}{8}\right)-(-6)\times\left(-\frac{5}{4}\right)$

$=\left(-\frac{1}{4}\right)\times(-8)-\frac{15}{2}$

$=2-\frac{15}{2}=-\frac{11}{2}$

(2) $|-2^3\div3|-\left|-2\frac{1}{3}\div\left(-1\frac{5}{9}\right)\right|$

$=|-8\div3|-\left|-\frac{7}{3}\times\left(-\frac{9}{14}\right)\right|$

$=\frac{8}{3}-\frac{3}{2}=\frac{7}{6}$

(3) $-\left|-\left|\frac{(-3)^2}{-2^2}\right|\right|=-\left|-\left|-\frac{9}{4}\right|\right|$

$=-\left|-\frac{9}{4}\right|=-\frac{9}{4}$

(4) $2-\left[\frac{1}{2}+\left(-\frac{2}{3}\right)\times\left\{\frac{7}{2}+\left(-\frac{5}{6}\right)\times\frac{8}{5}\right\}\right]\div\frac{1}{3}$

$=2-\left\{\frac{1}{2}+\left(-\frac{2}{3}\right)\times\left(\frac{7}{2}-\frac{4}{3}\right)\right\}\div\frac{1}{3}$

$=2-\left\{\frac{1}{2}+\left(-\frac{2}{3}\right)\times\frac{13}{6}\right\}\div\frac{1}{3}$

$=2-\left(\frac{1}{2}-\frac{13}{9}\right)\times3$

$=2-\left(-\frac{17}{18}\right)\times3$

$=2-\left(-\frac{17}{6}\right)=\frac{29}{6}$

답 (1) $-\frac{11}{2}$ (2) $\frac{7}{6}$ (3) $-\frac{9}{4}$ (4) $\frac{29}{6}$

17

(i) $a+(-3)$은 양의 정수이므로
$a=4, 5, 6, 7, \cdots$

(ii) $a+(-5)$는 음의 정수이므로
$a=4, 3, 2, 1, \cdots$

(i), (ii)에서 $a=4$이다. 답 4

18

4일에 □ L를 마셨다고 하면
$\square-0.3+0.1+0.5+0.2-0.4=0.9$
$\square+0.1=0.9$, $\square=0.9-0.1=0.8$
따라서 4일에는 0.8 L를 마셨다. 답 0.8 L

19

$-2^2\div\left(-2\frac{2}{3}\right)-3\div\left(-\frac{1}{2}\right)^3\div\left(-\frac{9}{5}\right)$

$=-4\div\left(-\frac{8}{3}\right)-3\div\left(-\frac{1}{8}\right)\div\left(-\frac{9}{5}\right)$

$=-4\times\left(-\frac{3}{8}\right)-3\times(-8)\times\left(-\frac{5}{9}\right)$

$=\frac{3}{2}-\frac{40}{3}=-\frac{71}{6}$

$-\frac{71}{6}=-11.833\cdots$이므로 $-\frac{71}{6}$에 가장 가까운 정수는 -12이다. 답 -12

20

$a>0$, $b<0$, $a+b>0$에서 $|a|>|b|$이다.

$\therefore a>-b>b>-a$ 답 a, $-b$, b, $-a$

21

$a\times c>0$이므로 a와 c는 서로 같은 부호이다.

$a+b+c=0$이므로 b는 a, c와 다른 부호이다.

$a>0$, $b<0$, $c>0$ 또는 $a<0$, $b>0$, $c<0$

따라서 항상 옳은 것은 ④ $a\times b<0$이다. 답 ④

22

$|5-x|=4$에서 $5-x=4$ 또는 $5-x=-4$이므로 $x=1$ 또는 $x=9$이다.

$x=1$일 때, $|3-2\times1|=1$

$x=9$일 때, $|3-2\times9|=15$

따라서 구하는 값은 1, 15이다. 답 1, 15

23

$A=2-(-3)=5$, $B=-1+4=3$이므로

$3<|x|\le5$를 만족시키는 정수 x는 -5, -4, 4, 5의 4개이다.

답 4개

24

A-solution

$a>0$일 때 $|a|=a$, $a<0$일 때 $|a|=-a$

$a\times b<0$에서 a, b는 서로 다른 부호이고 $a-b<0$에서 $a<b$이므로 $a<0$, $b>0$이다.

$\therefore |a|+|b|+a-b=-a+b+a-b$

$=0$ 답 0

25

$a<0$, $|a|=3$에서 $a=-3$이므로 $b\times c=8$이다.

$c=2\times b$에서 $b\times2\times b=8$이므로 $b>0$에서 $b=2$, $c=4$이다.

$\therefore c=4$ 답 4

26

단계별 풀이

1/단계 곱한 값이 가장 크도록 음수의 절댓값이 크게 양수 1개, 음수 2개 곱하기

$M=\frac{2}{3}\times(-5)\times\left(-\frac{7}{2}\right)=+\left(\frac{2}{3}\times5\times\frac{7}{2}\right)=\frac{35}{3}$

2/단계 곱한 값이 가장 작게 음수 3개 곱하기

$N=-5\times\left(-\frac{7}{2}\right)\times\left(-\frac{1}{5}\right)=-\left(5\times\frac{7}{2}\times\frac{1}{5}\right)=-\frac{7}{2}$

3/단계 $M\div N$의 값 구하기

$M\div N=\frac{35}{3}\div\left(-\frac{7}{2}\right)=\frac{35}{3}\times\left(-\frac{2}{7}\right)=-\frac{10}{3}$ 답 $-\frac{10}{3}$

27

$B\times(-3)\div\frac{1}{2}=-4$이므로

$B\times(-3)\times2=-4$, $B\times(-6)=-4$

$\therefore B=-4\div(-6)=-4\times\left(-\frac{1}{6}\right)=\frac{2}{3}$

$\{-3\times(-2)+5\}\div\frac{1}{2}=A$이므로

$A=(6+5)\div\frac{1}{2}=11\times2=22$

$\therefore \frac{A}{B}=A\div B=22\div\frac{2}{3}=22\times\frac{3}{2}=33$ 답 33

28

$A=3^3\times(3^5\times5-25\times3^4)\div5+2\times3^7$

$=3^3\times3^4\times5\times(3-5)\div5+2\times3^7$

$=3^7\times5\times(-2)\div5+2\times3^7$

$=3^7\times(-2)+2\times3^7$

$=3^7\times(-2+2)=0$

$B=\left\{-2^2-2\frac{1}{4}\div\left(-1\frac{1}{2}\right)^3\right\}\div\left(3-\frac{2^2}{3}\right)$

$=\left\{-4-\frac{9}{4}\div\left(-\frac{27}{8}\right)\right\}\div\left(3-\frac{4}{3}\right)$

$=\left\{-4-\frac{9}{4}\times\left(-\frac{8}{27}\right)\right\}\div\frac{5}{3}$

$=\left(-4+\frac{2}{3}\right)\div\frac{5}{3}$

$=\left(-\frac{10}{3}\right)\times\frac{3}{5}$

$=-2$

$C=2\frac{1}{3}\div(-2^2)-2\frac{1}{4}\times\left(-\frac{1}{3}\right)^3$

$=\frac{7}{3}\times\left(-\frac{1}{4}\right)-\frac{9}{4}\times\left(-\frac{1}{27}\right)$

$=\left(-\frac{7}{12}\right)+\frac{1}{12}=-\frac{1}{2}$

$D=\{-3^2\times2+(-2)^3-4\times(-6)\}\div(-3)^2$

$=(-18-8+24)\div9$

$=(-2)\div9=-\frac{2}{9}$

$|A|=0$, $|B|=|-2|=2$, $|C|=\left|-\frac{1}{2}\right|=\frac{1}{2}$,

$|D|=\left|-\frac{2}{9}\right|=\frac{2}{9}$이므로 절댓값이 가장 큰 수는 B이다.

답 B

29

$A=-\frac{3}{4}-\left(-\frac{1}{3}\right)=-\frac{5}{12}$

$x=-\frac{3}{2}$ 또는 $x=\frac{3}{2}$이므로 $B=\frac{3}{2}$

$\therefore A\times B+2\times(-B)^2$

$=\left(-\frac{5}{12}\right)\times\frac{3}{2}+2\times\left(-\frac{3}{2}\right)^2$

$=\left(-\frac{5}{8}\right)+2\times\frac{9}{4}$

$=\left(-\frac{5}{8}\right)+\frac{9}{2}=\frac{31}{8}$

답 $\frac{31}{8}$

30

(1) a, b는 모두 양수이므로 $a=3$, $b=2$

(2) a, b는 모두 음수이므로 $a=-2$, $b=-3$

(3) a, b는 서로 다른 부호이므로 $a=2$, $b=-3$

(4) a, b는 서로 다른 부호이므로 $a=7$, $b=-2$

답 (1) $a=3$, $b=2$ (2) $a=-2$, $b=-3$ (3) $a=2$, $b=-3$ (4) $a=7$, $b=-2$

31

$\{|5-|3-6||\times(-2)+3\}\div(10-3\times2\times|2-|4-9||)$

$=\{|5-3|\times(-2)+3\}\div(10-6\times|2-5|)$

$=\{2\times(-2)+3\}\div(10-6\times3)$

$=(-1)\div(-8)$

$=\frac{1}{8}$

답 $\frac{1}{8}$

32

$2\times a=-\frac{4}{3}$, $a=-\frac{2}{3}$, $a^2=\frac{4}{9}$, $\frac{1}{a^2}=\frac{9}{4}$, $\frac{1}{a}=-\frac{3}{2}$,

$-a=\frac{2}{3}$, $-\frac{1}{a}=\frac{3}{2}$, $-\frac{1}{a^2}=-\frac{9}{4}$, $-2\times a=\frac{4}{3}$

이 중에서 가장 큰 수는 $\frac{1}{a^2}$이고, 가장 작은 수는 $-\frac{1}{a^2}$이다.

답 $\frac{1}{a^2}$, $-\frac{1}{a^2}$

참고 $0<x<1$인 경우 $0<x^2<1$, $x^2<x$이고 $\frac{1}{x}<\frac{1}{x^2}$, $x<\frac{1}{x}$이므로 $0<x^2<x<\frac{1}{x}<\frac{1}{x^2}$이다.

33

(1) $a>b$이고 $a+b>0$이므로 $a>0$이다.

(2) $a<b$이고 $a+b<0$이므로 $a<0$이다.

(3) $a\times b<0$에서 a, b는 다른 부호이고 $a-b>0$에서 $a>b$이므로 $a>0$, $b<0$이다.

(4) $a\times b>0$에서 a, b는 같은 부호이고 $a+b<0$이므로 $a<0$, $b<0$이다.

(5) a, b는 모두 0이 아니고 $a+b=0$이므로 a, b는 절댓값이 같고 부호가 다른 두 수이다.

$\therefore a\times b<0$, $a\div b<0$

답 (1) $>$ (2) $<$ (3) $>$, $<$ (4) $<$, $<$ (5) $<$, $<$

34

(1) $x\times z>0$에서 $x\neq0$이고

$x\times y=0$이므로 $y=0$이다.

(2) $x\times z>0$에서 x, z는 같은 부호이고

$x+z<0$이므로 $x<0$, $z<0$이다.

$x-z>0$에서 $x>z$이므로 $|x|<|z|$

따라서 조건을 만족시키는 (x, z)는

$(-1, -2)$, $(-1, -3)$, $(-2, -3)$이다.

답 (1) 0 (2) $(-1, -2)$, $(-1, -3)$, $(-2, -3)$

STEP A 최고수준문제

본문 66~73쪽

01 (1) $+$, $+$, $-$, $-$, $+$, $-$ (2) $+$, $-$, $-$, $+$, 0, 0
02 (1) -4점 (2) 14점 **03** $a+b+c<0$ **04** -4
05 1.75 **06** n이 홀수일 때: -3, n이 짝수일 때: 3
07 (1) $-\frac{1}{8}$ (2) 7 (3) $\frac{1}{84}$ **08** $\frac{1}{12}$
09 $(1, 65)$, $(3, 15)$, $(5, 5)$
10 $(1, -4)$, $(1, 6)$, $(5, 4)$, $(5, 6)$ **11** -8, 8
12 $-\frac{23}{3}$ **13** $C<B<A$ **14** 17 **15** -4
16 43 **17** (1) 2점 높다. (2) 75점 **18** -10
19 (1) $b>0$ (2) 0 (3) -6, -3, -2
20 $a<0$, $b<0$, $c<0$, $d<0$ **21** (1) $\frac{1}{c}$, $\frac{1}{d}$, $\frac{1}{a}$, $\frac{1}{b}$
(2) $a\times d<b\times c$ **22** (1) A: 15, B: -12
(2) -15, -8, -1, c (3) f **23** (1) -8, -2, 2, 8
(2) -5, -1, 1, 5 (3) $(-3, 5, 2)$, $(3, -5, -2)$
24 (1) 7계단 (2) 3승 4패
25 $a<0$, $b<0$, $c>0$, $d<0$ **26** $-\frac{35}{2}$
27 $(-9, -1, 1, 3, 6)$, $(-6, -3, -1, 1, 9)$
28 248번째 **29** 2033 **30** 88개

01

답 (1) $+$, $+$, $-$, $-$, $+$, $-$ (2) $+$, $-$, $-$, $+$, 0, 0

02

(1) 예준이의 점수를 x점이라 하면 5명의 점수의 합이 0점이므로 $15+(-8)+(-4)+x+1=0$

$4+x=0$ $\quad \therefore x=-4$

따라서 예준이의 점수는 -4점이다.

(2) 민정, 유빈, 은성, 예준이의 점수의 합은

$(-3.5)\times 4=-14$(점)이다.

5명의 점수의 합이 0점이므로 재민이의 점수는 14점이다.

답 (1) -4점 (2) 14점

03

$a\times b>0$, $a\times b\times c\leq 0$에서 $c\leq 0$이고,

$a\times b>0$, $a+b<0$에서 $a<0$, $b<0$이므로 $a+b+c<0$이다.

답 $a+b+c<0$

04

A-solution

x의 절댓값이 최대가 되려면 세 수 중 절댓값이 최소인 수로 나눈다.

x의 절댓값이 최대가 되려면 세 수 중 절댓값이 최소인 수 0.25로 나누면 된다.

$\therefore \left(-1\frac{1}{3}\right)\times\frac{3}{4}\div 0.25=\left(-\frac{4}{3}\right)\times\frac{3}{4}\times 4=-4$

답 -4

05

$a\times b<0$이므로 a, b는 서로 다른 부호이고, b는 a보다 -4.25만큼 작은 수이므로 $b=a-(-4.25)=a+4.25$이다.

따라서 $a<0$, $b>0$이다.

$a=-\frac{5}{2}$이므로 $b=-\frac{5}{2}+4.25=-2.5+4.25=1.75$이다.

답 1.75

06

A-solution

n이 홀수일 때와 n이 짝수일 때로 나누어 생각한다.

n이 홀수일 때, $n+1$, $n-1$은 짝수이다.

$(-1)^n-(-1)^{n+1}-(-1)^{n-1}=-1-1-1=-3$

n이 짝수일 때, $n+1$, $n-1$은 홀수이다.

$(-1)^n-(-1)^{n+1}-(-1)^{n-1}=1-(-1)-(-1)=3$

답 n이 홀수일 때: -3, n이 짝수일 때: 3

07

(1) $\left[\left\{3-\left(-\frac{5}{4}\right)\times\left(-\frac{3}{10}\right)\right\}\div 3\frac{1}{2}-1\frac{1}{4}\right]^3$

$=\left\{\left(3-\frac{3}{8}\right)\times\frac{2}{7}-\frac{5}{4}\right\}^3$

$=\left(\frac{21}{8}\times\frac{2}{7}-\frac{5}{4}\right)^3$

$=\left(\frac{3}{4}-\frac{5}{4}\right)^3=\left(-\frac{1}{2}\right)^3$

$=-\frac{1}{8}$

(2) $\left|(-6)^2\div 3\times\left(-\frac{1}{2}\right)\right|+\left|\left(-\frac{4}{3}\right)^2\times 0.75-\frac{1}{3}\right|$

$=\left|36\div 3\times\left(-\frac{1}{2}\right)\right|+\left|\frac{16}{9}\times\frac{3}{4}-\frac{1}{3}\right|$

$=\left|36\times\frac{1}{3}\times\left(-\frac{1}{2}\right)\right|+\left|\frac{4}{3}-\frac{1}{3}\right|$

$=|-6|+|1|=7$

(3) $\left\{\left(-\frac{1}{2}\right)^3-\left(-\frac{1}{3}\right)^2+\frac{1}{4}\right\}\div\left\{1-\left(\frac{1}{2}-\frac{2}{3}\right)\right\}$

$=\left\{\left(-\frac{1}{8}\right)-\frac{1}{9}+\frac{1}{4}\right\}\div\left\{1-\left(-\frac{1}{6}\right)\right\}$

$=\frac{1}{72}\div\frac{7}{6}=\frac{1}{72}\times\frac{6}{7}=\frac{1}{84}$

답 (1) $-\frac{1}{8}$ (2) 7 (3) $\frac{1}{84}$

08

$\frac{1}{4}*\frac{1}{4}=\frac{\frac{1}{4}\times\frac{1}{4}}{\frac{1}{4}+\frac{1}{4}}=\frac{\frac{1}{16}}{\frac{1}{2}}=\frac{1}{16}\div\frac{1}{2}=\frac{1}{16}\times 2=\frac{1}{8}$

$\therefore \frac{1}{4}*\left(\frac{1}{4}*\frac{1}{4}\right)=\frac{1}{4}*\frac{1}{8}=\frac{\frac{1}{4}\times\frac{1}{8}}{\frac{1}{4}+\frac{1}{8}}=\frac{\frac{1}{32}}{\frac{3}{8}}$

$=\frac{1}{32}\div\frac{3}{8}=\frac{1}{32}\times\frac{8}{3}=\frac{1}{12}$

답 $\frac{1}{12}$

09

$n\geq m$, $m\times(n+10)=75$이므로

$(m, n+10)=(1, 75), (3, 25), (5, 15)$

$\therefore (m, n)=(1, 65), (3, 15), (5, 5)$

답 $(1, 65), (3, 15), (5, 5)$

10

단계별 풀이

1단계 a의 값의 부호 구하기

a, b가 정수이므로 $|a-b|$도 정수이고

$|a-b|>0$이므로 $a>0$이다.

2단계 a의 값이 될 수 있는 경우로 나누어 b의 값 구하기

(i) $a=1$, $|a-b|=5$인 경우

$a-b=5$이면 $b=-4$

$a-b=-5$이면 $b=6$

(ii) $a=5$, $|a-b|=1$인 경우

$a-b=1$이면 $b=4$

$a-b=-1$이면 $b=6$

3 단계 (a, b) 구하기

$(a, b)=(1, -4), (1, 6), (5, 4), (5, 6)$

답 $(1, -4), (1, 6), (5, 4), (5, 6)$

11

$a\times b=12>0$에서 a, b는 같은 부호이므로 $a=3\times b$이다.

$3\times b\times b=12$에서 $b^2=4$이므로 $b=2$ 또는 $b=-2$

$b=-2$일 때, $a=-6$

$b=2$일 때, $a=6$

$\therefore a+b=-8$ 또는 $a+b=8$

답 -8, 8

12

$$A=-3^3\div\left(-1\frac{1}{2}\right)^2-\left(-\frac{2}{3}\right)^3\times 54$$
$$=-27\times\frac{4}{9}-\left(-\frac{8}{27}\right)\times 54$$
$$=-12+16=4$$
$$B=5^2-1.4\div\left(-\frac{1}{5}\right)^2-3\frac{3}{4}\times\left(-\frac{2}{3}\right)^2$$
$$=25-\frac{14}{10}\times 25-\frac{15}{4}\times\frac{4}{9}$$
$$=25-35-\frac{5}{3}=-10-\frac{5}{3}=-\frac{35}{3}$$
$$\therefore A+B=4-\frac{35}{3}=-\frac{23}{3}$$

답 $-\frac{23}{3}$

13

$$A=\frac{12\times\left\{1-\left(-\frac{1}{2}\right)^4\right\}}{1-\left(-\frac{1}{2}\right)}=\frac{12\times\frac{15}{16}}{\frac{3}{2}}$$
$$=\frac{45}{4}\div\frac{3}{2}=\frac{45}{4}\times\frac{2}{3}=\frac{15}{2}$$
$$B=42\times\left(\frac{1}{6}-\frac{1}{7}\right)-2\times(-3)$$
$$=42\times\frac{1}{42}+6=1+6=7$$
$$C=\frac{6}{7}\div\left(\frac{1}{2}-\frac{5}{28}\right)\times\left(-\frac{15}{4}\right)$$
$$=\frac{6}{7}\div\frac{9}{28}\times\left(-\frac{15}{4}\right)$$
$$=\frac{6}{7}\times\frac{28}{9}\times\left(-\frac{15}{4}\right)=-10$$
$$\therefore C<B<A$$

답 $C<B<A$

14

$$A=-3^4\div\left(-1\frac{1}{2}\right)^2-\left\{\left(-\frac{3}{4}\right)^3\times\left(2\frac{2}{3}\right)^2-(-2)^4\right\}$$
$$=-81\times\frac{4}{9}-\left\{\left(-\frac{27}{64}\right)\times\frac{64}{9}-16\right\}$$
$$=-36-(-3-16)$$
$$=-36-(-19)=-17$$
$$\therefore |A|=17$$

답 17

15

$$A=-\left(-\frac{1}{2}\right)^3-\left[\left(-\frac{2}{3}\right)^2-\frac{3}{2}\times\left\{\left(-\frac{1}{3}\right)^3-\left(-\frac{3}{2}\right)^2\right\}\right]$$
$$=-\left(-\frac{1}{8}\right)-\left[\frac{4}{9}-\frac{3}{2}\times\left\{\left(-\frac{1}{27}\right)-\frac{9}{4}\right\}\right]$$
$$=\frac{1}{8}-\left\{\frac{4}{9}-\frac{3}{2}\times\left(-\frac{247}{108}\right)\right\}$$
$$=\frac{1}{8}-\left(\frac{4}{9}+\frac{247}{72}\right)=\frac{1}{8}-\frac{31}{8}$$
$$=-\frac{15}{4}=-3.75$$

따라서 A의 값에 가장 가까운 정수는 -4이다.

답 -4

16

크지 않다는 것은 작거나 같다는 것을 의미한다.

$$\left[\frac{1\times2}{7}\right]=\left[\frac{2\times3}{7}\right]=0,\ \left[\frac{3\times4}{7}\right]=1,\ \left[\frac{4\times5}{7}\right]=2,$$
$$\left[\frac{5\times6}{7}\right]=4,\ \left[\frac{6\times7}{7}\right]=6,\ \left[\frac{7\times8}{7}\right]=8,\ \left[\frac{8\times9}{7}\right]=10,$$
$$\left[\frac{9\times10}{7}\right]=12$$
$$\therefore \left[\frac{1\times2}{7}\right]+\left[\frac{2\times3}{7}\right]+\cdots+\left[\frac{8\times9}{7}\right]+\left[\frac{9\times10}{7}\right]$$
$$=0+0+1+2+4+6+8+10+12$$
$$=43$$

답 43

17

(1) $\{(+7)+(-8)+(+7)+(-25)+0+(-7)+(+9)+(+1)\}\div 8$

$=(-16)\div 8=-2$

따라서 정현이는 평균보다 2점이 높다.

(2) (승아의 성적)$=(64+2)+9=75$(점)

답 (1) 2점 높다. (2) 75점

18

$a\times b<0$에서 a, b는 서로 다른 부호이고 $b=4$이므로 a는 음수이다. 이때 $|a|>4$를 만족시키는 음수 a는 $-5, -6, -7, \cdots$이다. 따라서 a의 값이 될 수 없는 음의 정수는 $-4, -3, -2, -1$이므로 그 합은 $(-4)+(-3)+(-2)+(-1)=-10$이다.

답 -10

19

(1) $a\times b<0$에서 a, b는 서로 다른 부호이고, $a-b<0$에서 $a<b$이므로 $a<0$, $b>0$이다.

(2) $a<0$, $b>0$이므로 $a\times c=b\times c$이려면 $c=0$이어야 한다.

(3) $a+b<0$이려면 $|a|>|b|$이다.

$a=-3$일 때, $b=1$, 2

$a=-2$일 때, $b=1$

$\therefore a\times b=-6, -3, -2$

답 (1) $b>0$ (2) 0 (3) $-6, -3, -2$

20

$a\times b\times c\times d>0$, $a\times b\times d<0$에서 $c<0$이고 $a<c$이므로 $a<0$이다.

또한, $b\times d>0$이고 $b+d<0$이므로 $b<0$, $d<0$이다.

$\therefore a<0, b<0, c<0, d<0$ 답 $a<0, b<0, c<0, d<0$

21

(1) $-1<a<b<0<c<d<1$에서 $\frac{1}{a}>\frac{1}{b}$, $\frac{1}{c}>\frac{1}{d}$이고 a와 b는 음수이고 c와 d는 양수이므로 $\frac{1}{c}>\frac{1}{d}>\frac{1}{a}>\frac{1}{b}$이다.

(2) $|a|>|b|$, $|c|<|d|$이므로 $|a|\times|d|>|b|\times|c|$이다.

$a\times d$, $b\times c$는 모두 음수이므로 $a\times d<b\times c$이다.

답 (1) $\frac{1}{c}$, $\frac{1}{d}$, $\frac{1}{a}$, $\frac{1}{b}$ (2) $a\times d<b\times c$

22

(1) A 부분의 합은 $(-2)+5+12=15$

B 부분의 합은 $(-11)+(-4)+3=-12$

(2) 아래로 내려갈수록 7씩 커지므로 합이 -24가 되는 맨 위의 수를 □라 하면 $\square+(\square+7)+(\square+14)=-24$에서

$\square\times3+21=-24$, $\square\times3=-45$

$\therefore \square=-15$

따라서 세 수는 c에 있는 -15, -8, -1이다.

(3) 7로 나누어 2가 남는 수이므로 f이다.

답 (1) A: 15, B: -12 (2) -15, -8, -1, c (3) f

23

$|x|=3$에서 $x=-3$ 또는 $x=3$

$|y|=5$에서 $y=-5$ 또는 $y=5$

$|z|=2$에서 $z=-2$ 또는 $z=2$

(1) $(x, y)=(3, 5), (3, -5), (-3, 5), (-3, -5)$

$\therefore x+y=8, -2, 2, -8$

(2) $(x, z)=(3, 2), (3, -2), (-3, 2), (-3, -2)$

$\therefore x-z=1, 5, -5, -1$

(3) (1)에서 $x+y=z$가 되는 경우는

$(x, y, z)=(-3, 5, 2), (3, -5, -2)$

답 (1) $-8, -2, 2, 8$ (2) $-5, -1, 1, 5$
(3) $(-3, 5, 2), (3, -5, -2)$

24

(1) 5번의 게임에서 희철이가 3번 이겼으므로

희철이의 경우: $4\times3-3\times2=6$

규현이의 경우: $4\times2-3\times3=-1$

따라서 처음의 위치에서 희철이는 6계단 올라갔고, 규현이는 1계단 내려갔으므로 희철이는 규현이보다 7계단 위에 있다.

(2) 3번 이기고 4번 지면 출발점에 있게 되므로 규현이는 3승 4패이다.

답 (1) 7계단 (2) 3승 4패

다른 풀이

규현이가 a승했다고 하면 $(7-a)$패이므로

$4\times a-3\times(7-a)=0$

$\therefore a=3$

따라서 규현이는 3승 4패이다.

25

$a\times b\times c\times d<0$, $c\times d<0$에서

$a\times b>0$이므로 a, b는 같은 부호이고,

$a+b+c=0$이므로 c는 a, b와 다른 부호이다.

또한, $b-c<0$에서 $b<c$이므로 $c>0$, $b<0$, $a<0$이고, $c\times d<0$에서 $d<0$이다.

$\therefore a<0, b<0, c>0, d<0$ 답 $a<0, b<0, c>0, d<0$

26

A-solution

$|a|+|b|=0$이려면 $a\geq0$, $b\geq0$이므로 $a=0$, $b=0$이어야 한다.

$|4\times x+8|\geq0$이고 $|2\times y-1|\geq0$이므로

$|4\times x+8|+|2\times y-1|=0$이려면

$|4\times x+8|=0$, $|2\times y-1|=0$이다.

$4\times x+8=0$에서 $x=-2$

$2\times y-1=0$에서 $y=\frac{1}{2}$

$$\therefore (x\times y)^{2025}+\frac{1}{2}\times x^5-8\times y^4$$

$$=\left(-2\times\frac{1}{2}\right)^{2025}+\frac{1}{2}\times(-2)^5-8\times\left(\frac{1}{2}\right)^4$$

$$=(-1)^{2025}+\frac{1}{2}\times(-32)-8\times\frac{1}{16}$$

$=-1-16-\frac{1}{2}$

$=-\frac{35}{2}$　　　답 $-\frac{35}{2}$

27

$162=2\times3^4$이고 합이 0인 세 정수의 절댓값의 비가 1 : 2 : 3이므로 세 정수의 절댓값은 각각 1, 2, 3 또는 3, 6, 9이다.

(i) 세 정수의 절댓값이 각각 1, 2, 3일 때
나머지 두 정수의 절댓값의 곱은 $162\div6=27$이므로 더해서 0이 되는 두 정수는 없다.

(ii) 세 정수의 절댓값이 각각 3, 6, 9일 때
나머지 두 정수의 절댓값의 곱은 $162\div(3\times6\times9)=1$이므로 더해서 0이 되는 두 정수는 -1, 1이다.

(i), (ii)에서 세 수의 절댓값은 3, 6, 9이고 세 수의 합은 0이므로 세 수는 3, 6, -9 또는 -3, -6, 9이다.
따라서 구하는 정수의 쌍은 모두 $(-9, -1, 1, 3, 6)$, $(-6, -3, -1, 1, 9)$이다.

답 $(-9, -1, 1, 3, 6)$, $(-6, -3, -1, 1, 9)$

28

$\left(\frac{1}{1}\right), \left(\frac{2}{1}, \frac{1}{2}\right), \left(\frac{3}{1}, \frac{2}{2}, \frac{1}{3}\right), \cdots$

주어진 배열은 분모와 분자의 합이 2, 3, 4, …의 순으로 배열되었다.

$\frac{6}{17}$은 분모와 분자의 합이 23이므로 분모와 분자의 합이 22인 경우까지의 유리수의 개수를 구하면
$1+2+3+\cdots+21=231$(개)이다.
그리고 분모와 분자의 합이 23인
$\left(\frac{22}{1}, \frac{21}{2}, \frac{20}{3}, \cdots, \frac{2}{21}, \frac{1}{22}\right)$에서 $\frac{6}{17}$은 17번째이다.
따라서 $\frac{6}{17}$은 $231+17=248$(번째)이다.　　　답 248번째

29

$\left[\frac{2034!+2031!}{2033!+2032!}\right]$

$=\left[\frac{2034\times2033\times2032!+\frac{2032!}{2032}}{2033\times2032!+2032!}\right]$

$=\left[\frac{2032!\times\left(2034\times2033+\frac{1}{2032}\right)}{2032!\times(2033+1)}\right]$

$=\left[\frac{2034\times2033+\frac{1}{2032}}{2034}\right]$

$=\left[2033+\frac{1}{2032\times2034}\right]=2033$　　　답 2033

30

순서대로 심어진 꽃씨의 번호를 다음과 같이 나열할 수 있다.

1	1개
1 1	2개
1 2 1	3개
1 3 3 1	4개
1 4 4 4 1	5개
1 5 5 5 5 1	6개
1 6 6 6 6 6 1	7개
⋮	⋮

1번째 줄부터 10번째 줄까지 심어진 꽃씨의 개수는
$1+2+3+\cdots+10=\frac{10\times11}{2}$(개)
이 식을 이용하여 1000번째 꽃씨가 몇 번째 줄에 있는지 구한다.
$\frac{44\times45}{2}<1000<\frac{45\times46}{2}$
1000번째 심어진 꽃씨는 45번째 줄에 있으며 양쪽 끝에 있지는 않다.

1
1 1
1 2 1
1 3 3 1
1 4 4 4 1
⋮
1 ○ ← 1000번째 꽃씨

1번째 줄과 마지막 45번째 줄에 번호 1이 새겨진 꽃씨는 한 개씩이고, 나머지 줄에는 2개씩이므로 꽃씨를 1000개 심었을 때, 번호 1이 매겨진 꽃씨는 모두 $44\times2=88$(개) 심었다.

답 88개

Ⅲ 문자와 식

STEP C 필수체크문제

본문 78~84쪽

01 ④ 02 ① 03 ⑤

04 (1) $3a+5$ (2) $2x+3y$ (3) $3(5a+b)$ (4) $2(a^2-b)$

(5) $\frac{1}{2}(a+b)$ (6) x^2y^3 (7) $(a+2)(2b-3)$

(8) $(a+b)(a-b)$ 05 ⑤ 06 $(7-5x)$ km

07 $\frac{100a}{150+a}$ % 08 (1) 9 (2) -9 (3) 27 (4) 729

(5) -729 (6) -729 09 ④ 10 16

11 (1) 3 (2) -7 (3) $-\frac{3}{2}$ 12 1 13 ④, ⑤

14 (1) $\frac{5}{12}$ (2) 1 (3) 23 15 ④ 16 13

17 4 18 $\frac{5}{6}a$명 19 $-3x+1$

20 $-7x+1$ 21 (1) 13 (2) $20x-6$

(3) $-\frac{1}{12}x-\frac{41}{12}$ (4) $-2y$ 22 -7

23 $9x-19y$ 24 $170°-2a°$

25 $\left(\frac{a}{5}+\frac{x}{10}\right)$시간

26 예 연속하는 자연수 중 작은 수를 x, 큰 수를 $x+1$이라 하면 $x+(x+1)=2x+1$로 홀수이다.

01 ❶ 곱셈 기호와 나눗셈 기호의 생략

나눗셈은 역수의 곱셈으로 바꾼 후 곱셈 기호를 생략한다.

$a\div b\times c\div d=a\times\frac{1}{b}\times c\times\frac{1}{d}=\frac{ac}{bd}$

답 ④

02 ❶ 곱셈 기호와 나눗셈 기호의 생략

$+$, $-$는 생략할 수 없다.

① $\frac{a+b}{xy}$ ② $\frac{(a+b)y}{x}$ ③ $a+\frac{b}{xy}$ ④ $a+\frac{by}{x}$

⑤ $\frac{a}{x}+\frac{b}{y}=\frac{ay+bx}{xy}$

답 ①

03 ❶ 곱셈 기호와 나눗셈 기호의 생략

① $a\div b\times c=a\times\frac{1}{b}\times c=\frac{ac}{b}$

② $0.1\times a\times b=0.1ab$

③ $a\div 7\times b\times(-3)=a\times\frac{1}{7}\times b\times(-3)=-\frac{3}{7}ab$

④ $a\div\left(b\div\frac{1}{c}\right)=a\div(b\times c)=a\times\frac{1}{b\times c}=\frac{a}{bc}$

⑤ $a\times 4\times b-y\times 5\times x\times y=4ab-5xy^2$

답 ⑤

04 ❷ 문자를 사용하여 식 세우기

(1) $a\times 3+5=3a+5$

(2) $x\times 2+y\times 3=2x+3y$

(3) $(a\times 5+b)\times 3=3(5a+b)$

(4) $(a^2-b)\times 2=2(a^2-b)$

(5) $(a+b)\times\frac{1}{2}=\frac{1}{2}(a+b)$

(6) $x^2\times y^3=x^2y^3$

(7) $(a+2)\times(b\times 2-3)=(a+2)(2b-3)$

(8) $(a+b)\times(a-b)=(a+b)(a-b)$

답 (1) $3a+5$ (2) $2x+3y$ (3) $3(5a+b)$ (4) $2(a^2-b)$ (5) $\frac{1}{2}(a+b)$ (6) x^2y^3 (7) $(a+2)(2b-3)$ (8) $(a+b)(a-b)$

05 ❷ 문자를 사용하여 식 세우기

① 정육면체는 여섯 면의 넓이가 모두 같으므로
(정육면체의 넓이)$=6\times$(한 면의 넓이)$=6\times x\times x$
$=6x^2(\text{cm}^2)$

② (걸린 시간)$=\frac{(\text{거리})}{(\text{속력})}=\frac{13}{a}$(시간)

③ (남은 돈)$=$(모은 돈)$-$(물건의 값)$=9x-y$(원)

④ $100\times a+10\times b+1\times c=100a+10b+c$

⑤ (정가가 x원인 옷을 30 % 할인한 가격)
$=x-\frac{30}{100}x=0.7x$(원)

답 ⑤

06 ❷ 문자를 사용하여 식 세우기

(거리)$=$(속력)$\times$(시간)이므로 시속 5 km로 x시간 동안 간 거리는 $5\times x=5x$(km)이다.
따라서 남은 거리는 $(7-5x)$ km이다. 답 $(7-5x)$ km

07 ❷ 문자를 사용하여 식 세우기

(소금물의 농도)$=\frac{(\text{소금의 양})}{(\text{소금물의 양})}\times 100(\%)$이므로 구하는 소금물의 농도는 $\frac{a}{150+a}\times 100=\frac{100a}{150+a}(\%)$이다.

답 $\frac{100a}{150+a}$ %

08 ❸ 식의 값

A-solution

문자에 음수를 대입할 때는 반드시 괄호를 사용한다.

$-a=-(-3)=3$

(1) $(-a)^2=3^2=9$

(2) $-(-a)^2=-3^2=-9$

(3) $(-a)^3=3^3=27$

(4) $(-a^3)^2=\{-(-3)^3\}^2=27^2=729$

(5) $(-a^2)^3=\{-(-3)^2\}^3=(-9)^3=-729$

(6) $\{-(-a)^2\}^3=(-3^2)^3=(-9)^3=-729$

답 (1) 9 (2) -9 (3) 27 (4) 729 (5) -729 (6) -729

09 ❹ 다항식과 일차식

① 항은 x, $-4y$, 3이다.

② 항이 2개이므로 단항식이 아니다.

③ 분모에 문자가 포함되어 있는 식이므로 다항식이 아니다.

⑤ $-\frac{1}{3}x+2$의 차수는 1이고, $-x^2+4x$의 차수는 2이다.

답 ④

10 ❹ 다항식과 일차식

$a=-1$, $b=5$, $c=12$이므로 $a+b+c=-1+5+12=16$

답 16

11 ❸ 식의 값

생략된 곱셈 기호를 다시 쓴 후 문자에 수를 대입하여 식의 값을 구한다.

(1) $2x^2+xy=2\times3^2+3\times(-5)=18-15=3$

(2) $x^2-2y^3=(-3)^2-2\times2^3=9-16=-7$

(3) $\frac{x}{y}-\frac{y}{x}=\frac{(-1)}{(-2)}-\frac{(-2)}{(-1)}=\frac{1}{2}-2=-\frac{3}{2}$

답 (1) 3 (2) -7 (3) $-\frac{3}{2}$

12 ❸ 식의 값

$(a-b+3c)^3=\{4-(-3)+3\times(-2)\}^3$

$=(4+3-6)^3=1^3=1$

답 1

13 ❹ 다항식과 일차식

일차식은 차수가 1인 다항식이다.

① 차수가 2인 다항식
② 5 ⇨ 상수항
③ 3 ⇨ 상수항
④ 일차식
⑤ $-5x+3$ ⇨ 일차식

답 ④, ⑤

14 ❸ 식의 값

A-solution

분모에 분수를 대입하여 식의 값을 구하는 방법
[방법 1] 생략된 나눗셈 기호를 다시 쓴 다음 수를 대입한다.
[방법 2] 역수의 곱셈으로 생각하여 수를 대입한다.

(1) $\frac{5}{a}-\frac{b}{4}+2=\frac{5}{(-6)}-\frac{3}{4}+2=-\frac{10}{12}-\frac{9}{12}+2$

$=-\frac{19}{12}+2=\frac{5}{12}$

(2) $-a^2-\frac{1}{b}-\frac{1}{12}=-\left(-\frac{1}{2}\right)^2-1\div\left(-\frac{3}{4}\right)-\frac{1}{12}$

$=-\frac{1}{4}-1\times\left(-\frac{4}{3}\right)-\frac{1}{12}$

$=-\frac{1}{4}+\frac{4}{3}-\frac{1}{12}$

$=-\frac{3}{12}+\frac{16}{12}-\frac{1}{12}$

$=\frac{12}{12}=1$

(3) $\frac{4}{a}+\frac{9}{b}-\frac{3}{c}=4\div\left(-\frac{1}{2}\right)+9\div\frac{1}{3}-3\div\left(-\frac{3}{4}\right)$

$=4\times(-2)+9\times3-3\times\left(-\frac{4}{3}\right)$

$=-8+27+4=23$

답 (1) $\frac{5}{12}$ (2) 1 (3) 23

15 ❺ 일차식과 수의 곱셈, 나눗셈

① $6x\times(-3)=-18x$

② $(-4a)\div(-5)=(-4a)\times\left(-\frac{1}{5}\right)=\frac{4}{5}a$

③ $5\left(2x-\frac{1}{6}\right)=5\times2x-5\times\frac{1}{6}=10x-\frac{5}{6}$

④ $-(10x-4)\div2=(-10x+4)\div2$

$=-10x\div2+4\div2=-5x+2$

⑤ $(9x-6)\div\frac{3}{2}=(9x-6)\times\frac{2}{3}$

$=9x\times\frac{2}{3}-6\times\frac{2}{3}=6x-4$

답 ④

16 ❻ 일차식의 덧셈과 뺄셈

$-3(2a-3b)+5(3a-b)$

$=-6a+9b+15a-5b=9a+4b$

따라서 a의 계수와 b의 계수의 합은 $9+4=13$이다. 답 13

17 ❺ 일차식과 수의 곱셈, 나눗셈

$\frac{5}{4}\times(8x-20)=10x-25$에서

x의 계수는 10이므로 $a=10$

$(-6x+9)\div\frac{3}{2}=(-6x+9)\times\frac{2}{3}=-4x+6$에서

상수항은 6이므로 $b=6$

$\therefore a-b=4$ 답 4

18 ❷ 문자를 사용하여 식 세우기

작년도 신입생 수를 100 %로 보면 올해는 120 %이므로 작년도 신입생 수는 $a\times\frac{100}{120}=\frac{5}{6}a$(명)이다. 답 $\frac{5}{6}a$명

19 ❻ 일차식의 덧셈과 뺄셈

(어떤 다항식)$-(x-2)=-4x+3$

$\therefore$ (어떤 다항식)$=-4x+3+x-2=-3x+1$ 답 $-3x+1$

20 ❻ 일차식의 덧셈과 뺄셈

어떤 다항식을 A라 하면 $A+(2x+5)=-3x+11$

$\therefore A=-3x+11-2x-5=-5x+6$

따라서 바르게 계산하면 $-5x+6-(2x+5)=-7x+1$이다.

답 $-7x+1$

21 ❻ 일차식의 덧셈과 뺄셈

(1) $-(-2x-7)+2(-x+3)=2x+7-2x+6=13$

(2) $15\left(\frac{2}{3}x-\frac{1}{5}\right)-12\left(\frac{1}{4}-\frac{5}{6}x\right)$

$=10x-3-3+10x=20x-6$

(3) 분수를 분모의 최소공배수로 통분한 후 계산한다.

$\frac{x-1}{4}+\frac{2x-2}{3}-\frac{2x+5}{2}$

$=\frac{3(x-1)}{12}+\frac{4(2x-2)}{12}-\frac{6(2x+5)}{12}$

$=\frac{3x-3+8x-8-12x-30}{12}$

$=\frac{-x-41}{12}=-\frac{1}{12}x-\frac{41}{12}$

(4) $x+y-[x+y-\{(x-y)-(x+y)\}]$

$=x+y-\{x+y-(x-y-x-y)\}$

$=x+y-(x+y+2y)$

$=x+y-x-3y=-2y$

답 (1) 13 (2) $20x-6$ (3) $-\frac{1}{12}x-\frac{41}{12}$ (4) $-2y$

22 ❻ 일차식의 덧셈과 뺄셈

$3x-[-x+\{2x-5(x-1)\}+9]$

$=3x-\{-x+(2x-5x+5)+9\}$

$=3x-\{-x+(-3x+5)+9\}$

$=3x-(-x-3x+5+9)$

$=3x-(-4x+14)$

$=3x+4x-14$

$=7x-14$

따라서 $a=7$, $b=-14$이므로 $a+b=-7$ 답 -7

23 ❻ 일차식의 덧셈과 뺄셈

$3A-\frac{1}{2}B=3(2x-5y)-\frac{1}{2}(-6x+8y)$

$=6x-15y+3x-4y=9x-19y$ 답 $9x-19y$

24 ❻ 일차식의 덧셈과 뺄셈

삼각형의 세 각의 크기의 합은 180°이다.

$a^\circ+(a^\circ+10^\circ)+$(나머지 한 각의 크기)$=180^\circ$

$\therefore$ (나머지 한 각의 크기)$=180^\circ-10^\circ-a^\circ-a^\circ=170^\circ-2a^\circ$

답 $170^\circ-2a^\circ$

25 ❻ 일차식의 덧셈과 뺄셈

단계별 풀이

1 단계 시속 8 km, 시속 10 km로 달린 거리 구하기

시속 8 km로 a시간 달린 거리는 $8a$ km이므로 시속 10 km로 달린 거리는 $(x-8a)$ km이다.

2 단계 시속 10 km로 달린 시간 구하기

(시간)$=\frac{(거리)}{(속력)}$이므로 시속 10 km로 달린 시간은

$\frac{x-8a}{10}$(시간)이다.

3 단계 전체 걸린 시간 구하기

(전체 걸린 시간)$=a+\frac{x-8a}{10}=\frac{10a+x-8a}{10}=\frac{2a+x}{10}$

$=\frac{a}{5}+\frac{x}{10}$(시간)

답 $\left(\frac{a}{5}+\frac{x}{10}\right)$시간

26 ❻ 일차식의 덧셈과 뺄셈

답 예 연속하는 자연수 중 작은 수를 x, 큰 수를 $x+1$이라 하면 $x+(x+1)=2x+1$로 홀수이다.

STEP B 내신만점문제

본문 85~91쪽

01 -33 02 (1) 39 (2) $\frac{13}{9}$ 03 (1) $-\frac{1}{6}x-\frac{7}{18}$
(2) $-\frac{1}{3}x+\frac{7}{6}y$ 04 (1) $\frac{2}{5}x+\frac{2}{5}$ (2) $-13x-5$
05 -120 06 $6x-8y+3$ 07 $-\frac{11}{3}x-4$
08 $\left(a+\frac{ap}{100}\right)$개 09 $(4n-4)$개
10 $\left(\frac{x}{y}-3\right)$ km/시 11 $\frac{2}{3}(x+y)$ km 12 -4
13 (1) $-9y+8z$ (2) $4x+3y-6z$ (3) $-x-19y+18z$
14 (1) $5a-1$ (2) $-7a-12$ (3) $-6a-36$
15 $\frac{a-b}{5}$점 16 $(6x-26)$명
17 $\left(\frac{1}{4}a-15\right)$점 18 $\left(\frac{1}{3}x+\frac{20}{3}\right)$ %
19 68원 20 (1) $\frac{2}{3}x$번 (2) 63번 21 $(4x+8)$장
22 $(7a+3)$개 23 $(nx-x+y)$ cm

01

$5|2a+3b|-6|a-2b|$
$=5|2\times(-3)+3\times5|-6|-3-2\times5|$
$=5|-6+15|-6|-3-10|$
$=5\times9-6\times13=45-78$
$=-33$

답 -33

02

(1) $\frac{a(b+c)^2-abc}{3}$
$=\frac{3\times(-2-5)^2-3\times(-2)\times(-5)}{3}$
$=\frac{147-30}{3}=\frac{117}{3}=39$

(2) $\frac{c}{2a^2}-\frac{b^2-c^2}{3bc}\div|b-c|$
$=\frac{3}{2\times(-1)^2}-\frac{(-2)^2-3^2}{3\times(-2)\times3}\div|-2-3|$
$=\frac{3}{2}-\frac{5}{18}\times\frac{1}{5}=\frac{3}{2}-\frac{1}{18}$
$=\frac{26}{18}=\frac{13}{9}$

답 (1) 39 (2) $\frac{13}{9}$

03

(1) $\frac{2}{3}\left(\frac{1}{2}x-1\right)-\frac{1}{3}\left(\frac{3}{2}x-\frac{5}{6}\right)$
$=\frac{1}{3}x-\frac{2}{3}-\frac{1}{2}x+\frac{5}{18}$
$=\frac{2}{6}x-\frac{3}{6}x-\frac{12}{18}+\frac{5}{18}$
$=-\frac{1}{6}x-\frac{7}{18}$

(2) $x-\frac{x-2y}{2}-\frac{5x-y}{6}$
$=\frac{6x-3(x-2y)-(5x-y)}{6}$
$=\frac{6x-3x+6y-5x+y}{6}$
$=\frac{-2x+7y}{6}=-\frac{1}{3}x+\frac{7}{6}y$

답 (1) $-\frac{1}{6}x-\frac{7}{18}$ (2) $-\frac{1}{3}x+\frac{7}{6}y$

04

A-solution
(소괄호) → {중괄호} → [대괄호]의 순으로 푼다.

(1) $\frac{2}{5}(6-4x)-8\left\{\frac{1}{4}(3x-5)-\frac{1}{2}(2x-3)\right\}$
$=\frac{12}{5}-\frac{8}{5}x-8\left(\frac{3}{4}x-\frac{5}{4}-x+\frac{3}{2}\right)$
$=\frac{12}{5}-\frac{8}{5}x-8\left(-\frac{1}{4}x+\frac{1}{4}\right)$
$=\frac{12}{5}-\frac{8}{5}x+2x-2=\frac{2}{5}x+\frac{2}{5}$

(2) $2x-3\left[x+5\left\{x-\frac{1}{15}(3x-5)\right\}\right]$
$=2x-3\left\{x+5\left(x-\frac{1}{5}x+\frac{1}{3}\right)\right\}$
$=2x-3\left\{x+5\left(\frac{4}{5}x+\frac{1}{3}\right)\right\}$
$=2x-3\left(x+4x+\frac{5}{3}\right)$
$=2x-3\left(5x+\frac{5}{3}\right)$
$=2x-15x-5=-13x-5$

답 (1) $\frac{2}{5}x+\frac{2}{5}$ (2) $-13x-5$

05

$-(7x+5)+5\left\{0.5(10x-3)-\frac{1}{2}(4x+1)\right\}$
$=-7x-5+5\left(5x-1.5-2x-\frac{1}{2}\right)$
$=-7x-5+5(3x-2)$
$=-7x-5+15x-10$
$=8x-15$
$A=8$, $B=-15$이므로 $AB=8\times(-15)=-120$

답 -120

06

$3x+2y+A=5x-y+3$에서

$A=5x-y+3-(3x+2y)=5x-y+3-3x-2y$
$=2x-3y+3$

$B-(-x+7y-4)=-3x-2y+4$에서

$B=-3x-2y+4+(-x+7y-4)$
$=-4x+5y$

$\therefore A-B=(2x-3y+3)-(-4x+5y)$
$=6x-8y+3$

답 $6x-8y+3$

07

문자에 일차식을 대입할 때는 괄호를 사용한다.

$A=2x-3$, $B=3x+5$이므로

$-\frac{1}{3}A-B=-\frac{1}{3}(2x-3)-(3x+5)$
$=-\frac{2}{3}x+1-3x-5$
$=-\frac{11}{3}x-4$

답 $-\frac{11}{3}x-4$

08

1일 생산량을 p % 증가시키면 1일 증가량은 $a\times\frac{p}{100}=\frac{ap}{100}$(개)이므로 하루에 $\left(a+\frac{ap}{100}\right)$개의 상품을 만들 수 있다.

답 $\left(a+\frac{ap}{100}\right)$개

09

한 변에 놓인 바둑돌의 개수가 n개일 때 놓인 바둑돌의 총 개수는 (한 변에 놓인 바둑돌의 개수)$\times 4-$(꼭짓점에 놓인 바둑돌의 개수)$=n\times 4-4=4n-4$(개)

답 $(4n-4)$개

10

$\frac{(\text{간 거리})}{(\text{걸린 시간})}=\frac{x}{y}$가 강물의 속력과 배의 속력의 합이므로

(배의 속력)$=\frac{x}{y}-3$(km/시)

답 $\left(\frac{x}{y}-3\right)$ km/시

11

(거리)$=$(속력)$\times$(시간)이므로

(호수의 둘레의 길이)

$=$(도현이가 이동한 거리)$+$(유진이가 이동한 거리)

$=\frac{40}{60}\times x+\frac{40}{60}\times y$

$=\frac{40}{60}(x+y)=\frac{2}{3}(x+y)$(km)

답 $\frac{2}{3}(x+y)$ km

12

어떤 다항식을 A라 하면 $A+\frac{1}{3}(6x-3)=-2x+5$에서

$A=-2x+5-\frac{1}{3}(6x-3)=-2x+5-2x+1=-4x+6$

바르게 계산하면

$(-4x+6)-2(6x-3)=-4x+6-12x+6$
$=-16x+12$

바르게 계산한 식의 x의 계수는 -16, 상수항은 12이므로 그 합은 $-16+12=-4$이다.

답 -4

13

(1) $A-B+C$
$=(2x-3y+z)-(3x+2y-4z)+(x-4y+3z)$
$=2x-3y+z-3x-2y+4z+x-4y+3z$
$=-9y+8z$

(2) $A+B-C$
$=(2x-3y+z)+(3x+2y-4z)-(x-4y+3z)$
$=2x-3y+z+3x+2y-4z-x+4y-3z$
$=4x+3y-6z$

(3) $A-2B+3C$
$=(2x-3y+z)-2(3x+2y-4z)+3(x-4y+3z)$
$=2x-3y+z-6x-4y+8z+3x-12y+9z$
$=-x-19y+18z$

답 (1) $-9y+8z$ (2) $4x+3y-6z$ (3) $-x-19y+18z$

14

(1) $x-y-2z=(2a-1)-(a+2)-2(-2a-1)$
$=2a-1-a-2+4a+2=5a-1$

(2) $2x-3y+4z=2(2a-1)-3(a+2)+4(-2a-1)$
$=4a-2-3a-6-8a-4$
$=-7a-12$

(3) **A-solution**

식을 먼저 간단히 한 다음, 그 식에 일차식을 대입하여 괄호를 풀고 동류항끼리 계산한다.

$12\left(\frac{x-y}{2}-\frac{y-z}{3}+\frac{x+z}{4}\right)$
$=6(x-y)-4(y-z)+3(x+z)$
$=6x-6y-4y+4z+3x+3z$
$=9x-10y+7z$
$=9(2a-1)-10(a+2)+7(-2a-1)$
$=18a-9-10a-20-14a-7$
$=-6a-36$

답 (1) $5a-1$ (2) $-7a-12$ (3) $-6a-36$

15

(올바른 평균) $=\frac{7a+3b}{10}$ (점)

(잘못 구한 평균) $=\frac{5a+5b}{10}=\frac{a+b}{2}$ (점)

∴ (평균의 차)

$=\frac{7a+3b}{10}-\frac{a+b}{2}=\frac{a-b}{5}$ (점)

답 $\frac{a-b}{5}$점

16

빈 의자가 4개이므로 6명씩 앉은 의자는

$x-4-1=x-5$(개)이다.

(의자에 앉은 사람 수) $=6(x-5)+4=6x-26$(명)

답 $(6x-26)$명

17

(세 명의 총점) $=60\times3=180$(점)

(네 명의 총점) $=180+a$(점)

(네 명의 평균) $=\frac{180+a}{4}=\frac{1}{4}a+45$(점)

따라서 네 명의 평균은 60점보다 $\frac{1}{4}a+45-60=\frac{1}{4}a-15$(점) 높다.

답 $\left(\frac{1}{4}a-15\right)$점

18

단계별 풀이

1 단계 x %의 소금물에 들어 있는 소금의 양 구하기

x %의 소금물 100 g에 들어 있는 소금의 양은

$\frac{x}{100}\times100=x$(g)이다.

2 단계 10 %의 소금물에 들어 있는 소금의 양 구하기

10 %의 소금물 200 g에 들어 있는 소금의 양은

$\frac{10}{100}\times200=20$(g)이다.

3 단계 새로 만든 소금물의 농도 구하기

(새로 만든 소금물의 농도)

$=\frac{x+20}{100+200}\times100=\frac{1}{3}x+\frac{20}{3}$(%)

답 $\left(\frac{1}{3}x+\frac{20}{3}\right)$%

19

(총 이익) = (판 상품의 이익) − (팔지 못한 상품의 손실)

$=100\times0.8a-60\times0.2a$

$=80a-12a=68a$(원)

따라서 상품 1개에 대한 이익은 $68a\div a=68$(원)이다.

답 68원

20

(1) 앞바퀴와 뒷바퀴가 이동한 거리는 같으므로

$80\times3.14\times x=120\times3.14\times$(뒷바퀴의 회전수)

∴ (뒷바퀴의 회전수) $=\frac{2}{3}x$(번)

(2) 뒷바퀴가 42번 회전하였으므로 $\frac{2}{3}x=42$, $x=63$

따라서 앞바퀴는 63번 회전하였다.

답 (1) $\frac{2}{3}x$번 (2) 63번

21

첫 번째는 1장, 두 번째부터는 2장씩 많아지므로

(x번째 카드의 장수)

$=1+2(x-1)=1+2x-2=2x-1$(장)

($(x+5)$번째 카드의 장수)

$=2(x+5)-1=2x+10-1=2x+9$(장)

(x번째 카드의 장수와 $(x+5)$번째 카드의 장수의 합)

$=2x-1+2x+9=4x+8$(장)

답 $(4x+8)$장

22

가로에 필요한 철사는 $4a$개, 세로에 필요한 철사는 $3(a+1)$개이다.

따라서 필요한 철사의 개수는 $4a+3a+3=7a+3$(개)이다.

답 $(7a+3)$개

23

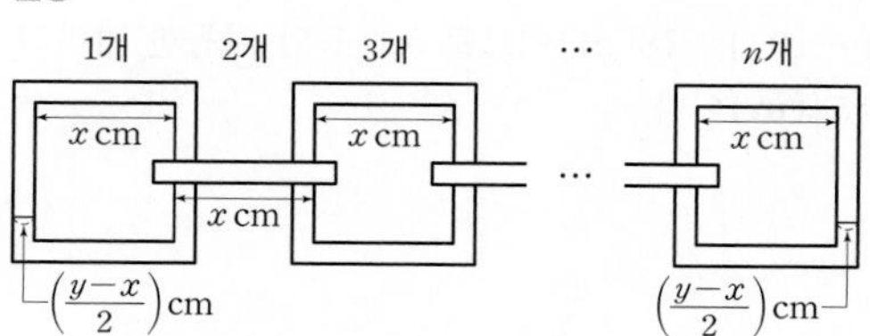

안쪽의 폭이 x cm인 n개와 양끝의 $\left(\frac{y-x}{2}\times2\right)$ cm를 더하면 되므로 $(nx-x+y)$ cm이다.

답 $(nx-x+y)$ cm

STEP A 최고수준문제

본문 92~97쪽

01 54 m　02 $6-x$　03 $2x$　04 $2a$　05 $\frac{17}{5}$

06 $\frac{5}{2}a$명　07 $(3x-1)$ m　08 $\left(a+\frac{7}{3}b\right)$ cm

09 $\left(180a+\frac{9}{5}ar\right)$원　10 $\frac{13x+80}{2x+10}$ %

11 $\left(\frac{21}{20}a-\frac{2}{25}b\right)$명　12 $\frac{22}{25}a$원　13 12

14 $\left(\frac{2}{5}x+172\right)$ km/시　15 $\frac{400}{x-y}$분 후

16 A 마트: $64a$원, B 마트: $63a$원, B 마트

17 $(27n+9)$ cm^2　18 $2(b+c+g)$ 또는 $2(a+b+e)$

19 $(3n+2)$개, 74개　20 $(8n+24)$ cm^2

21 $\frac{5a+3b}{8}$ %

01

20 ℃일 때 소리가 1초 동안 이동하는 거리는

$331+0.6\times20=343$(m)이고,

-10 ℃일 때 1초 동안 이동하는 거리는

$331+0.6\times(-10)=325$(m)이다.

1초 동안 이동한 거리의 차는 $343-325=18$(m)이므로 3초 동안 이동한 거리의 차는 $18\times3=54$(m)이다. 답 54 m

다른 풀이

기온이 20 ℃일 때와 -10 ℃일 때의 소리가 1초 동안 이동하는 거리의 차는

$0.6\times\{20-(-10)\}=18$(m)이므로 3초 동안 이동한 거리의 차는 $18\times3=54$(m)이다.

02

A-solution

점 M이 점 A를 기준으로 왼쪽과 오른쪽에 있을 때를 나누어 생각한다.

(i) $x>3$인 경우

두 점 A와 M 사이의 거리가 $x-3$이므로 점 N을 나타내는 수는 $3-(x-3)=6-x$

(ii) $x<3$인 경우

두 점 A와 M 사이의 거리가 $3-x$이므로 점 N을 나타내는 수는 $3+(3-x)=6-x$

따라서 점 N을 나타내는 수는 $6-x$이다. 답 $6-x$

다른 풀이

점 A는 두 점의 한가운데에 있는 점이므로 점 N을 나타내는 수를 n이라 하면

$\frac{x+n}{2}=3$, $x+n=6$

$\therefore n=6-x$

03

A-solution

$|A|>0$이므로 $A>0$이면 $|A|=A$
$A<0$이면 $|A|=-A$

x가 1보다 크므로 $1-x<0$, $2x-1>0$이다.

$|x|-|1-x|+|2x-1|$

$=x-(-1+x)+(2x-1)$

$=x+1-x+2x-1=2x$ 답 $2x$

04

A-solution

(음수)^{짝수} ⇨ 양수, (음수)^{홀수} ⇨ 음수

n이 자연수일 때, $2n$은 짝수, $2n-1$은 홀수이므로

$(-1)^{2n}=1$, $(-1)^{2n-1}=-1$이다.

$\therefore (-1)^{2n}(a+b)-(-1)^{2n-1}(a-b)$

$=(a+b)-(-1)\times(a-b)$

$=a+b+a-b=2a$ 답 $2a$

05

단계별 풀이

1 단계 y를 x를 사용한 식으로 나타낸다.

$\frac{3}{x}=\frac{2}{y}$에서 $3y=2x$, $y=\frac{2}{3}x$

2 단계 $x+y$, $x-y$, y^2, x^2-y^2에 $y=\frac{2}{3}x$를 대입한다.

$x+y=\frac{5}{3}x$, $x-y=\frac{1}{3}x$, $y^2=\frac{4}{9}x^2$

$x^2-y^2=x^2-\frac{4}{9}x^2=\frac{5}{9}x^2$

3 단계 생략된 나눗셈 기호를 다시 쓰고 식의 값을 구한다.

$\frac{x}{x+y}+\frac{y}{x-y}+\frac{y^2}{x^2-y^2}$

$=x\div(x+y)+y\div(x-y)+y^2\div(x^2-y^2)$

$=x\div\frac{5}{3}x+\frac{2}{3}x\div\frac{1}{3}x+\frac{4}{9}x^2\div\frac{5}{9}x^2$

$=x\times\frac{3}{5x}+\frac{2}{3}x\times\frac{3}{x}+\frac{4}{9}x^2\times\frac{9}{5x^2}$

$=\frac{3}{5}+2+\frac{4}{5}$

$=\frac{17}{5}$ 답 $\frac{17}{5}$

06

A 문제 정답자 수는 a명, A, B 두 문제를 모두 맞힌 학생은 $\frac{1}{2}a$명이고, B 문제 정답자 수는 두 문제를 모두 맞힌 학생의 4배이므로 $2a$명이다.
따라서 적어도 한 문제를 맞힌 학생 수는
$a+2a-\frac{1}{2}a=\frac{5}{2}a$(명)이다. 답 $\frac{5}{2}a$명

참고 A 문제를 맞힌 학생 수와 B 문제를 맞힌 학생 수를 더하면 A와 B 두 문제를 모두 맞힌 학생 수가 2번 더해지므로 빼주어야 한다.

07

(집에서 문구점까지의 거리)$=\frac{4}{3}(9x+3)-(5x+8)$
$=12x+4-5x-8$
$=7x-4$(m)
(도서관에서 집까지의 거리)$=\frac{5}{2}(4x-2)-(7x-4)$
$=10x-5-7x+4$
$=3x-1$(m) 답 $(3x-1)$ m

08

(4명의 키의 총합)$=4a$ cm
(7명의 키의 평균)$=(a+b)$ cm
(7명의 키의 총합)$=7(a+b)$ cm
(나머지 3명의 키의 총합)$=7(a+b)-4a=3a+7b$(cm)
$\therefore$ (나머지 3명의 키의 평균)$=\frac{3a+7b}{3}=a+\frac{7}{3}b$(cm)
답 $\left(a+\frac{7}{3}b\right)$ cm

09

(정가)=(원가)+(이익)$=a+\frac{ar}{100}$(원)
200개를 구매하면 정가의 10 %를 할인받을 수 있으므로
(10 % 할인된 물건 1개의 가격)
$=\left(a+\frac{ar}{100}\right)\times\frac{90}{100}=\frac{9}{10}a+\frac{9}{1000}ar$(원)
$\therefore$ (지불해야 할 금액)$=\left(\frac{9}{10}a+\frac{9}{1000}ar\right)\times 200$
$=180a+\frac{9}{5}ar$(원)
답 $\left(180a+\frac{9}{5}ar\right)$원

10

5 %의 소금물 x g에 들어 있는 소금의 양은 $\frac{5}{100}x$ g
8 %의 소금물 $(x+10)$ g에 들어 있는 소금의 양은
$\frac{8}{100}(x+10)$ g
$\therefore$ (새로운 소금물의 농도)
$=\dfrac{\frac{5}{100}x+\frac{8}{100}(x+10)}{x+x+10}\times 100$
$=\frac{13x+80}{2x+10}$(%) 답 $\frac{13x+80}{2x+10}$ %

11

(작년 여자 입학생 수)$=(a-b)$명
(올해 남자 입학생 수)$=\frac{97}{100}b$명
(올해 여자 입학생 수)$=\frac{105}{100}(a-b)=\frac{21}{20}(a-b)$(명)
$\therefore$ (올해 입학생 수)
$=\frac{97}{100}b+\frac{21}{20}(a-b)=\frac{21}{20}a-\frac{2}{25}b$(명)
답 $\left(\frac{21}{20}a-\frac{2}{25}b\right)$명

12

A-solution
(판매 금액)=(생선 한 마리의 가격)×(팔린 생선 수)

어제 팔린 생선의 수를 x마리라 하면
오늘 팔린 생선의 수는 $\frac{3}{2}x$마리이므로
이틀 동안 팔린 생선의 수는 $x+\frac{3}{2}x=\frac{5}{2}x$(마리)이다.
어제는 a원씩 x마리, 오늘은 20 % 할인하여
$a-a\times\frac{20}{100}=a-\frac{1}{5}a=\frac{4}{5}a$(원)씩 $\frac{3}{2}x$마리 팔았으므로
총 판매 금액은
$ax+\frac{4}{5}a\times\frac{3}{2}x=ax+\frac{6}{5}ax=\frac{11}{5}ax$(원)이다.
$\therefore$ (생선 1마리의 평균 판매 금액)$=\frac{11}{5}ax\div\frac{5}{2}x$
$=\frac{22}{25}a$(원)
답 $\frac{22}{25}a$원

13

A-solution
x에 대한 일차식이려면 주어진 식을 간단히 하였을 때, x의 차수가 1인 항과 상수항만 있어야 한다.

$8x\{x+2(x-5)\}-4[3-2\{x+mx(x-4)\}]$
$=8x(3x-10)-4\{3-2(mx^2+x-4mx)\}$
$=24x^2-80x-4(-2mx^2-2x+8mx+3)$
$=24x^2-80x+8mx^2+8x-32mx-12$

$=(24+8m)x^2-(72+32m)x-12$

x에 대한 일차식이므로 $24+8m=0$에서 $m=-3$

$a=-72-32m=-72+96=24$, $b=-12$

$\therefore a+b=24+(-12)=12$

답 12

14

9초 동안에 $(430+x)$ m를 간 속력이므로

$(430+x)\div\frac{9}{3600}\times\frac{1}{1000}$

$=(430+x)\times\frac{2}{5}$

$=\frac{2}{5}x+172$(km/시)

답 $\left(\frac{2}{5}x+172\right)$ km/시

15

소정이가 수지를 추월한다는 것은 소정이가 수지보다 속력이 더 빨라 운동장을 한 바퀴 더 돌았다는 것이다.

소정이와 수지의 속력의 차는 $(x-y)$ m/분이므로

소정이가 수지를 추월하게 되는 것은 $\frac{400}{x-y}$분 후이다.

답 $\frac{400}{x-y}$분 후

16

A 마트: $10+1=11$에서 $11\times6+4=70$이므로

10개씩 묶음 6개와 낱개 4개를 사면 70개이다.

⇨ $10\times a\times6+4\times a=64a$(원)

B 마트: 10개씩 묶음 7개를 사면 70개이다.

⇨ $70\times a\times0.9=63a$(원)

$64a>63a$이므로 B 마트에서 사는 것이 더 저렴하다.

답 A 마트: $64a$원, B 마트: $63a$원, B 마트

17

종이 n장을 겹쳐 놓았을 때 겹쳐지는 부분은 모두 $(n-1)$개 생긴다.

정사각형 한 개의 넓이는 36 cm^2, 겹쳐진 부분 한 개의 넓이는 9 cm^{2}이므로

(전체 넓이)$=36n-9(n-1)$

$=36n-9n+9$

$=27n+9$(cm^2)

답 $(27n+9)$ cm^2

다른 풀이

오른쪽 그림과 같이 넓이가 27 cm^{2}인 도형 n개와 넓이가 9 cm^{2}인 도형 1개의 넓이를 합한 것과 같으므로 $27n+9$(cm^2)이다.

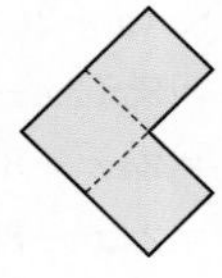

18

오른쪽 그림에서 굵은 선 부분의 길이는 b, c를 두 변으로 하는 직사각형의 둘레의 길이와 같다. 따라서 전체 도형의 둘레의 길이는 $2(b+c+g)$ 또는 $2(a+b+e)$($\because c+g=a+e$)이다.

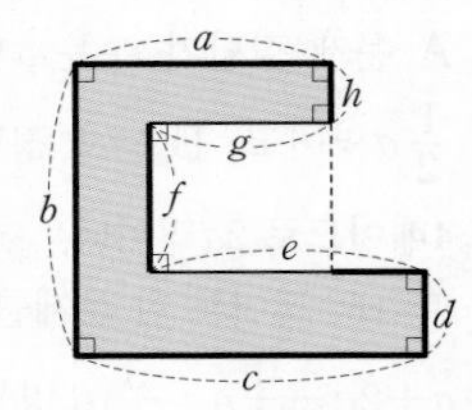

답 $2(b+c+g)$ 또는 $2(a+b+e)$

19

1번째는 5개, 2번째 이후부터는 3개씩 증가하므로 n번째에 사용된 성냥개비의 개수는 $5+3(n-1)=3n+2$(개)이다.

성냥개비가 221개 사용된 것은 $3n+2=221$, $n=73$이므로 73번째이다.

n번째의 삼각형의 개수는 $(n+1)$개이므로 성냥개비 221개로 만들어지는 삼각형의 개수는 $73+1=74$(개)이다.

답 $(3n+2)$개, 74개

20

한 번 자를 때마다 □BFGC와 합동인 면이 2개씩 생기므로 n번 자르면 $2n$개가 생긴다. 처음 정육면체의 겉넓이는 24 cm^{2}이므로 구하는 겉넓이는 $24+2n\times4=8n+24$(cm^2)이다.

답 $(8n+24)$ cm^2

21

A 용기의 소금물 100 g에 들어 있는 소금의 양은

$\frac{a}{100}\times100=a$(g),

B 용기의 소금물 300 g에 들어 있는 소금의 양은

$\frac{b}{100}\times300=3b$(g)

A 용기의 소금물 100 g을 B 용기에 넣은 후 B 용기에 들어 있는 소금의 양은 $(a+3b)$ g이다.

이때 B 용기의 소금물 100 g의 소금의 양은

$(a+3b)\times\frac{100}{400}=\frac{a+3b}{4}$(g)이므로

다시 B 용기의 소금물 100 g을 A 용기에 넣으면 A 용기의 소금물의 농도는

$\frac{a+\frac{a+3b}{4}}{200}\times100=\frac{5a+3b}{8}$(%)이다.

답 $\frac{5a+3b}{8}$ %

Ⅳ 방정식

STEP C 필수체크문제

본문 103~111쪽

01 ④, ⑤　02 ②, ⑤　03 -9　04 ③　05 ③
06 ①　07 ②　08 ②　09 $x=-2$　10 22
11 2　12 (1) -15 (2) 3 (3) $\frac{2}{3}$ (4) 0
13 11.6　14 (1) -2 (2) $\frac{10}{3}$ (3) $\frac{3}{2}$ (4) 1　15 3
16 $x=-1$　17 2　18 -5　19 67
20 300원　21 1400원　22 닭: 8마리, 돼지: 4마리
23 3 cm　24 4 m　25 11250원　26 350대
27 12 km　28 27 km　29 $\frac{7}{2}$ km　30 125 g　31 5 %
32 A 상자: 36개, B 상자: 45개
33 3 %의 소금물: 120 g, 8 %의 소금물: 180 g

01 ③ 일차방정식

①, ③은 (좌변)=(우변)이므로 항등식이다.
② $-6=0$이므로 일차방정식이 아니다.
④ $x-3=0$, ⑤ $2x-1=0$은 (x에 대한 일차식)$=0$의 꼴이므로 일차방정식이다.
답 ④, ⑤

02 ① 방정식과 항등식

② $3x+5=7x+8$
⑤ $x^2+x+1=x^2+3x+1$
등식의 좌변 또는 우변을 간단히 정리했을 때, 양변의 식이 같지 않으므로 항등식이 아니다.
답 ②, ⑤

03 ① 방정식과 항등식

$a-2(3x-1)=bx-1$에서 $-6x+a+2=bx-1$
$-6=b$, $a+2=-1$　$\therefore a=-3$, $b=-6$
$\therefore a+b=-3+(-6)=-9$
답 -9

04 ② 등식의 성질

③ $a=b$이므로 양변에 3을 곱하면 $3a=3b$이다.
④ $\frac{a}{2}=\frac{b}{3}$이므로 양변에 6을 곱하면 $3a=2b$이다.
⑤ $a=-b$이므로 양변에 2를 곱하면 $2a=-2b$이다.
답 ③

05 ② 등식의 성질

$2x+10=14$
$2x+10-10=14-10$　) 양변에서 같은 수를 뺀다. (Ⅱ)
$2x=4$
$x=2$　) 양변을 같은 수로 나눈다. (Ⅳ)
답 ③

06 ③ 일차방정식

$(a+1)x^2-5x+2=2x^2-bx+4$
$(a-1)x^2+(-5+b)x-2=0$
x에 대한 일차방정식이 되려면 $a-1=0$, $-5+b\neq0$
$\therefore a=1$, $b\neq5$
답 ①

07 ④ 일차방정식의 풀이

① $2x+1=3x-3$, $-x=-4$　$\therefore x=4$
② $3x-4=x+8$, $2x=12$　$\therefore x=6$
③ $2(x-5)=x-6$, $2x-10=x-6$　$\therefore x=4$
④ $11-3x=-(5-x)$, $11-3x=-5+x$, $-4x=-16$
$\therefore x=4$
⑤ $(4x-1)+x=19$, $5x=20$　$\therefore x=4$
답 ②

08 ④ 일차방정식의 풀이

$5-4x=7-5x$, $x=2$ ⇨ $a=2$
$5x=2x-12$, $3x=-12$, $x=-4$ ⇨ $b=-4$
$3x-4=5x+6$, $-2x=10$, $x=-5$ ⇨ $c=-5$
$8x+5=21$, $8x=16$, $x=2$ ⇨ $d=2$
$2x+4=3(x+2)$, $2x+4=3x+6$, $x=-2$ ⇨ $e=-2$
따라서 값이 같은 것은 $a=d$이다.
답 ②

09 ④ 일차방정식의 풀이

$5(x+2)=2(2x-1)+9$에서
$5x+10=4x-2+9$, $x=-3$　$\therefore a=-3$
$-a^2+ax+3=0$에 $a=-3$을 대입하면
$-(-3)^2+(-3)\times x+3=0$, $-3x=6$　$\therefore x=-2$
답 $x=-2$

10 ④ 일차방정식의 풀이

$3(2x-5)=4x-7$에서
$6x-15=4x-7$, $2x=8$, $x=4$ ⇨ $a=4$
$x-2(x+1)=5(4-x)$에서
$x-2x-2=20-5x$, $4x=22$, $x=\frac{11}{2}$ ⇨ $b=\frac{11}{2}$
$\therefore ab=4\times\frac{11}{2}=22$
답 22

11 ④ 일차방정식의 풀이

$2x-3=x+7$, $x=10$이므로
$x=10$을 $3(x-m)=2(x+2)$에 대입하면

$3(10-m)=2(10+2)$

$30-3m=24$

$3m=6$

$\therefore m=2$

답 2

12 ⑤ 복잡한 일차방정식의 풀이

(1) 주어진 식의 양변에 10을 곱하면

$4(x+2)+1=3(x-2)$

$4x+8+1=3x-6$

$\therefore x=-15$

(2) 주어진 식의 양변에 12를 곱하면

$6(3x-2)-4(2x-3)=3(7+x)$

$18x-12-8x+12=21+3x$

$7x=21$

$\therefore x=3$

(3) $11(3x-1)=3(x+3)$

$33x-11=3x+9$

$30x=20$

$\therefore x=\frac{2}{3}$

(4) 주어진 식의 양변에 10을 곱하면

$5(-3x+1)-5(x-1)=10-2x$

$-15x+5-5x+5=10-2x$

$-18x=0 \quad \therefore x=0$

답 (1) -15 (2) 3 (3) $\frac{2}{3}$ (4) 0

13 ⑤ 복잡한 일차방정식의 풀이

주어진 식의 양변에 6을 곱하면

$2x+3x=24$, $5x=24$, $x=4.8$

$\therefore m=4.8$

$\therefore (m+1)(m-2.8)=(4.8+1)(4.8-2.8)$

$=11.6$

답 11.6

14 ⑤ 복잡한 일차방정식의 풀이

주어진 해를 대입하여 a의 값을 구한다.

(1) $2-a=3+1$

$\therefore a=-2$

(2) $2+3a=12$, $3a=10$

$\therefore a=\frac{10}{3}$

(3) $\frac{2}{3}a=1$

$\therefore a=\frac{3}{2}$

(4) $6a-\frac{2-2a}{3}=10-4a$

양변에 3을 곱하면

$18a-(2-2a)=30-12a$

$32a=32$

$\therefore a=1$

답 (1) -2 (2) $\frac{10}{3}$ (3) $\frac{3}{2}$ (4) 1

15 ④ 일차방정식의 풀이

$3\triangle x=3x-(3+x)=2x-3$

$(2x-3)\triangle 5=5(2x-3)-(2x-3+5)$

$=10x-15-2x-2$

$=8x-17=7$이므로

$8x=24$

$\therefore x=3$

답 3

16 ⑤ 복잡한 일차방정식의 풀이

주어진 식의 양변에 6을 곱하면

$3\left(x-\frac{1}{18}-\frac{1}{4}x-\frac{3}{2}\right)=-\frac{7}{6}+\frac{23}{4}x$

$\frac{9}{4}x-\frac{14}{3}=-\frac{7}{6}+\frac{23}{4}x$

양변에 12를 곱하면

$27x-56=-14+69x$

$-42x=42$

$\therefore x=-1$

답 $x=-1$

17 ⑥ 특수한 해를 가질 때

A-solution

이항하여 정리하였을 때, $0\times x=0$의 꼴이어야 해가 모든 수이다.

$(2-a)x+6=bx-3b$에서

$(2-a-b)x=-3b-6$의 해가 모든 수이므로

$2-a-b=0$, $-3b-6=0$ ⇨ $a=4$, $b=-2$

$\therefore a+b=2$

답 2

18 ⑥ 특수한 해를 가질 때

주어진 식의 양변에 4를 곱하면

$(a-2x)-4(2x+1)=2(ax-1)$

$a-2x-8x-4=2ax-2$

$\therefore -2(a+5)x=2-a$

이 방정식의 해가 없으므로 $0\times x=$(0이 아닌 수)의 꼴이어야 한다.

$a+5=0$, $2-a\neq 0$

$\therefore a=-5$

답 -5

19 1 일차방정식의 활용

연속하는 세 자연수를 $x-1$, x, $x+1$이라 하면

$(x-1)+x+(x+1)=198$

$3x=198$

$\therefore x=66$

따라서 가장 큰 수는 $66+1=67$이다. 답 67

참고 구하는 가장 큰 수를 x로 놓고 식을 세워 풀 수도 있다.

20 1 일차방정식의 활용

연필 한 자루의 가격을 x원이라 하면

$30x-1200=20x+1800$

$10x=3000$

$\therefore x=300$ 답 300원

21 1 일차방정식의 활용

형이 동생에게 준 돈을 x원이라 하면

$5000-x=\frac{3}{2}(1000+x)$

양변에 2를 곱하면

$10000-2x=3000+3x$

$5x=7000$

$\therefore x=1400$ 답 1400원

22 1 일차방정식의 활용

닭의 수를 x마리라 하면 돼지의 수는 $(12-x)$마리이다.

$2x+4(12-x)=32$

$2x+48-4x=32$

$2x=16$

$\therefore x=8$

따라서 닭은 8마리, 돼지는 4마리이다.

답 닭: 8마리, 돼지: 4마리

23 1 일차방정식의 활용

윗변의 길이를 x cm라 하면, 아랫변의 길이는 $(x+3)$ cm이므로

$\frac{1}{2}(x+x+3)\times 8=36$, $2x+3=9$, $2x=6$

$\therefore x=3$ 답 3 cm

24 1 일차방정식의 활용

가로의 길이를 x m 길게 하면 새로운 땅의 가로의 길이는 $(5+x)$ m이고, 세로의 길이는 $3+4=7$(m)이므로

$(5+x)\times 7=5\times 3+48$

$35+7x=63$

$7x=28$

$\therefore x=4$ 답 4 m

25 8 활용 문제에 자주 사용되는 공식

원가를 x원이라 하면

$15000-15000\times\frac{1}{10}=x+x\times\frac{2}{10}$

$\frac{6}{5}x=13500$

$\therefore x=11250$ 답 11250원

26 8 활용 문제에 자주 사용되는 공식

지난달 판매한 가습기의 대수를 x대라 하면

$x+x\times\frac{8}{100}=378$

양변에 100을 곱하면

$100x+8x=37800$

$108x=37800$

$\therefore x=350$ 답 350대

27 8 활용 문제에 자주 사용되는 공식

A, B 사이의 거리를 x km라 하면

$\frac{x}{6}+\frac{x}{4}=5$

양변에 12를 곱하면

$2x+3x=60$

$5x=60$

$\therefore x=12$ 답 12 km

28 8 활용 문제에 자주 사용되는 공식

단계별 풀이

1단계 올라간 거리와 내려온 거리를 각각 미지수로 나타내기

재인이가 올라간 거리를 x km라 하면 내려온 거리는 $(x+3)$ km이다.

2단계 식 세워서 해 구하기

$\frac{x}{4}+\frac{x+3}{5}=6$

양변에 20을 곱하면

$5x+4(x+3)=120$

$5x+4x+12=120$

$9x=108$

$\therefore x=12$

3단계 재인이가 걸은 총 거리 구하기

재인이가 걸은 총 거리는 $12+(12+3)=27$(km)이다.

답 27 km

29 8 활용 문제에 자주 사용되는 공식

학교와 미술관 사이의 거리를 x km라 하면

(준수가 걸린 시간) $-$ (우영이가 걸린 시간) $=\frac{20}{60}=\frac{1}{3}$(시간)

이므로 $\frac{x}{6}-\frac{x}{14}=\frac{1}{3}$

양변에 42를 곱하면

$7x-3x=14$

$4x=14$

$\therefore x=\frac{7}{2}$

답 $\frac{7}{2}$ km

30 ⑧ 활용 문제에 자주 사용되는 공식

A-solution

물을 넣거나 증발시켜도 설탕의 양은 변하지 않음을 이용하여 식을 세운다.

x g의 물을 증발시킨다고 하면

$\frac{9}{100}\times 500=\frac{12}{100}\times(500-x)$

양변에 100을 곱하면

$4500=6000-12x$

$12x=1500$

$\therefore x=125$

답 125 g

31 ⑧ 활용 문제에 자주 사용되는 공식

처음 소금물의 농도를 x %라 하면 소금을 넣은 후의 농도는 $2x$ %이므로

$\frac{x}{100}\times 450+25=\frac{2x}{100}\times(450+25)$

양변에 100을 곱하면

$450x+2500=950x$

$500x=2500$

$\therefore x=5$

답 5 %

32 ⑦ 일차방정식의 활용

단계별 풀이

1단계 공의 개수를 문자를 사용한 식으로 나타내기

두 상자에 들어 있는 공의 개수의 비가 4 : 5이므로

A 상자와 B 상자에 들어 있는 공의 개수를 각각 $4x$개, $5x$개라 하자.

A 상자 속의 흰 공과 검은 공의 개수의 비가 1 : 3이므로

A 상자 속의 흰 공과 검은 공의 개수는 각각

$4x\times\frac{1}{4}=x$(개), $4x\times\frac{3}{4}=3x$(개)이다.

B 상자 속의 흰 공과 검은 공의 개수의 비가 4 : 5이므로

B 상자 속의 흰 공과 검은 공의 개수는 각각

$5x\times\frac{4}{9}=\frac{20}{9}x$(개), $5x\times\frac{5}{9}=\frac{25}{9}x$(개)이다

2단계 조건을 식으로 세워 풀기

이제 두 상자에 들어 있는 공을 모두 모으면 흰 공의 개수는 $\left(x+\frac{20}{9}x\right)$개, 검은 공의 개수는 $\left(3x+\frac{25}{9}x\right)$개인데

흰 공보다 검은 공의 개수가 23개 더 많으므로

$\left(x+\frac{20}{9}x\right)+23=3x+\frac{25}{9}x$

$\frac{23}{9}x=23$

$\therefore x=9$

3단계 A, B 상자 속의 공의 개수 구하기

A 상자 속에 있는 공의 개수는 $4x=4\times 9=36$(개), B 상자 속에 있는 공의 개수는 $5x=5\times 9=45$(개)이다.

답 A 상자: 36개, B 상자: 45개

33 ⑧ 활용 문제에 자주 사용되는 공식

3 %의 소금물의 양을 x g이라 하면 8 %의 소금물의 양은 $(300-x)$ g이다.

$\frac{3}{100}\times x+\frac{8}{100}\times(300-x)=\frac{6}{100}\times 300$

양변에 100을 곱하면

$3x+2400-8x=1800$

$5x=600$

$\therefore x=120$

따라서 3 %의 소금물은 120 g, 8 %의 소금물은 180 g이다.

답 3 %의 소금물: 120 g, 8 %의 소금물: 180 g

STEP B 내신만점문제

본문 112~120쪽

01 $\frac{5}{2}$ 02 $x=2$

03 $a\neq 1$일 때, $x=\frac{a+2}{a-1}$, $a=1$일 때, 해가 없다.

04 6 05 6 06 (1) 2 (2) -1

07 (1) $x=1$ (2) 해가 없다. (3) $x=8$

08 (1) $a=2$, $b=-3$ (2) $a=2$, $b\neq -3$ 09 -2

10 84 11 10명 12 95 cm 13 450 g 14 $\frac{52}{117}$

15 19달 후 16 2.7 km 17 297명 18 15000원

19 22000원 20 24 km 21 2시 $43\frac{7}{11}$분

22 1시간 후 23 10 %

24 81, 82, 83, 88, 89, 90 25 4번 26 7시간

27 65점 28 약 9.8 % 29 140명

30 따라잡을 수 없다. 31 10 %의 설탕물: 10 g, 6 %의 설탕물: 290 g 32 사탕의 총 개수: 36개, 학생 한 명이 가진 사탕의 개수: 6개, 학생 수: 6명

01

$3(x-5)=4(2x-3)-8$에서 $3x-15=8x-12-8$,

$-5x=-5 \quad \therefore x=1$

$p(x+1)+2(q-1)-3=0$의 해는 $x=3$이므로

$x=3$을 대입하면

$p(3+1)+2(q-1)-3=0$

$4p+2q-5=0$

$2(2p+q)=5$

$\therefore 2p+q=\frac{5}{2}$

답 $\frac{5}{2}$

02

A-solution

$|\ \ |$ 안의 값이 양수와 음수가 되는 범위를 나누어 생각하여 해를 구한다.

(i) $x\geq3$일 때, $x-1>0$, $3-x\leq0$

$x-1=-(3-x)$

$x-1=-3+x$

$0\times x=-2$

$\therefore$ 해가 없다.

(ii) $1\leq x<3$일 때, $x-1\geq0$, $3-x>0$

$x-1=3-x$

$2x=4$

$\therefore x=2$

(iii) $x<1$일 때, $x-1<0$, $3-x>0$

$-(x-1)=3-x$

$-x+1=3-x$

$0\times x=2$

$\therefore$ 해가 없다.

(i), (ii), (iii)에서 $x=2$

답 $x=2$

03

주어진 식을 정리하면 $(a-1)x=a+2$

(i) $a\neq1$일 때, $x=\frac{a+2}{a-1}$

(ii) $a=1$일 때, $0\times x=3$이므로 해가 없다.

답 $a\neq1$일 때, $x=\frac{a+2}{a-1}$,
$a=1$일 때, 해가 없다.

04

$(2x+1):(3x-1)=3:4$에서

$3(3x-1)=4(2x+1)$

$9x-3=8x+4$

$\therefore x=7$

$x=7$을 $(2x+a):(3x-a)=4:3$에 대입하면

$(14+a):(21-a)=4:3$

$4(21-a)=3(14+a)$

$84-4a=42+3a$

$-7a=-42$

$\therefore a=6$

답 6

05

$a-b=2a-3b$, $a=2b$이므로

$\frac{4a-b}{a+b}=\frac{8b-b}{2b+b}=\frac{7b}{3b}=\frac{7}{3}$

방정식의 해가 $x=\frac{7}{3}$이므로

$-3\times\frac{7}{3}+m=-1$

$-7+m=-1$

$\therefore m=6$

답 6

06

(1) $\ll 6,\ 9 \gg=6$이므로

(i) $9-3x>5$일 때

$\frac{6}{2}\neq5$이므로 만족시키는 x의 값은 없다.

(ii) $9-3x<5$일 때

$\frac{6}{2}=9-3x$, $3x=6$

$\therefore x=2$

(i), (ii)에서 $x=2$이다.

(2) (i) $x-1>3$일 때

$3=2x$

$\therefore x=\frac{3}{2}$

$x-1>3$을 만족시키지 않는다.

(ii) $x-1<3$일 때

$x-1=2x$

$\therefore x=-1$

(i), (ii)에서 $x=-1$이다.

답 (1) 2 (2) -1

07

(1) $x-2<3$이고, $5-x>1$이므로

$3+(5-x)=7 \quad \therefore x=1$

(2) $x-2<3$이고, $5-x<1$이므로

$3+1\neq7 \quad \therefore$ 해가 없다.

(3) $x-2>3$이고, $5-x<1$이므로

$(x-2)+1=7 \quad \therefore x=8$

답 (1) $x=1$ (2) 해가 없다. (3) $x=8$

08

주어진 식을 정리하면 $(a-2)x=b+3$

(1) $a-2=0,\ b+3=0$

$\therefore a=2,\ b=-3$

(2) $a-2=0,\ b+3\neq 0$

$\therefore a=2,\ b\neq -3$

답 (1) $a=2,\ b=-3$ (2) $a=2,\ b\neq -3$

09

$x-2<x-1$에서 $(x-2,\ x-1)=x-1$

$2x+1>2x-3$에서 $[2x+1,\ 2x-3]=2x-3$

$1<4$에서 $(1,\ 4)=4$이므로

$(x-1)-(2x-3)=4$

$\therefore x=-2$

답 -2

10

십의 자리의 숫자를 a라 하면

$(10a+4)-(40+a)=36$

$9a-36=36$

$9a=72$

$\therefore a=8$

따라서 구하는 수는 84이다.

답 84

11

장보기 팀을 x명이라 하면 요리 팀은 $(2x+2)$명이므로

설거지 팀은 $2x+2-x=x+2$(명)이다.

$x+(2x+2)+(x+2)=20$

$4x=16$

$\therefore x=4$

따라서 요리 팀은 $4\times 2+2=10$(명)이다.

답 10명

12

가로의 길이를 x cm라 하면 세로의 길이는 $(x-30)$ cm이다.

$2x+2(x-30)=320$

$4x-60=320$

$4x=380$

$\therefore x=95$

답 95 cm

13

넣은 물의 양을 x g이라 하면

$\frac{3}{100}\times 100+\frac{6}{100}\times 200=\frac{2}{100}\times(300+x)$

$300+1200=600+2x$

$\therefore x=450$

답 450 g

14

분수 A를 $\frac{4x}{9x}$라 하면

$\frac{4x+16}{9x-15}=\frac{2}{3}$

$3(4x+16)=2(9x-15)$

$12x+48=18x-30$

$6x=78$

$\therefore x=13$

$\therefore A=\frac{4\times 13}{9\times 13}=\frac{52}{117}$

답 $\frac{52}{117}$

15

A-solution

매달 a원씩 x개월 동안 저금할 때

(x달 후의 저금액)=(현재 저금액)$+ax$(원)

x달 후에 지수의 저금액이 연지의 저금액의 2배가 된다고 하면

$47000+15000x=2(71000+5000x)$

$47000+15000x=142000+10000x$

$5000x=95000$

$\therefore x=19$

답 19달 후

16

분속 90 m로 걸은 거리를 x m라 하면

분속 60 m로 걸은 거리는 $(4500-x)$ m이다.

$\frac{4500-x}{60}+\frac{x}{90}=60$

$3(4500-x)+2x=10800$

$13500-3x+2x=10800$

$\therefore x=2700$

따라서 분속 90 m로 걸은 거리는 2700 m=2.7 km이다.

답 2.7 km

17

입장한 어린이를 x명이라 하면 어른은 $(520-x)$명이다.

$7500(520-x)+3500x=2712000$

$3900000-7500x+3500x=2712000$

$4000x=1188000$

$\therefore x=297$

답 297명

18

처음 가지고 있던 돈을 x원이라 하면

$\frac{1}{2}\left\{x-\left(\frac{1}{3}x+6000\right)\right\}=2000$

$\frac{1}{2}\left(\frac{2}{3}x-6000\right)=2000$

$\frac{1}{3}x-3000=2000$

$\therefore x=15000$

답 15000원

다른 풀이

(B 마트에서 쓰고 남은 돈)

$=2000\div\left(1-\frac{1}{2}\right)=2000\times2=4000$(원)

(A 마트에서 쓰고 남은 돈)

$=4000+6000=10000$(원)

(처음 가지고 있던 돈)

$10000\div\left(1-\frac{1}{3}\right)=10000\times\frac{3}{2}=15000$(원)

19

원가를 x원이라 하면 정가는 $x\times\left(1+\frac{40}{100}\right)=1.4x$(원)이므로

(이익)=(판매 가격)−(원가)에서

$1.4x\times\left(1-\frac{20}{100}\right)-x=2640$

$1.4x\times0.8-x=2640$

$0.12x=2640$

$\therefore x=22000$

답 22000원

20

A에서 B까지의 거리를 x km라 하면 B에서 C까지의 거리는 $(x+6)$ km이다.

$\frac{x}{4}+\frac{x+6}{20}=3$

$5x+x+6=60$

$6x=54$

$\therefore x=9$

따라서 A에서 C까지의 거리는 $9+(9+6)=24$(km)이다.

답 24 km

21

2시 x분에 일직선이 된다고 하면 1분에 분침은 $\frac{360°}{60}=6°$씩,

시침은 $\frac{30°}{60}=0.5°$씩 회전하므로

$6x-(30\times2+0.5x)=180$

$5.5x=240$

$\therefore x=\frac{480}{11}=43\frac{7}{11}$

따라서 구하는 시각은 2시 $43\frac{7}{11}$분이다.

답 2시 $43\frac{7}{11}$분

22

진우가 출발한 지 x시간 후에 세현이를 만난다고 하면

세현이가 $(x+3)$시간 동안 간 거리와 진우가 x시간 동안 간 거리가 같으므로

$15(x+3)=60x$

$45x=45$

$\therefore x=1$

답 1시간 후

23

단계별 풀이

1 단계 정가 구하기

정가는 $5000\left(1+\frac{20}{100}\right)=6000$(원)

2 단계 판매 가격을 문자를 사용한 식으로 나타내기

정가에서 x % 할인했다고 하면

(판매 가격)$=6000-6000\times\frac{x}{100}=6000-60x$

3 단계 식 세우고 해 구하기

이익이 400원이므로 $(6000-60x)-5000=400$

$60x=600$

$\therefore x=10$

답 10 %

24

6개의 수 중 가장 작은 수를 x라 하면

$x+(x+1)+(x+2)+(x+7)+(x+8)+(x+9)=513$

$6x+27=513$

$6x=486$

$\therefore x=81$

따라서 구하는 6개의 수는 81, 82, 83, 88, 89, 90이다.

답 81, 82, 83, 88, 89, 90

25

A-solution

원형 트랙 둘레를 같은 방향으로 돌다가 만나는 경우
(두 사람이 이동한 거리의 차)=(원형 트랙 둘레의 길이)

출발 후 선예가 처음으로 지호를 추월하는 때를 t초 후라 하면

(선예가 달린 거리)−(지호가 달린 거리)=450에서

$12t-9t=450$

$3t=450$

$\therefore t=150$

즉, 150초마다 선예가 지호를 추월하므로 12분=720초 동안

$720\div150=4.8$에서 선예는 지호를 4번 추월했다.

답 4번

26

전체 일의 양을 1이라 하면 지현이가 1시간 동안 하는 일의 양은 $\frac{1}{20}$, 윤서가 1시간 동안 하는 일의 양은 $\frac{1}{16}$이다.

윤서가 혼자 일한 시간을 x시간이라 하면

$\left(\frac{1}{20}+\frac{1}{16}\right)\times 5+\frac{1}{16}x=1$

$9+x=16$

$\therefore x=7$

답 7시간

27

A-solution

합격자 수를 a명이라 하고 지원자 수와 불합격자 수를 a를 사용한 식으로 나타낸다.

합격자 수를 a명이라 하면 지원자 수와 불합격자 수는 각각 $\frac{5}{2}a$명, $\frac{3}{2}a$명이다.

합격자의 평균을 x점이라 하면

(지원자의 총점)=(합격자의 총점)+(불합격자의 총점)이므로

$ax+40\times\frac{3}{2}a=(x-15)\times\frac{5}{2}a$

$ax+60a=\frac{5}{2}ax-\frac{75}{2}a$

$\frac{3}{2}x=\frac{195}{2}$

$\therefore x=65$

답 65점

28

A-solution

(수입)=(버스 요금)×(승객 수)이므로 인상 전 버스 요금을 a원, 승객 수를 b명이라 하고 식을 세운다.

인상 전 버스 요금을 a원, 승객 수를 b명이라 하고 인상 후 승객 수가 x % 감소했다고 하면

$\left(1+\frac{23}{100}\right)a\times\left(1-\frac{x}{100}\right)b=ab\times\left(1+\frac{11}{100}\right)$

$\frac{123}{100}\times\left(1-\frac{x}{100}\right)=\frac{111}{100}$

$123\left(1-\frac{x}{100}\right)=111$

$123-\frac{123}{100}x=111$

$\frac{123}{100}x=12$

$\therefore x=9.756\cdots$

따라서 승객 수는 인상 전보다 약 9.8 % 감소하였다.

답 약 9.8 %

29

전체 학생 수를 x명이라 하면 형이 있는 학생 수는 $\frac{5}{7}x$명, 동생이 있는 학생 수는 $\frac{4}{7}x$명, 형과 동생이 모두 있는 학생 수는 $\frac{5}{7}x\times\frac{3}{5}=\frac{3}{7}x$(명)이다.

$\frac{5}{7}x+\frac{4}{7}x-\frac{3}{7}x+20=x$

$\frac{1}{7}x=20$

$\therefore x=140$

답 140명

30

동생이 형을 x분 후에 따라잡는다고 하면 형이 걸은 시간은 $(x+10)$분이다.

$280x=80(x+10)$

$200x=800$

$\therefore x=4$

형은 역까지 $1000\div 80=12.5$(분)이 걸리므로 형은 동생이 출발한 지 2.5분 후에 역에 도착한다.

따라서 동생은 형을 따라잡을 수 없다.

답 따라잡을 수 없다.

참고 A가 B를 따라잡는 경우, A가 B를 따라잡기 전에 B가 목적지에 도착할 수 있으므로 도착 전에 따라잡을 수 있는지 확인해야 한다.

31

10 %의 설탕물을 x g이라 하면 6 %의 설탕물은 $(300-x)$ g이다.

(10 %의 설탕물의 설탕의 양)+(6 %의 설탕물의 설탕의 양)+20
=(12 %의 설탕물의 설탕의 양)이므로

$\frac{10}{100}\times x+\frac{6}{100}\times(300-x)+20=\frac{12}{100}\times(300+20)$

$10x+1800-6x+2000=3840$

$4x=40$

$\therefore x=10$

따라서 10 %의 설탕물은 10 g, 6 %의 설탕물은 290 g이다.

답 10 %의 설탕물: 10 g, 6 %의 설탕물: 290 g

32

단계별 풀이

1 단계 민아와 예림이가 가진 사탕의 개수를 문자를 사용한 식으로 나타내기

사탕의 총 개수를 x개라 하면

(민아가 가진 사탕의 개수)$=1+\frac{x-1}{7}$(개)

(예림이가 가진 사탕의 개수)$=2+\frac{1}{7}\left(x-3-\frac{x-1}{7}\right)$(개)

2 단계 사탕의 총 개수 구하기

학생들이 가진 사탕의 개수가 같으므로

$1+\frac{x-1}{7}=2+\frac{1}{7}\left(x-3-\frac{x-1}{7}\right)$

$\frac{1}{7}x+\frac{6}{7}=\frac{6}{49}x+\frac{78}{49}$

$\frac{1}{49}x=\frac{36}{49}$

$\therefore x=36$

따라서 사탕의 총 개수는 36개이다.

3/단계 학생 한 명이 가진 사탕의 개수, 학생 수 구하기

학생 한 명이 가진 사탕의 개수는 $\frac{1}{7}\times36+\frac{6}{7}=6$(개)이므로

학생 수는 $36\div6=6$(명)이다.

답 사탕의 총 개수: 36개, 학생 한 명이 가진 사탕의 개수: 6개, 학생 수: 6명

STEP A 최고수준문제

본문 121~129쪽

01 (1) -3 (2) 6
02 (1) ① $a+c$, $b+d$ ② ac, ad ③ c, d (2) 풀이 참조 (3) 4
03 (1) $36n-15$ (2) $17a$ cm
04 정가: 6000원, 원가: 5000원
05 110 g
06 ① 4 ② 8 ③ 16 ④ 27
07 학생 수: 468명, 의자 수: 114개
08 21초
09 시속 14.4 km
10 채린: 34점, 민우: 26점
11 18명
12 120 g
13 7200 m
14 90°일 때: 4시 $5\frac{5}{11}$분, 4시 $38\frac{2}{11}$분, 일치할 때: 4시 $21\frac{9}{11}$분
15 350개
16 24개
17 92점
18 분속 1800 m
19 63 km
20 1656
21 남학생: 582명, 여학생: 561명
22 3 : 2
23 $a=\frac{25}{2}$, $b=\frac{25}{4}$
24 오전 8시 36분 40초
25 (1) $\frac{x-10}{12}$시간 (2) 50 m^3
26 2시간
27 3시간 $49\frac{1}{11}$분
28 $\frac{3}{2}$ km
29 속력: 시속 20 km, 간격: 7.2분

01

절댓값 안의 부호를 먼저 판단하여 x의 범위를 나누어 구한다.

(1) (i) $x\geq3$일 때

$|3x+x-3|=5$

$|4x-3|=5$

$4x-3=5$

$\therefore x=2$

$x\geq3$이므로 해가 없다.

(ii) $x<3$일 때

$|3x-x+3|=5$, $|2x+3|=5$에서

$2x+3=-5$ 또는 $2x+3=5$

$\therefore x=-4$ 또는 $x=1$

(i), (ii)에서 방정식의 해는 -4, 1이므로 합은 $(-4)+1=-3$이다.

(2) (i) $x<0$일 때

$x+1=-x-(x-3)$

$\therefore x=\frac{2}{3}$

$x<0$이므로 해가 없다.

(ii) $0\leq x<3$일 때

$x+1=x-(x-3)$

$\therefore x=2$

(iii) $x\geq3$일 때

$x+1=x+x-3$

$\therefore x=4$

(i), (ii), (iii)에서 방정식의 해는 2, 4이므로 합은 $2+4=6$이다.

답 (1) -3 (2) 6

02

(1) ① $<a, b>+<c, d>$

$=(ax+b)+(cx+d)$

$=(a+c)x+(b+d)$

$=<a+c, b+d>$

② $a<c, d>=a(cx+d)=acx+ad$

$=<ac, ad>$

③ $<a, b>=ax+b$, $<c, d>=cx+d$이므로

$ax+b=cx+d$

$\therefore a=c, b=d$

(2) $<3, -7>=3x-7=-1$에서 $x=2$

$<1, 0>=x=2$이므로 성립한다.

(3) $2<1, 0>=2x$, $<0, 11>=11$, $<-1, 1>=-x+1$ 이므로

$2x=11-(-x+1)$에서 $x=10$

$\therefore <1, -6>=x-6=10-6=4$

답 (1) ① $a+c$, $b+d$ ② ac, ad ③ c, d (2) 풀이 참조 (3) 4

03

(1) $(6n-5)+(6n-4)+(6n-3)+(6n-2)+(6n-1)+6n$

$=36n-15$

(2) (1)에 의해 $36n-15=597$

$\therefore n=17$

따라서 한 모서리의 길이는 $17a$ cm이다.

답 (1) $36n-15$ (2) $17a$ cm

04

A-solution

(이익)=(판매 가격)−(원가)이므로 (원가)=(판매 가격)−(이익)

정가를 x원이라 하면

$0.9x-400=0.75x+500$

$0.15x=900$

$\therefore x=6000$

따라서 원가는 $6000\times0.9-400=5000$(원)이다.

답 정가: 6000원, 원가: 5000원

다른 풀이

정가의 $25-10=15(\%)$의 가격이 $400-(-500)=900$(원)

이므로 (정가)$=900\div0.15=6000$(원)

(원가)$=6000\times(1-0.1)-400=5400-400=5000$(원)

05

덜어낸 소금물의 양을 x g이라 하면 소금의 양은 변하지 않으므로 (8 %의 소금물의 소금의 양)+(2 %의 소금물의 소금의 양)=(3 %의 소금물의 소금의 양)

$\frac{8}{100}\times(200-x)+\frac{2}{100}\times(320-200)=\frac{3}{100}\times320$

$1600-8x+240=960$

$8x=880$

$\therefore x=110$

답 110 g

06

$10\times3+e=33$ $\therefore e=3$

$(-3)\times3+f=-11$ $\therefore f=-2$

$6x-2=1$ $\therefore x=\frac{1}{2}$

$(-2)\times\frac{1}{2}+g=3$ $\therefore g=4$

$y+4=8$ $\therefore y=4$

①$\times\frac{1}{2}+3=5$에서 ①$=4$

②$\times4-2=30$에서 ②$=8$

③$=4\times3+4=16$

④$=6\times4+3=27$

답 ① 4 ② 8 ③ 16 ④ 27

07

의자의 개수를 x개라 하면

$4x+12=5(x-21)+3$

$4x+12=5x-105+3$

$\therefore x=114$

따라서 의자의 개수가 114개이므로 학생 수는

$4\times114+12=468$(명)이다.

답 학생 수: 468명, 의자 수: 114개

08

원의 둘레의 길이를 1이라 하면 두 점 P, Q는 각각 매초 $\frac{1}{30}$바퀴, $\frac{1}{70}$바퀴씩 돈다.

처음 만나고 나서 두 번째로 만날 때까지 걸린 시간을 x초라 하면

(점 P가 이동한 거리)+(점 Q가 이동한 거리)=1

$\frac{x}{30}+\frac{x}{70}=1$

$7x+3x=210$

$\therefore x=21$

답 21초

09

집에서 역까지의 거리를 x km라 하면

$\frac{x}{16}+\frac{15}{60}=\frac{x}{9.6}-\frac{15}{60}$

$6x+24=10x-24$

$4x=48$

$\therefore x=12$

구하는 속력을 시속 y km라 하면

$\frac{12}{16}+\frac{15}{60}=\frac{12}{y}+\frac{10}{60}$

$\frac{12}{y}=\frac{5}{6}$, $5y=72$

$\therefore y=14.4$

답 시속 14.4 km

10

채린이가 이긴 횟수를 x회라 하면 진 횟수는 $(30-x)$회이고, 민우가 이긴 횟수는 $(30-x)$회, 진 횟수는 x회이므로

$3x-(30-x)=3(30-x)-x+8$

$8x=128$

$\therefore x=16$

따라서 채린이는 $16\times3-14=34$(점), 민우는 $34-8=26$(점)이다.

답 채린: 34점, 민우: 26점

다른 풀이

1회에 $3-(-1)=4$(점)씩 차이가 나므로 채린이가 민우를 $8\div4=2$(회) 더 이겼다.

채린이가 $(30+2)\div2=16$(회) 이겼으므로 $30-16=14$(회) 졌다.

(채린이의 점수)$=16\times3-14=34$(점)

(민우의 점수)$=34-8=26$(점)

11

수학 성적이 80점 이상인 학생 수를 x명이라 하면 수학만 80점

이상인 학생은 $(x-8)$명, 영어만 80점 이상인 학생은
$(x+5)-8=x-3$(명)이다.
$(x-8)+8+(x-3)+12=45$
$2x=36$
$\therefore x=18$

답 18명

12

A에서 떠낸 소금물의 양을 x g이라 하면 B에서 떠낸 소금물의 양도 x g이므로

$$\frac{\left\{\frac{8}{100}\times(200-x)+\frac{12}{100}\times x\right\}}{200}\times 100$$
$$=\frac{\left\{\frac{12}{100}\times(300-x)+\frac{8}{100}\times x\right\}}{300}\times 100\text{에서}$$
$4800+12x=7200-8x$
$20x=2400$
$\therefore x=120$

답 120 g

13

단계별 풀이

1 단계 두 사람이 처음 만날 때까지 현아가 달린 시간 구하기

두 사람이 처음 만날 때까지 현아가 달린 시간을 x분이라 하면 동욱이가 달린 시간은 $(x+4)$분이다.
$300x+100(x+4)=2000$
$400x=1600$
$\therefore x=4$

2 단계 처음 만난 후부터 두 번째 만날 때까지 걸린 시간 구하기

현아와 동욱이는 처음으로 만난 후 동시에 출발하게 되므로 처음 만난 후부터 두 번째 만날 때까지의 시간을 y분이라 하면
$300y+100y=2000$
$\therefore y=5$

3 단계 두 사람이 5번 만날 때까지 현아가 달린 거리 구하기

5번 만날 때까지 현아가 달린 거리는
$(5\times4+4)\times300=7200$ (m)이다.

답 7200 m

14

분침과 시침은 1분에 각각 6°, 0.5°씩 움직이므로 90°를 이루는 시각을 4시 x분이라 하면
(i) $(120+0.5x)-6x=90$
$5.5x=30$
$\therefore x=\frac{60}{11}=5\frac{5}{11}$
(ii) $6x-(120+0.5x)=90$
$5.5x=210$
$\therefore x=\frac{420}{11}=38\frac{2}{11}$

따라서 90°를 이루는 시각은 4시 $5\frac{5}{11}$분, 4시 $38\frac{2}{11}$분이다.
또, 일치하는 시각을 4시 y분이라 하면
$6y-(120+0.5y)=0$
$5.5y=120$
$\therefore y=\frac{240}{11}=21\frac{9}{11}$

따라서 일치하는 시각은 4시 $21\frac{9}{11}$분이다.

답 90°일 때: 4시 $5\frac{5}{11}$분, 4시 $38\frac{2}{11}$분,
일치할 때: 4시 $21\frac{9}{11}$분

15

대형트럭을 x대라 하면 소형트럭은 $(15-x)$대이다.
$4x+3(15-x)=50$　　$\therefore x=5$
대형트럭 5대, 소형트럭 10대가 있으므로 운반할 수 있는 제품의 개수는 $5\times30+10\times20=350$(개)이다.

답 350개

16

전체 초콜릿의 개수를 x개라 하면 지승이가 먹은 초콜릿의 개수는
$x-\left(\frac{1}{8}x+4+\frac{1}{12}x\times2+\frac{1}{3}x\right)=\frac{3}{8}x-4$(개)이고,
윤지 누나가 먹은 초콜릿의 개수는 $\frac{1}{3}x$개이다.
윤지 누나는 지승이보다 3개를 더 먹었으므로
$\frac{3}{8}x-4=\frac{1}{3}x-3$
$9x-96=8x-72$
$\therefore x=24$

답 24개

17

최저 합격 점수를 x점이라 하면 60명의 평균은 $(x+5)$점, 합격자의 평균은 $(x+30)$점, 불합격자의 평균은 $\frac{x+2}{2}$점이다.
$60(x+5)=40(x+30)+20\times\frac{x+2}{2}$
$6x+30=4x+120+x+2$
$\therefore x=92$

답 92점

18

A-solution

기차가 터널을 완전히 지나는 데 이동한 거리는
(터널 길이)+(기차 길이)이다.

기차 A의 길이를 a m라 하면

기차 A의 속력은 $\frac{700+a}{1}=\frac{1600+a}{2}$

$1400+2a=1600+a$

$\therefore a=200$

따라서 기차 A는 길이가 200 m이고 속력이 분속 900 m이다.

기차 B의 속력을 분속 b m라 하면 두 기차가 스칠 때까지 움직인 시간은 20초$=\frac{1}{3}$분이고, 두 기차가 움직인 거리의 합은 900 m이므로

$900\times\frac{1}{3}+\frac{1}{3}b=900$, $\frac{1}{3}b=600$

$\therefore b=1800$

따라서 기차 B의 속력은 분속 1800 m이다. 답 분속 1800 m

19

두 자동차가 만날 때까지 걸린 시간을 x시간이라 하면

$60x+50x=90$

$110x=90$

$\therefore x=\frac{9}{11}$

벌은 시속 77 km로 날고 있으므로 두 자동차가 만날 때까지 벌이 날아다닌 거리는 $77\times\frac{9}{11}=63$(km)이다. 답 63 km

20

$\left(\frac{5}{11}x+\frac{10}{11}y\right):\left(\frac{6}{11}x+\frac{1}{11}y\right)=5:1$

$\frac{30}{11}x+\frac{5}{11}y=\frac{5}{11}x+\frac{10}{11}y$

$\frac{25}{11}x=\frac{5}{11}y$

$\therefore y=5x\ (0\le x\le 290,\ 0\le y\le 1380)$

즉, $y=1380$일 때 최대로 만들 수 있으므로 $x=276$이다.

따라서 $x+y$의 최댓값은 $276+1380=1656$이다. 답 1656

21

작년의 남학생 수를 x명이라 하면

여학생 수는 $(1150-x)$명이다.

$(1-0.03)x+(1+0.02)(1150-x)=1143$

$97x+117300-102x=114300$

$5x=3000$

$\therefore x=600$

따라서 올해 남학생 수는 $600\times0.97=582$(명),

여학생 수는 $1143-582=561$(명)이다.

답 남학생: 582명, 여학생: 561명

22

단계별 풀이

1 단계 x, y의 값을 각각 구하기

(윤아의 투자액의 합계)

$=250+(250-x)+(250-2x)+(250-3x)$
$\quad+(250-4x)+(250-5x)+(250-6x)+(250-7x)$

$=2000-28x$(만 원)이므로

$2000-28x=1440$

$28x=560$

$\therefore x=20$

(태인이의 투자액의 합계)

$=y+(y+40)+(y+2\times40)+(y+3\times40)+(y+4\times40)$
$\quad+(y+5\times40)$

$=6y+600$(만 원)이므로

$6y+600=1440$

$6y=840$

$\therefore y=140$

2 단계 윤아와 태인이의 6월까지의 투자액의 합계를 각각 구하기

(윤아의 6월까지의 투자액의 합계)$=1500-15x$
$=1500-15\times20$
$=1200$(만 원)

(태인이의 6월까지의 투자액의 합계)$=4y+240$
$=4\times140+240$
$=800$(만 원)

3 단계 가장 간단한 자연수의 비로 나타내기

윤아와 태인이의 6월까지의 투자액의 합계의 비는

$1200:800=3:2$이다. 답 $3:2$

23

(i) 1회 시행 후

A의 농도: $\frac{a}{100}\times80=\frac{4}{5}a(\%)$

B의 농도: $\frac{b}{100}\times80+\frac{a}{100}\times20$
$=\frac{1}{5}a+\frac{4}{5}b(\%)$

(ii) 2회 시행 후

A의 농도: $\frac{4}{5}\times\frac{4}{5}a=\frac{16}{25}a(\%)$

B의 농도: $\frac{1}{5}\times\frac{4}{5}a+\frac{4}{5}\left(\frac{1}{5}a+\frac{4}{5}b\right)$
$=\frac{8}{25}a+\frac{16}{25}b(\%)$

2회 시행 후 A, B 두 컵의 소금물의 농도가 8 %로 같아졌으므로

$\frac{16}{25}a=8$

$\therefore a=\frac{25}{2}$

$\frac{8}{25}a+\frac{16}{25}b=8$

$\frac{8}{25}\times\frac{25}{2}+\frac{16}{25}b=8$

$\therefore b=\frac{25}{4}$ 　　　답 $a=\frac{25}{2}$, $b=\frac{25}{4}$

24

예원이가 걸은 시간을 x분이라 하면 재희가 걸은 시간은 $(x+10)$분이다.

←서쪽 　　동쪽→
예원 　역 1500 m 우체국 　재희
$130x-1500$ 　$70(x+10)$

$130x-1500=70(x+10)$

$\therefore x=\frac{110}{3}$

따라서 예원이가 걸은 시간은 $\frac{110}{3}$분$=36$분 40초이므로 구하는 시각은 오전 8시 36분 40초이다.

답 오전 8시 36분 40초

25

(1) 수리 후 물이 가득 찰 때까지 넣는 물의 양은 $(x-10)\ \text{m}^3$이고, 1시간에 넣는 물의 양은 $10\times1.2=12(\text{m}^3)$이므로 펌프 수리 후부터 물탱크에 물이 가득찰 때까지 걸리는 시간은 $\frac{x-10}{12}$시간이다.

(2) 예정된 비율로 물을 넣으면 1시간 후에는 $\frac{x-10}{10}$시간 동안 물을 더 넣어야 한다.

$\frac{x-10}{10}+\frac{10}{60}=\frac{x-10}{12}+\frac{50}{60}$

$6(x-10)+10=5(x-10)+50$

$6x-50=5x$ 　　$\therefore x=50$

답 (1) $\frac{x-10}{12}$시간 　(2) $50\ \text{m}^3$

26

A 코트를 주말에 이용한 시간을 x시간이라 하면 평일에 이용한 시간은 $(8-x)$시간이고, B 코트를 주말에 이용한 시간은 $(6-x)$시간, 평일에 이용한 시간은 $(4+x)$시간이다.

$6000x+4000(8-x)+4000(6-x)+3000(4+x)=70000$

$1000x+68000=70000$

$1000x=2000$

$\therefore x=2$ 　　답 2시간

27

x시 y분일 때, 시침과 분침이 이루는 각의 크기는 $\left|30x+\frac{1}{2}y-6y\right|^\circ=\left|30x-\frac{11}{2}y\right|^\circ$이므로 독서실에 도착한 시각을 오후 5시 a분이라 하면

$\left|30\times5-\frac{11}{2}a\right|^\circ=0^\circ$

$150-\frac{11}{2}a=0$

$\therefore a=\frac{300}{11}=27\frac{3}{11}$

따라서 오후 5시 $27\frac{3}{11}$분이다.

독서실에서 나온 시각을 오후 9시 b분이라 하면

$\left|30\times9-\frac{11}{2}b\right|^\circ=180^\circ$

$270-\frac{11}{2}b=180$

$\therefore b=\frac{180}{11}=16\frac{4}{11}$

따라서 오후 9시 $16\frac{4}{11}$분이다.

은지가 독서실에서 공부한 시간은

9시 $16\frac{4}{11}$분$-$5시 $27\frac{3}{11}$분$=$3시간 $49\frac{1}{11}$분이다.

답 3시간 $49\frac{1}{11}$분

28

행렬은 20분 동안 1 km를 이동하므로 행렬은 1시간에 $1\div\frac{1}{3}=3(\text{km})$를 이동하고,

선아는 1시간에 $3\times3=9(\text{km})$를 이동했다.

선아가 1반 반장을 만날 때까지 걸린 시간을 t시간이라 하면

$9t-3t=1$ 　　$\therefore t=\frac{1}{6}$

따라서 선아가 이동한 거리는 $9\times\frac{1}{6}=\frac{3}{2}(\text{km})$이다.

답 $\frac{3}{2}$ km

29

지하철과 지하철 사이의 간격은 지하철과 사람이 같은 방향으로 가는 경우 9분 동안 지하철이 간 거리와 사람이 간 거리의 차와 같고, 반대 방향으로 가는 경우 6분 동안 지하철이 간 거리와 사람이 간 거리의 합과 같다.

(i) 지하철과 사람이 같은 방향으로 가는 경우

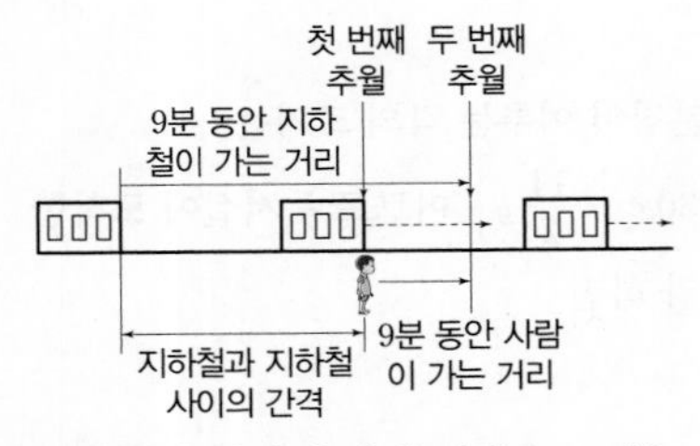

(ii) 지하철과 사람이 반대 방향으로 가는 경우

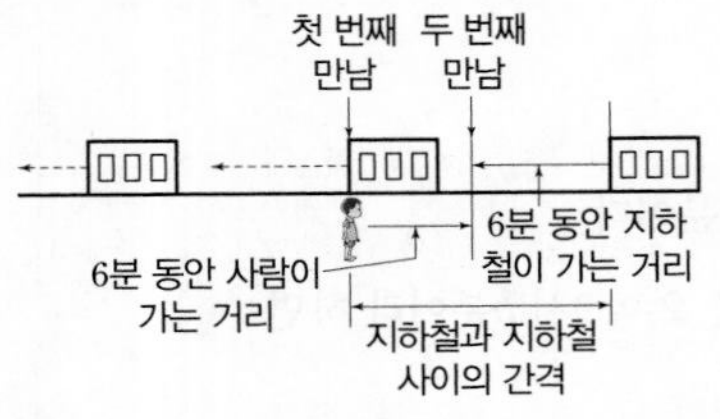

지하철이 시속 x km로 달린다고 하면

$(x-4)\times\frac{9}{60}=(x+4)\times\frac{6}{60}$

$9x-36=6x+24$

$\therefore x=20$

또, 지하철의 운행 간격은

(지하철과 지하철 사이의 간격)÷(지하철의 속력)

$=(20-4)\times\frac{9}{60}\div20\times60=7.2$(분)이다.

답 속력: 시속 20 km, 간격: 7.2분

V 좌표평면과 그래프

STEP C 필수체크문제

본문 135~144쪽

01 ③ 02 3개 03 ④ 04 -7

05 (1) 600 mL (2) 6명 (3) 감소한다.

06 (1) 12 (2) 0, 14 (3) 풀이 참조

07 ③ 08 ⑤ 09 ③, ⑤ 10 ㄴ

11 ㄴ, ㄷ, ㄹ

12 ① $y=3x$ ② $y=\frac{10}{x}$ ③ $y=-\frac{2}{3}x$ ④ $y=-\frac{16}{x}$

13 $y=\frac{120}{x}$, 26 14 $y=500x$

15 $y=\frac{2400}{x}$ 16 $(-4, 5)$

17 제1사분면 18 제4사분면 19 $(2, 7)$

20 (1) ㉢ (2) ㉠ (3) ㉣ (4) ㉡ 21 10 22 -5

23 ③, ⑤ 24 -16 25 -9 26 32 27 3

28 ⑤ 29 제4사분면 30 6 31 $-\frac{3}{2}$

32 (1) $\frac{5}{2}$ (2) $-\frac{9}{5}$ (3) 1 (4) 4 33 $y=\frac{1}{20}x$

34 ④ 35 9명 36 250 g

01 ❶ 순서쌍과 좌표

y축 위의 점은 x좌표가 0이므로 $a=0$

점 A는 원점이 아니므로 $b\neq0$

답 ③

02 ❶ 순서쌍과 좌표

$y>x$를 만족시키는 순서쌍 (x, y)는 $(0, 1)$, $(0, 2)$, $(1, 2)$의 3개이다.

답 3개

03 ❶ 순서쌍과 좌표

제4사분면 위의 점은 x좌표가 양수이고, y좌표가 음수이므로 $a>0$, $b<0$이다.

답 ④

04 ❷ 사분면

원점에 대하여 대칭인 점은 x좌표, y좌표의 부호가 모두 반대로 바뀌므로 점 $(1, a)$와 원점에 대하여 대칭인 점은 $(-1, -a)$이다.

$-1=b+4$에서 $b=-5$, $-a=2$에서 $a=-2$

$\therefore a+b=-2-5=-7$

답 -7

05 ❸ 그래프

(1) $x=2$일 때, $y=600$이므로 1명이 마시는 주스의 양은 600 mL이다.

(2) $y=200$일 때, $x=6$이므로 6명이 나누어 마셔야 한다.

(3) x의 값이 증가할 때, y의 값은 감소한다.

답 (1) 600 mL (2) 6명 (3) 감소한다.

06 ❸ 그래프

(1) $x=4$일 때, $y=12$이다.

(2) $y=0$일 때, $x=0$, $x=14$이다.

(3) x의 값이 0에서 4까지 증가할 때, y의 값은 0에서 12까지 증가한다.

x의 값이 4에서 8까지 증가할 때, y의 값은 12로 일정하다.

x의 값이 8에서 14까지 증가할 때, y의 값은 12에서 0으로 감소한다.

답 (1) 12 (2) 0, 14 (3)풀이 참조

07 ❺ 반비례 관계와 그래프

$y=\frac{a}{x}(a>0)$의 그래프는 제1사분면과 제3사분면을 지나는 한 쌍의 매끄러운 곡선이고, $a>0$일 때이므로 제1사분면을 지나는 그래프 ③이다.

답 ③

08 ❹ 정비례 관계와 그래프

$y=ax$의 그래프는 제1사분면과 제3사분면을 지나므로 a의 값은 양수이고 $|a|$가 클수록 y축에 가까워지므로 $a>1$이어야 한다.

따라서 ⑤ $\frac{3}{2}$이다.

답 ⑤

09 ❺ 반비례 관계와 그래프

① $y=-\frac{12}{x}$에 $x=-6$, $y=2$를 대입하면 $2=-\frac{12}{-6}$

② $y=-\frac{12}{x}$에 $x=3$, $y=-4$를 대입하면 $-4=-\frac{12}{3}$

③ $y=-\frac{12}{x}$에 $x=1$, $y=12$를 대입하면 $12\neq-\frac{12}{1}$

④ $y=-\frac{12}{x}$에 $x=24$, $y=-0.5$를 대입하면

$-0.5=-\frac{12}{24}$

⑤ $y=-\frac{12}{x}$에 $x=12$, $y=1$을 대입하면 $1\neq-\frac{12}{12}$

답 ③, ⑤

10 ❷ 사분면

$ab<0$에서 a, b는 서로 다른 부호이고 $a-b>0$이므로 $a>0$, $b<0$이다.

ㄱ. $a>0$, $b<0$이므로 제4사분면 위의 점이다.

ㄴ. $-a<0$, $b<0$이므로 제3사분면 위의 점이다.

ㄷ. $b<0$, $a>0$이므로 제2사분면 위의 점이다.

ㄹ. $a>0$, $-b>0$이므로 제1사분면 위의 점이다.

ㅁ. $-b>0$, $-a<0$이므로 제4사분면 위의 점이다.

따라서 제3사분면 위의 점은 ㄴ이다.

답 ㄴ

11 ❹ 정비례 관계와 그래프 + ❺ 반비례 관계와 그래프

$y=ax$의 그래프는 $a>0$일 때 제1사분면과 제3사분면을 지나고, $a<0$일 때 제2사분면과 제4사분면을 지난다. $y=\frac{a}{x}$의 그래프는 $a>0$일 때 제1사분면과 제3사분면을 지나고, $a<0$일 때 제2사분면과 제4사분면을 지난다. 따라서 ㄱ, ㅁ, ㅂ의 그래프는 제2사분면과 제4사분면을 지나고, ㄴ, ㄷ, ㄹ의 그래프는 제1사분면과 제3사분면을 지난다.

답 ㄴ, ㄷ, ㄹ

12 ❹ 정비례 관계와 그래프 + ❺ 반비례 관계와 그래프

① 원점과 점 (1, 3)을 지나는 직선이므로 $y=3x$

② 점 (2, 5)를 지나고 원점에 대하여 대칭인 한 쌍의 곡선이므로 $y=\frac{10}{x}$

③ 원점과 점 (3, −2)를 지나는 직선이므로 $y=-\frac{2}{3}x$

④ 점 (4, −4)를 지나고 원점에 대하여 대칭인 한 쌍의 곡선이므로 $y=-\frac{16}{x}$

답 ① $y=3x$ ② $y=\frac{10}{x}$ ③ $y=-\frac{2}{3}x$ ④ $y=-\frac{16}{x}$

13 ❻ 정비례, 반비례의 활용

김치 120 kg을 봉지 x개에 y kg씩 담으면 $xy=120$

$\therefore y=\frac{120}{x}$

$y=\frac{120}{x}$에 $x=a$, $y=60$을 대입하면 $60=\frac{120}{a}$ $\quad\therefore a=2$

$y=\frac{120}{x}$에 $x=5$, $y=b$를 대입하면 $b=\frac{120}{5}=24$

$\therefore a+b=2+24=26$

답 $y=\frac{120}{x}$, 26

14 ❻ 정비례, 반비례의 활용

8개에 4000원인 사과 1개의 가격은 $4000\div8=500$(원)이다.

사과 x개를 사면 내야 하는 금액이 $500x$원이므로 x와 y 사이의 관계를 식으로 나타내면 $y=500x$이다.

답 $y=500x$

15 ❻ 정비례, 반비례의 활용

공원 한 바퀴의 거리는 $80\times30=2400(\text{m})$이다.

(거리)=(속력)×(시간)이므로 $2400=x\times y$

$\therefore y=\frac{2400}{x}$ 답 $y=\frac{2400}{x}$

16 ❷ 사분면

점 $A(4, -5)$와 x축에 대하여 대칭인 점은 $B(4, 5)$이고, 점 B와 y축에 대하여 대칭인 점은 $(-4, 5)$이다. 답 $(-4, 5)$

17 ❷ 사분면

A-solution

제2사분면 위의 점 (x, y)는 $x<0$, $y>0$이다.

점 P는 제2사분면 위의 점이므로 $a<0$, $-b>0$이다.

따라서 $-a>0$, $-b>0$이므로 점 P′은 제1사분면 위의 점이다.

답 제1사분면

18 ❷ 사분면

점 P가 제4사분면 위의 점이므로 $ab>0$, $a+b<0$이다.

$ab>0$에서 a, b는 같은 부호이고 $a+b<0$이므로 $a<0$, $b<0$이다.

$-b>0$, $a<0$이므로 점 $Q(-b, a)$는 제4사분면 위의 점이다.

답 제4사분면

19 ❶ 순서쌍과 좌표

두 점 (a, b), (c, d)를 이은 선분의 한가운데에 있는 점의 좌표는 $\left(\frac{a+c}{2}, \frac{b+d}{2}\right)$이므로 구하는 점의 좌표는

$\left(\frac{-4+8}{2}, \frac{2+12}{2}\right)=(2, 7)$이다. 답 $(2, 7)$

20 ❷ 그래프

A-solution

밑면이 작은 원일수록(밑면의 반지름의 길이가 짧을수록) 물의 높이가 빠르게 증가한다.

밑면인 원의 크기를 큰 것부터 나열하면 (2), (4), (1), (3) 이다.

밑면인 원이 클수록 물의 높이가 천천히 증가하므로 각 물통에 해당하는 그래프는 (1)-㉢, (2)-㉠, (3)-㉣, (4)-㉡이다.

답 (1) ㉢ (2) ㉠ (3) ㉣ (4) ㉡

21 ❶ 순서쌍과 좌표

점 A는 x축 위의 점이므로 y좌표가 0이다.

$\frac{a}{5}+2=0$, $a=-10$

점 B는 y축 위의 점이므로 x좌표가 0이다.

$\frac{b}{4}-5=0$, $b=20$

$\therefore a+b=-10+20=10$ 답 10

22 ❷ 사분면

A-solution

원점에 대하여 대칭인 점은 x좌표, y좌표의 부호가 모두 반대로 바뀌고, x축에 대하여 대칭인 점은 y좌표의 부호만 반대로 바뀐다.

점 $P(5, -8)$과 원점에 대하여 대칭인 점의 좌표는 $(-5, 8)$이므로 $-a=-5$, $a+3b=8$에서 $a=5$, $b=1$

점 $P(5, -8)$과 x축에 대하여 대칭인 점의 좌표는 $(5, 8)$이므로 $2a-d=5$, $c+2d=8$에서 $d=5$, $c=-2$

$\therefore ab+cd=5\times1+(-2)\times5=-5$ 답 -5

23 ❹ 정비례 관계와 그래프

③ a의 절댓값이 작을수록 x축에 가까워진다.

⑤ $0<|a|<1$이면 y축보다 x축에 가깝다. 답 ③, ⑤

24 ❹ 정비례 관계와 그래프

$y=-\frac{3}{8}x$의 그래프가 점 $(a, 6)$을 지나므로

$6=-\frac{3}{8}a$ $\therefore a=6\times\left(-\frac{8}{3}\right)=-16$ 답 -16

25 ❺ 반비례 관계와 그래프

$y=-\frac{36}{x}$에 $x=a$, $y=12$를 대입하면

$12=-\frac{36}{a}$, $a=-3$

$y=-\frac{36}{x}$에 $x=-6$, $y=b$를 대입하면

$b=-\frac{36}{-6}=6$

$\therefore a-b=-3-6=-9$ 답 -9

26 ❹ 정비례 관계와 그래프+❺ 반비례 관계와 그래프

점 P는 y좌표가 -4이고 $y=\frac{1}{2}x$의 그래프 위의 점이므로

$y=\frac{1}{2}x$에 $y=-4$를 대입하면 $-4=\frac{1}{2}x$, $x=-8$

$\therefore P(-8, -4)$

점 $P(-8, -4)$가 $y=\frac{a}{x}$의 그래프 위의 점이므로

$y=\frac{a}{x}$에 $x=-8$, $y=-4$를 대입하면 $-4=\frac{a}{-8}$

$\therefore a=32$ 답 32

27 ⑤ 반비례 관계와 그래프

점 P의 x좌표를 a라 하면 y좌표는 $\frac{3}{a}$이다. $(a>0)$

$\therefore$ □OAPB$=a\times\frac{3}{a}=3$ 답 3

28 ④ 정비례 관계와 그래프

$y=ax$에 $x=9$, $y=7$을 대입하면

$7=9a$ $\therefore a=\frac{7}{9}$ $\therefore y=\frac{7}{9}x$

① $y=\frac{7}{9}x$에 $x=-27$을 대입하면 $y=\frac{7}{9}\times(-27)=-21$이므로 점 $(-27, -21)$을 지난다.

②, ③ 원점을 지나고 오른쪽 위로 향하는 직선으로 제1사분면과 제3사분면을 지난다.

④ $y=ax(a\neq0)$의 그래프에서 a의 절댓값이 작을수록 x축에 가까우므로 $y=x$의 그래프보다 x축에 가깝다.

⑤ x의 값이 증가할 때, y의 값도 증가한다. 답 ⑤

29 ② 사분면

$a<0$, $b<0$이므로 $ab>0$, $b+a<0$이다.

따라서 점 $\mathrm{A}(ab, b+a)$는 제4사분면 위의 점이다.

답 제4사분면

30 ① 순서쌍과 좌표

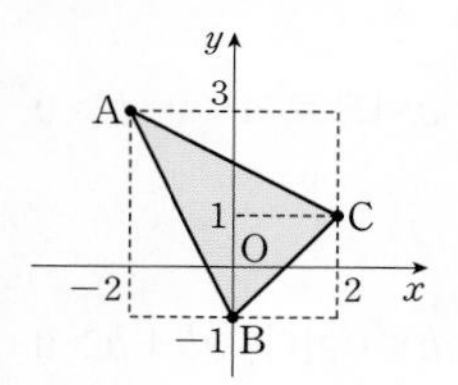

$\therefore \triangle\mathrm{ABC}=4\times4-\frac{1}{2}\times(4\times2+2\times2+2\times4)=6$

답 6

31 ④ 정비례 관계와 그래프

$y=ax$의 그래프가 점 $(2, 3)$을 지나므로

$3=2a$ $\therefore a=\frac{3}{2}$

$y=bx$의 그래프가 점 $(-1, 3)$을 지나므로

$3=-b$ $\therefore b=-3$

$\therefore a+b=\frac{3}{2}-3=-\frac{3}{2}$ 답 $-\frac{3}{2}$

32 ④ 정비례 관계와 그래프+⑤ 반비례 관계와 그래프

(1) $y=ax$라 하고 $x=2$, $y=1$을 대입하면 $1=2a$ $\therefore a=\frac{1}{2}$

$y=\frac{1}{2}x$에 $x=5$를 대입하면 $y=\frac{1}{2}\times5=\frac{5}{2}$

(2) $y=ax$라 하고 $x=-3$, $y=5$를 대입하면 $5=-3a$

$\therefore a=-\frac{5}{3}$

$y=-\frac{5}{3}x$에 $y=3$을 대입하면 $3=-\frac{5}{3}x$ $\therefore x=-\frac{9}{5}$

(3) $y=\frac{a}{x}$라 하고 $x=2$, $y=-4$를 대입하면 $-4=\frac{a}{2}$

$\therefore a=-8$

$y=-\frac{8}{x}$에 $x=-8$을 대입하면 $y=-\frac{8}{-8}=1$

(4) $y=\frac{a}{x}$라 하고 $x=8$, $y=2$를 대입하면 $2=\frac{a}{8}$ $\therefore a=16$

$y=\frac{16}{x}$에 $y=4$를 대입하면 $4=\frac{16}{x}$ $\therefore x=4$

답 (1) $\frac{5}{2}$ (2) $-\frac{9}{5}$ (3) 1 (4) 4

33 ⑥ 정비례, 반비례의 활용

2시간에 6 cm씩 타므로 1시간에는 3 cm씩 탄다.

60분에 3 cm씩 타므로 1분에 $\frac{1}{20}$ cm씩 탄다.

불을 붙인지 x분 후 양초가 탄 길이는 $\frac{1}{20}x$ cm이므로

$y=\frac{1}{20}x$이다. 답 $y=\frac{1}{20}x$

34 ⑥ 정비례, 반비례의 활용

휘발유 5 L로 60 km를 달리므로 휘발유 1 L로 12 km를 달릴 수 있다. 휘발유 x L로 $12x$ km를 달릴 수 있으므로 $y=12x$이다.

$y=12x$에 $y=480$을 대입하면 $480=12x$ $\therefore x=40$

따라서 480 km를 달리기 위해서는 휘발유 40 L가 필요하다.

답 ④

35 ⑥ 정비례, 반비례의 활용

A-solution

12명이 15일 동안 한 일의 양과 x명이 y일 동안 한 일의 양은 같음을 이용한다.

전체 일의 양을 $12\times15=180$이라 하면

이 일을 x명이 작업하면 완성하는 데 y일 걸리므로 $xy=180$

$\therefore y=\frac{180}{x}$

$y=\frac{180}{x}$에 $y=20$을 대입하면 $20=\frac{180}{x}$ $\therefore x=9$

따라서 이 일을 20일 만에 완성하기 위해서는 9명이 필요하다.

답 9명

36 ❻ 정비례, 반비례의 활용

A-solution

$(\text{농도}) = \frac{(\text{소금의 양})}{(\text{소금물의 양})} \times 100(\%)$

$y = \frac{15}{x} \times 100 = \frac{1500}{x}$

$y = \frac{1500}{x}$에 $y=6$을 대입하면 $6 = \frac{1500}{x}$ $\quad \therefore x = 250$

따라서 농도가 6 %일 때의 소금물의 양은 250 g이다. 답 250 g

STEP B 내신만점문제

본문 145~153쪽

01 (1) 20개 (2) $a=-3$, $b=-\frac{7}{2}$ 02 12 03 10
04 (1) 제1사분면 (2) 제4사분면 (3) 제2사분면
(4) 제2사분면 05 (1) 12분 (2) 4분 전 (3) 6분 후
06 ㄹ 07 ㄷ 08 ㅂ 09 $\frac{1}{3} \le a \le 4$
10 ③ 11 30 12 (1) 13 -2 14 12개
15 (1) 1팀: 4시간, 2팀: 6시간 (2) 2팀 (3) 1 km
16 9 17 $C\left(\frac{10}{3}, -1\right)$ 18 $y=\frac{7}{5}x$
19 제2사분면 20 40 L
21 (1) 정비례 (2) 반비례 (3) 정비례 (4) 반비례
22 6 23 ⑤ 24 $a=-8$, $b=-6$,
△OPQ의 넓이: $\frac{57}{2}$
25 -45 26 (1) $Q(a, -b)$ (2) $R(-a, b)$
(3) $A(-b, a)$ (4) $B(b, -a)$ 27 $\frac{5}{2}$
28 $\frac{5}{2}$, $-\frac{5}{2}$ 29 9분 30 10 31 $\frac{5}{7}$

01

(1) 6보다 작은 자연수는 1, 2, 3, 4, 5의 5개이고, 5보다 작은 자연수는 1, 2, 3, 4의 4개이므로 점 (x, y)의 개수는 $4 \times 5 = 20$(개)이다.

(2) $2a-3=3a$에서 $a=-3$

$-4b-1=-a-2b+3$에서

$-4b-1=3-2b+3$, $-2b=7$ $\quad \therefore b=-\frac{7}{2}$

답 (1) 20개 (2) $a=-3$, $b=-\frac{7}{2}$

02

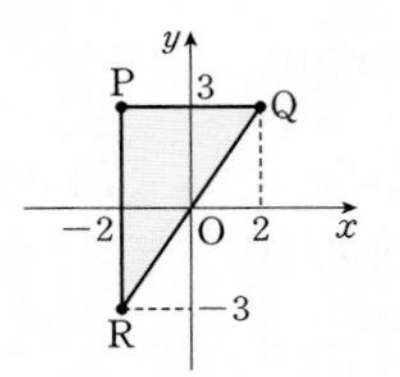

$\therefore \triangle PQR = \frac{1}{2} \times 4 \times 6 = 12$ 답 12

03

$y=-\frac{a}{x}$에 $x=-3$, $y=4$를 대입하면

$4=-\frac{a}{-3}$에서 $a=12$

$y=-\frac{12}{x}$에 $x=b$, $y=6$을 대입하면

$6=-\frac{12}{b}$에서 $b=-2$

$\therefore a+b=10$ 답 10

04

(1) $ab>0$에서 a, b는 같은 부호이고 $a+b>0$이므로 $a>0$, $b>0$이다.
$\therefore$ 제1사분면

(2) $ab<0$에서 a, b는 다른 부호이고 $a>b$이므로 $a>0$, $b<0$이다.
$\therefore$ 제4사분면

(3) $ab<0$에서 a, b는 다른 부호이고 $b>a$이므로 $a<0$, $b>0$이다.
$\therefore$ 제2사분면

(4) $\frac{a}{b}<0$이므로 a, b는 다른 부호이고, $ab<0$이다. $ab+b>0$이므로 $b>0$이고, $a<0$이다.
$\therefore$ 제2사분면

답 (1) 제1사분면 (2) 제4사분면 (3) 제2사분면 (4) 제2사분면

05

(1) 드론의 높이가 다시 0이 될 때의 x의 값이 12이므로 드론을 날린 시간은 12분이다.

(2) y의 값이 가장 높은 것은 $y=500$일 때이고, 이때 x의 값은 8이므로 착륙시키기 4분 전이다.

(3) 드론을 날린 지 4분 후 높이가 낮아지다가 드론을 날린 지 6분 후 다시 높아지기 시작한다.

답 (1) 12분 (2) 4분 전 (3) 6분 후

06

물통의 폭이 위로 갈수록 좁아지므로 물의 높이가 처음에는 느

리게 증가하다가 점점 빠르게 증가한다. 따라서 그래프로 알맞은 것은 ㄹ이다.

답 ㄹ

07

물통의 폭이 위로 갈수록 넓어지므로 물의 높이가 처음에는 빠르게 증가하다가 점점 느리게 증가한다. 따라서 그래프로 알맞은 것은 ㄷ이다.

답 ㄷ

08

물통의 폭이 일정하면 물의 높이는 일정하게 증가한다. 이때 물통의 폭이 넓으면 물의 높이는 느리게 증가하고, 물통의 폭이 좁으면 빠르게 증가한다. 따라서 그래프로 알맞은 것은 ㅂ이다.

답 ㅂ

09

$y=ax$의 그래프는 a의 절댓값이 클수록 y축에 가까운 직선이므로 점 P를 지날 때 a의 값이 가장 크고, 점 Q를 지날 때 a의 값이 가장 작다.

(i) 점 P$(2, 8)$을 지날 때, $8=2a$ $\quad \therefore a=4$

(ii) 점 Q$(6, 2)$를 지날 때, $2=6a$ $\quad \therefore a=\frac{1}{3}$

(i), (ii)에서 $\frac{1}{3} \le a \le 4$

답 $\frac{1}{3} \le a \le 4$

10

$y=-|x|$는 x의 값에 관계없이 y의 값이 0 또는 음수이므로 ③이다.

답 ③

11

단계별 풀이

1단계 원점을 지나는 직선이므로 $y=ax$라 놓고 a의 값 구하기

그래프가 원점을 지나는 직선이므로 $y=ax$라 하고 $x=5$, $y=-3$을 대입하면 $-3=5a$, $a=-\frac{3}{5}$이므로 이 그래프는 $y=-\frac{3}{5}x$의 그래프이다.

2단계 점 A의 좌표 구하기

$y=-\frac{3}{5}x$에 $x=-10$을 대입하면 $y=-\frac{3}{5}\times(-10)=6$이므로 점 A의 좌표는 $(-10, 6)$이다.

3단계 △ABO의 넓이 구하기

$\triangle ABO=\frac{1}{2}\times 10\times 6=30$

답 30

12

아래로 내려갔다가 일정하게 유지된 후 위로 올라갔다 내려가므로 그래프로 알맞은 것은 (1)이다.

답 (1)

13

네 점 A, B, C, D를 좌표평면 위에 나타내면 오른쪽 그림과 같다.

$\square ABCD$

$=(2-k)\times 3-\frac{1}{2}\times\{2\times 1+2\times 1+3\times(-k)\}$

$=7$이므로

$6-3k-\frac{1}{2}(4-3k)=7$,

$-\frac{3}{2}k+4=7$, $-\frac{3}{2}k=3$ $\quad \therefore k=-2$

답 -2

14

단계별 풀이

1단계 $x=-4$, $y=7$을 주어진 식에 대입하여 a의 값 구하기

$y=\frac{a}{x}$에 $x=-4$, $y=7$을 대입하면

$7=\frac{a}{-4}$ $\quad \therefore a=-28$

2단계 x좌표, y좌표가 모두 정수인 점 구하기

$y=-\frac{28}{x}$의 그래프이므로 y의 값이 정수이려면 $|x|$의 값이 28의 약수이어야 한다.

따라서 28의 약수는 1, 2, 4, 7, 14, 28이므로 구하는 점은 $(1, -28)$, $(2, -14)$, $(4, -7)$, $(7, -4)$, $(14, -2)$, $(28, -1)$, $(-1, 28)$, $(-2, 14)$, $(-4, 7)$, $(-7, 4)$, $(-14, 2)$, $(-28, 1)$의 12개이다.

답 12개

15

(1) 1팀은 8시에서 12시이므로 4시간이 걸렸고, 2팀은 8시에서 14시이므로 6시간이 걸렸다.

(2) 중간에 거리가 일정한 구간이 있는 2팀이 절에 들렀다.

(3) 1팀의 이동 거리는 5 km, 2팀의 이동 거리는 6 km이므로 2팀이 1 km를 더 이동했다.

답 (1) 1팀: 4시간, 2팀: 6시간 (2) 2팀 (3) 1 km

16

$y=ax$의 그래프가 점 $(-7, 3)$을 지나므로 $3=-7a$

$\therefore a=-\frac{3}{7}$

$y=\frac{b}{x}$의 그래프가 점 $(-7, 3)$을 지나므로 $3=\frac{b}{-7}$

$\therefore b=-21$

$\therefore ab=-\frac{3}{7}\times(-21)=9$ 답 9

17

점 A는 x축 위의 점이므로 y좌표가 0이다.

$3b+1=0$, $b=-\frac{1}{3}$

점 B는 y축 위의 점이므로 x좌표가 0이다.

$6-2a=0$, $a=3$

$a-b=3-\left(-\frac{1}{3}\right)=\frac{10}{3}$

$ab=3\times\left(-\frac{1}{3}\right)=-1$

$\therefore C\left(\frac{10}{3}, -1\right)$ 답 $C\left(\frac{10}{3}, -1\right)$

18

톱니바퀴 P, Q의 톱니의 수를 각각 $7a$개, $5a$개라 하면 맞물린 톱니의 개수는 같으므로 $7a\times x=5a\times y$에서 $y=\frac{7}{5}x$

답 $y=\frac{7}{5}x$

19

A-solution

원점에 대하여 대칭인 두 점은 x좌표, y좌표의 부호가 서로 반대이다.

$4a+7=-1$에서 $4a=-8$, $a=-2$이고,

$9-4b=1$에서 $-4b=-8$, $b=2$이다.

$-a^2b=-(-2)^2\times 2=-8$

$a+2b=(-2)+2\times 2=2$

$C(-a^2b, a+2b)=C(-8, 2)$이므로 점 C는 제2사분면 위의 점이다. 답 제2사분면

20

물탱크의 용량은 $25\times 48=1200(\mathrm{L})$이다. 매분 x L의 물을 넣어 y분 만에 물탱크가 가득 찬다면 $xy=1200$이므로 x와 y 사이의 관계를 식으로 나타내면 $y=\frac{1200}{x}$이다.

$y=\frac{1200}{x}$에 $y=30$을 대입하면

$30=\frac{1200}{x}$, $x=40$

따라서 30분 만에 가득 채우려면 매분 40 L의 물을 넣어야 한다.

답 40 L

21

(1) $y=ax$, $x=bz$라 하면 $y=abz$ $\therefore$ 정비례

(2) $y=ax$, $x=\frac{b}{z}$라 하면 $y=\frac{ab}{z}$ $\therefore$ 반비례

(3) $y=\frac{a}{x}$, $x=\frac{b}{z}$라 하면 $y=\frac{a}{b}z$ $\therefore$ 정비례

(4) $y=\frac{a}{x}$, $x=bz$라 하면 $y=\frac{a}{bz}$ $\therefore$ 반비례

답 (1) 정비례 (2) 반비례 (3) 정비례 (4) 반비례

22

$y=ax$의 그래프가 점 $(-2, 6)$을 지나므로

$6=-2a$에서 $a=-3$

$y=\frac{b}{x}$의 그래프가 점 $(-2, 6)$을 지나므로

$6=\frac{b}{-2}$에서 $b=-12$

$\therefore 2a-b=2\times(-3)-(-12)=6$ 답 6

23

① $6+D=C$ ② $2B+D=4$ ③ $4B+1=C$

④ $A+D=5$ ⑤ $AB+2=3$

⇨ ⑤에서 $AB=1$이므로 반비례 관계이다. 답 ⑤

24

점 Q를 지나는 그래프의 식을 $y=mx$로 놓고 $x=-1$, $y=4$를 대입하면 $m=-4$

$y=-4x$의 그래프가 점 $(1.5, b)$를 지나므로

$b=-4\times 1.5=-6$

점 P를 지나는 그래프의 식을 $y=nx$로 놓고

$x=4$, $y=3$을 대입하면 $3=4n$, $n=\frac{3}{4}$

$y=\frac{3}{4}x$의 그래프가 점 $(a, -6)$을 지나므로 $-6=\frac{3}{4}a$에서

$a=-8$

$\therefore \triangle OPQ=\frac{1}{2}\times(1.5+8)\times 6=\frac{57}{2}$

답 $a=-8$, $b=-6$, $\triangle OPQ$의 넓이: $\frac{57}{2}$

25

$y=-\frac{a}{x}$에 $x=12$, $y=4$를 대입하면

$4=-\frac{a}{12}$ $\therefore a=-48$

$y=bx$에 $x=\frac{2}{3}$, $y=-\frac{2}{7}$를 대입하면

$-\frac{2}{7}=\frac{2}{3}b$ $\therefore b=-\frac{3}{7}$

$\therefore a-7b=-48-7\times\left(-\frac{3}{7}\right)=-45$ 답 -45

26

(1) x축에 대하여 대칭일 때에는 y좌표의 부호만 반대이므로 점 $Q(a,\ -b)$이다.

(2) y축에 대하여 대칭일 때에는 x좌표의 부호만 반대이므로 점 $R(-a,\ b)$이다.

(3)

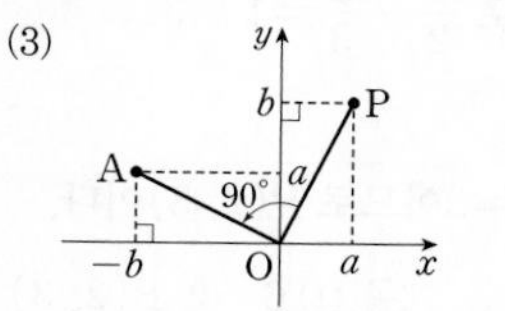

$\therefore A(-b,\ a)$

(4) 원점에 대하여 대칭일 때에는 x좌표, y좌표의 부호가 모두 반대이므로 $B(b,\ -a)$이다.

답 (1) $Q(a,\ -b)$ (2) $R(-a,\ b)$ (3) $A(-b,\ a)$ (4) $B(b,\ -a)$

27

점 A의 x좌표를 a라 하면 $A\left(a,\ \frac{3}{2}a\right)$, $B\left(a,\ \frac{1}{4}a\right)$

$y=\frac{1}{4}x$에 $y=\frac{3}{2}a$를 대입하면

$\frac{3}{2}a=\frac{1}{4}x$, $x=6a$이므로 $C\left(6a,\ \frac{3}{2}a\right)$

$\overline{AC}=10$이므로 $6a-a=10$, $5a=10$ $\quad\therefore a=2$

$\overline{AB}=\frac{3}{2}a-\frac{1}{4}a=\frac{5}{4}a=\frac{5}{4}\times 2=\frac{5}{2}$

답 $\frac{5}{2}$

28

a의 범위를 $a>0$, $a<0$으로 나누어 계산한다.

(i) $a>0$일 때

$y=ax$의 그래프 위의 점을 $A(k,\ ak)$라 하면 $(k>0)$

$\triangle AOB=\frac{1}{2}\times 5\times k=\frac{5}{2}k$

$\triangle AOC=\frac{1}{2}\times 4\times ak=2ak$

$\triangle AOC=2\triangle ABO$이므로 $2ak=2\times\frac{5}{2}k$ $\quad\therefore a=\frac{5}{2}$

(ii) $a<0$일 때

$y=ax$의 그래프 위의 점을 $A(-k,\ -ak)$라 하면 $(k>0)$

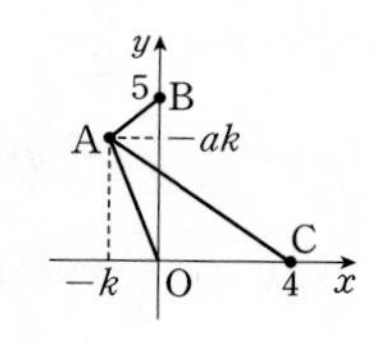

$\triangle AOB=\frac{1}{2}\times 5\times k=\frac{5}{2}k$

$\triangle AOC=\frac{1}{2}\times 4\times(-ak)=-2ak$

$\triangle AOC=2\triangle ABO$이므로 $-2ak=2\times\frac{5}{2}k$

$\therefore a=-\frac{5}{2}$

답 $\frac{5}{2}$, $-\frac{5}{2}$

29

$2.4\ \text{km}=2400\ \text{m}$

자전거로 갈 때의 그래프는 $y=100x$이므로

$y=2400$일 때 $x=24$

버스로 갈 때의 그래프는 $y=160x$이므로

$y=2400$일 때 $x=15$

따라서 버스를 타면 자전거를 탈 때보다 $24-15=9$(분) 더 빨리 도착한다.

답 9분

30

A-solution

평행사변형에서 두 쌍의 대변은 평행하고 그 길이가 각각 같다.

$A(-2,\ -1)$, $B(3,\ -1)$, $C(5,\ 3)$, $D(a,\ 3)$이라 할 때,

$\overline{AB}=\overline{CD}=3-(-2)=5$가 되어야 하므로

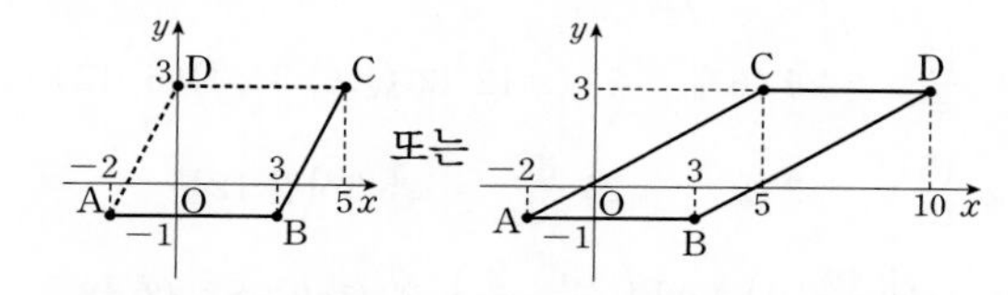

(i) 점 D의 x좌표가 점 C의 x좌표 5보다 5만큼 작은 경우

$a=5-5=0$에서 $D(0,\ 3)$

(ii) 점 D의 x좌표가 점 C의 x좌표 5보다 5만큼 큰 경우

$a=5+5=10$에서 $D(10,\ 3)$

따라서 모든 a의 값의 합은 $0+10=10$이다.

답 10

31

A-solution

두 점 $A(x_1,\ y_1)$, $B(x_2,\ y_2)$일 때, $\overline{AB}$의 한가운데 점의 좌표는 $\left(\frac{x_1+x_2}{2},\ \frac{y_1+y_2}{2}\right)$이다.

$y=kx$와 선분 AB가 만나는 점을 D라 하면 $\triangle OAD$와 $\triangle OBD$의 넓이가 같기 위해서는 점 D가 선분 AB의 한가운데에 있는 점이어야 한다.

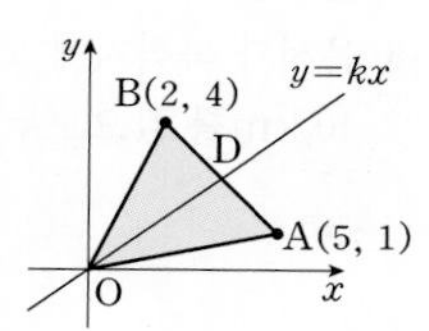

$\therefore D\left(\frac{5+2}{2},\ \frac{1+4}{2}\right)=D\left(\frac{7}{2},\ \frac{5}{2}\right)$

$y=kx$에 $x=\frac{7}{2}$, $y=\frac{5}{2}$를 대입하면

$\frac{5}{2}=\frac{7}{2}k$ $\quad\therefore k=\frac{5}{7}$

답 $\frac{5}{7}$

STEP A 최고수준문제

본문 154~163쪽

01 (1) 10 km (2) 12시 (3) 2.195 km
02 $a=12$, Q$(-2,\ -6)$
03 (1) 6 (2) P(2, 3)
04 (1) $S=3a$ (2) 7
05 (1) 8 cm (2) 6 cm (3) $y=-2x$ (4) 6일 후
06 (1) $y=-\frac{5}{2}x$ (2) 20
07 (1) ㄷ (2) ㄱ (3) ㄴ
08 16번
09 (1) 40초 후 (2) 15초 후 (3) $y=\frac{a}{100}x$
10 12개
11 (1) $\frac{36}{5}$ (2) $\frac{3}{5}<k<7$
12 $\frac{27}{4}$
13 (12, −2)
14 36
15 (1) (−9, 8) (2) 25
16 (1) $y=-\frac{6}{x}$ (2) B(3, 2)
17 (1) $y=\frac{12}{x}$ (2) $\frac{1}{12}\le a\le 3$
18 (1) $y=\frac{15}{x}$ (2) 60
19 $\frac{17}{4}$
20 46개
21 (1) 12 (2) Q(6, 3), R(6, 12)
22 $\frac{15}{16}$
23 ③
24 $\frac{32}{3}$
25 3시간 12분
26 (1) $\mathrm{B}\left(\frac{m}{2},\ 0\right)$ (2) $\mathrm{F}\left(\frac{15}{2},\ \frac{2}{3}\right)$
27 (1) $y=8x$ (2) 48 (3) 풀이 참조
28 (1) Q(8, 6) (2) $\frac{32}{5}$초 후
29 Q(10, 9), S(15, 14)
30 $\frac{29}{2}$

01

(1) 11시에 은서는 20 km를 갔고, 민성이는 30 km를 갔으므로 민성이가 10 km를 앞서 가고 있다.
(2) 그래프가 위쪽에 있을 때가 빠른 것이므로 은서가 민성이를 앞지른 시각은 12시이다.
(3) 은서가 목적지에 도착한 것은 12시 30분이고, 이때 민성이는 40 km를 갔으므로 목적지까지 2.195 km를 더 가야 한다.

답 (1) 10 km (2) 12시 (3) 2.195 km

02

$y=3x$에 $x=2$를 대입하면 $y=6$

$y=\frac{a}{x}$의 그래프가 점 P(2, 6)을 지나므로

$6=\frac{a}{2}$ $\quad\therefore a=12$

$y=3x$, $y=\frac{12}{x}$의 그래프는 원점에 대하여 대칭인 그래프이므로 두 점 P와 Q는 원점에 대하여 대칭이다.

$\therefore$ Q$(-2,\ -6)$

답 $a=12$, Q$(-2,\ -6)$

03

(1) $y=\frac{a}{x}$에 $x=2$를 대입하면 $y=\frac{a}{2}$이므로 $\mathrm{P}\left(2,\ \frac{a}{2}\right)$

$y=\frac{a}{x}$에 $x=3$을 대입하면 $y=\frac{a}{3}$이므로 $\mathrm{Q}\left(3,\ \frac{a}{3}\right)$

두 점 P, Q의 y좌표의 차가 1이므로 $\frac{a}{2}-\frac{a}{3}=1$

$\therefore a=6$

(2) $y=\frac{6}{x}$에 $x=2$를 대입하면 $y=\frac{6}{2}=3$이므로 P(2, 3)이다.

답 (1) 6 (2) P(2, 3)

04

(1)

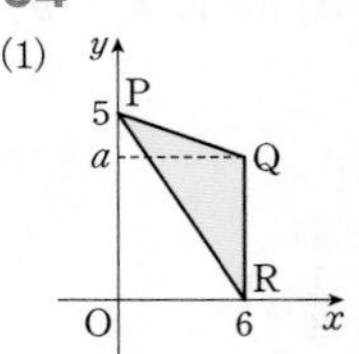

$S=\frac{1}{2}\times a\times 6=3a$ $\quad\therefore S=3a$

(2) $3a=21$ $\quad\therefore a=7$

답 (1) $S=3a$ (2) 7

05

(1) $x=4$일 때 $y=-8$이므로 8 cm가 낮아졌다.
(2) $x=-3$일 때 $y=6$이므로 6 cm가 높았었다.
(3) 원점을 지나는 직선이므로 $y=ax$라 하고 $x=4$, $y=-8$을 대입하면

$-8=4a$ $\quad\therefore a=-2$ $\quad\therefore y=-2x$

(4) $y=-2x$에 $y=-12$를 대입하면 $-12=-2x$에서 $x=6$
따라서 기준일보다 수위가 12 cm 낮아지는 것은 6일 후이다.

답 (1) 8 cm (2) 6 cm (3) $y=-2x$ (4) 6일 후

06

(1) 원점과 점 B를 지나는 직선이므로 $y=ax$라 하고

$x=-2$, $y=5$를 대입하면 $5=-2a$ $\quad\therefore a=-\frac{5}{2}$

$\therefore y=-\frac{5}{2}x$

(2) $y=-\frac{5}{2}x$에 $y=10$을 대입하면

$10=-\frac{5}{2}x$에서 $x=-4$이므로

B$(-4,\ 10)$

$\therefore \triangle\mathrm{OAB}=\frac{1}{2}\times 10\times 4=20$

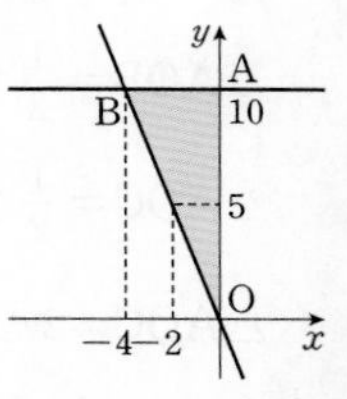

답 (1) $y=-\frac{5}{2}x$ (2) 20

07

(1) 처음 샤워하는 동안 멈추어 있다가 거리가 0이 될 때까지 짧아지므로 ㄷ이다.

(2) 거리가 0에 가깝게 짧아지다가 다시 처음 거리만큼 길어진 후, 잠시 멈추었다가 다시 0이 될 때까지 짧아지므로 ㄱ이다.

(3) 시간에 따라 거리가 짧아지다가 일정한 후 다시 짧아지므로 ㄴ이다.

답 (1) ㄷ (2) ㄱ (3) ㄴ

08

코끼리 열차가 입구에서 다시 입구로 돌아오는 데 걸리는 시간은 7분 30초$=\frac{15}{2}$분이다. 2시간은 120분이므로

$120\div\frac{15}{2}=16$

따라서 코끼리 열차는 2시간 동안 16번 왕복한다.

답 16번

09

(1) $1\text{ L}=1000\text{ cm}^3$이므로 $2\text{ L}=2000\text{ cm}^3$

따라서 $2000\div50=40$(초) 후에 가득 찬다.

(2) $30\times\frac{1}{2}=15$(초)

(3) $ax=100y$ $\quad\therefore y=\frac{a}{100}x$

답 (1) 40초 후 (2) 15초 후 (3) $y=\frac{a}{100}x$

10

원점과 점 $(5,\ -4)$를 지나는 직선이므로 $y=kx$라 하면

$-4=5k$이므로 $k=-\frac{4}{5}$이다.

$y=-\frac{4}{5}x$에 $x=a$, $y=-8$을 대입하면

$-8=-\frac{4}{5}\times a$, $a=8\times\frac{5}{4}=10$

$y=-\frac{4}{5}x$에 $x=-\frac{5}{2}$, $y=b$를 대입하면

$b=-\frac{4}{5}\times\left(-\frac{5}{2}\right)=2$

$\therefore (a,\ b)=(10,\ 2)$

$y=\frac{c}{x}$에 $x=10$, $y=2$를 대입하면 $2=\frac{c}{10}$ $\quad\therefore c=20$

$y=\frac{20}{x}$에서 x, y의 값이 정수이려면 $|x|$의 값이 20의 약수이어야 한다.

20의 약수는 1, 2, 4, 5, 10, 20이므로 x좌표, y좌표가 모두 정수인 점은 제1사분면에 $(1,\ 20)$, $(2,\ 10)$, $(4,\ 5)$, $(5,\ 4)$, $(10,\ 2)$, $(20,\ 1)$의 6개, 제3사분면에도 6개가 있으므로 총 12개이다.

답 12개

11

(1) 두 점 $\mathrm{O}(0,\ 0)$, $\mathrm{A}(5,\ 3)$을 지나는 직선이므로 $y=bx$라 하면

$3=5b$ $\quad\therefore b=\frac{3}{5}$

$\therefore y=\frac{3}{5}x$

점 $\mathrm{P}(12,\ a)$가 $y=\frac{3}{5}x$의 그래프 위에 있으므로

$a=\frac{3}{5}\times12=\frac{36}{5}$

(2) 두 점 O와 A를 지나는 직선은 $y=\frac{3}{5}x$, 두 점 $\mathrm{O}(0,\ 0)$, $\mathrm{B}(1,\ 7)$을 지나는 직선은 $y=7x$

$\therefore \frac{3}{5}<k<7$

답 (1) $\frac{36}{5}$ (2) $\frac{3}{5}<k<7$

12

두 점 P, Q는 점 $(0,\ 3)$을 지나고 x축에 평행한 직선과 만나는 점이므로 y좌표가 모두 3이다.

점 P의 x좌표를 a라 하고 $y=-6x$에 $x=a$, $y=3$을 대입하면

$3=-6a$, $a=-\frac{1}{2}$이므로 $\mathrm{P}\left(-\frac{1}{2},\ 3\right)$이다.

점 Q의 x좌표를 b라 하고 $y=\frac{3}{4}x$에 $x=b$, $y=3$을 대입하면

$3=\frac{3}{4}b$, $b=4$이므로 $\mathrm{Q}(4,\ 3)$이다.

$\therefore \triangle\mathrm{POQ}=\frac{1}{2}\times\left(\frac{1}{2}+4\right)\times3=\frac{1}{2}\times\frac{9}{2}\times3=\frac{27}{4}$

답 $\frac{27}{4}$

13

단계별 풀이

1단계 $y=ax$, $y=\frac{b}{x}$의 식 구하기

$y=ax$에 $x=6$, $y=-1$을 대입하면

$-1=6a$, $a=-\frac{1}{6}$ $\quad\therefore y=-\frac{1}{6}x$

$y=\frac{b}{x}$에 $x=-8$, $y=3$을 대입하면

$3=\frac{b}{-8}$, $b=-24$ $\quad\therefore y=-\frac{24}{x}$

2단계 두 그래프가 만나는 점의 x좌표 구하기

두 그래프가 만나는 점의 좌표를 $(p,\ q)$라 하면(단, $p>0$)

$q=-\frac{1}{6}p$, $q=-\frac{24}{p}$에서 $-\frac{1}{6}p=-\frac{24}{p}$

$p^2=144=12\times12$ $\quad\therefore p=12(\because p>0)$

3단계 구하는 점의 좌표 구하기

$q=-\frac{1}{6}\times12=-2$에서 구하는 점의 좌표는 $(12,\ -2)$이다.

답 $(12,\ -2)$

14

점 A가 $y=3x$의 그래프 위의 점이므로

$12=3x$, $x=4$에서 $\mathrm{A}(4,\ 12)$

그런데 점 A가 $y=\dfrac{a}{x}$의 그래프 위의 점이므로

$x=4$, $y=12$를 대입하면 $12=\dfrac{a}{4}$, $a=48$

$\therefore\ y=\dfrac{48}{x}$

점 B가 $y=\dfrac{48}{x}$의 그래프 위의 점이므로

$6=\dfrac{48}{x}$, $x=8$에서 $\mathrm{B}(8,\ 6)$

또, 점 B가 $y=bx$의 그래프 위의 점이므로

$x=8$, $y=6$을 대입하면 $6=8b$ $\qquad \therefore\ b=\dfrac{3}{4}$

$\therefore\ ab=48\times\dfrac{3}{4}=36$

답 36

15

(1) 점 A와 y좌표는 같고 x좌표는 -2에서 왼쪽으로 $5-(-2)=7$만큼 간 수이므로 $-2-7=-9$에서 $(-9,\ 8)$이다.

(2)

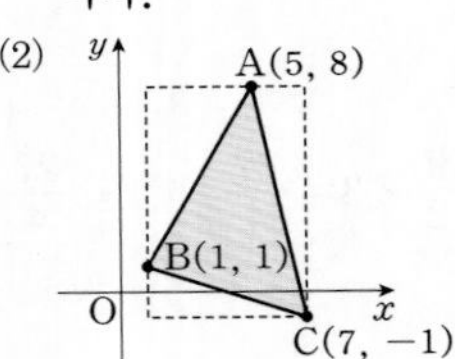

$\therefore\ \triangle\mathrm{ABC}=6\times9-\dfrac{1}{2}\times(7\times4+9\times2+6\times2)=25$

답 (1) $(-9,\ 8)$ (2) 25

16

(1) 주어진 그래프의 식을 $y=\dfrac{k}{x}$라 하고 $x=1$, $y=-6$을 대입하면 $-6=\dfrac{k}{1}$, $k=-6$

$\therefore\ y=-\dfrac{6}{x}$

(2) $y=-\dfrac{6}{x}$의 그래프가 점 $\mathrm{A}(-2,\ a)$를 지나므로 $a=-\dfrac{6}{-2}=3$에서 점 A의 좌표는 $\mathrm{A}(-2,\ 3)$이다.

$\therefore\ \mathrm{B}(3,\ 2)$

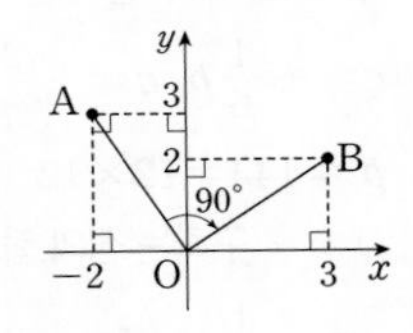

답 (1) $y=-\dfrac{6}{x}$ (2) $\mathrm{B}(3,\ 2)$

17

(1) 주어진 그래프의 식을 $y=\dfrac{k}{x}$라 하고 이 그래프는 점 $(12,\ 1)$을 지나므로 $1=\dfrac{k}{12}$, $k=12$에서 $y=\dfrac{12}{x}$이다.

(2) $y=\dfrac{12}{x}$에 $x=2$를 대입하면 $y=\dfrac{12}{2}=6$ $\qquad \therefore\ \mathrm{A}(2,\ 6)$

점 $\mathrm{A}(2,\ 6)$을 지나는 직선은 $y=3x$, 점 $\mathrm{B}(12,\ 1)$을 지나는 직선은 $y=\dfrac{1}{12}x$이므로 $y=ax$가 선분 AB와 만나기 위한 a의 값의 범위는 $\dfrac{1}{12}\le a\le3$이다.

답 (1) $y=\dfrac{12}{x}$ (2) $\dfrac{1}{12}\le a\le3$

18

(1) $y=\dfrac{a}{x}$에 $x=3$, $y=5$를 대입하면

$5=\dfrac{a}{3}$ $\qquad \therefore\ a=15$

$\therefore\ y=\dfrac{15}{x}$

(2) 점 D의 x좌표를 b라 하면 $\mathrm{D}\left(b,\ \dfrac{15}{b}\right)$

$\therefore$ (직사각형 ABCD의 넓이)$=4\times b\times\dfrac{15}{b}$
$=60$

답 (1) $y=\dfrac{15}{x}$ (2) 60

19

점 P는 제3사분면 위의 점이므로 점 P의 x좌표를 a라 하면 $a<0$이다.

점 P의 좌표는 $\left(a,\ \dfrac{3}{a}\right)$이고 점 Q의 좌표는 $\left(2a,\ -\dfrac{5}{2a}\right)$이다.

$$\begin{aligned}\triangle\mathrm{OPQ}&=\frac{1}{2}\times(-2a-a)\times\left(-\frac{5}{2a}-\frac{3}{a}\right)\\&\quad-\frac{1}{2}\times(-2a)\times\left(-\frac{5}{2a}\right)-\frac{1}{2}\times(-a)\times\left(-\frac{3}{a}\right)\\&=\frac{1}{2}\times(-3a)\times\left(-\frac{11}{2a}\right)-\frac{5}{2}-\frac{3}{2}\\&=\frac{33}{4}-4=\frac{17}{4}\end{aligned}$$

답 $\dfrac{17}{4}$

20

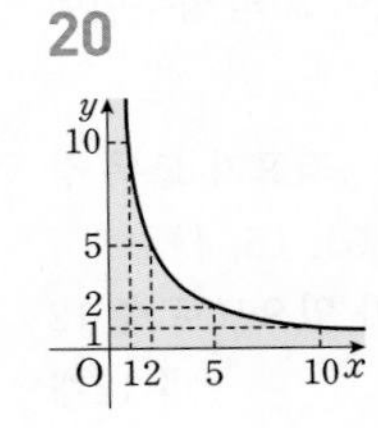

$x=1$일 때, (1, 1), (1, 2), (1, 3), …, (1, 9)의 9개
$x=2$일 때, (2, 1), (2, 2), (2, 3), (2, 4)의 4개
$x=3$일 때, (3, 1), (3, 2), (3, 3)의 3개
$x=4$일 때, (4, 1), (4, 2)의 2개
$x=5$일 때, (5, 1)의 1개
$x=6$일 때, (6, 1)의 1개
$x=7$일 때, (7, 1)의 1개
$x=8$일 때, (8, 1)의 1개
$x=9$일 때, (9, 1)의 1개
$x\ge 10$이면 $y\le 1$이므로 구하는 점이 없다.
제3사분면에도 제1사분면과 같은 개수로 나타나므로 구하는 점의 개수는 $2\times(9+4+3+2+5\times1)=46$(개)이다.

답 46개

21

(1) 두 점 Q(4, 2), R(4, 8)이므로
$S=\frac{1}{2}\times4\times(8-2)=12$

(2) 점 P의 x좌표를 a라 하자. $(a>0)$
$y=\frac{1}{2}x$에 $x=a$를 대입하면 $y=\frac{1}{2}a$이므로 $Q\left(a,\ \frac{1}{2}a\right)$
$y=2x$에 $x=a$를 대입하면 $y=2a$이므로 R$(a, 2a)$
△OQR의 넓이가 27이므로
$\triangle OQR=\frac{1}{2}\times\left(2a-\frac{1}{2}a\right)\times a=27$, $\frac{3}{4}a^2=27$,
$a^2=36=6\times6$
$a=6$이므로 Q(6, 3), R(6, 12)이다.

답 (1) 12 (2) Q(6, 3), R(6, 12)

22

$\square AOBC=\frac{1}{2}\times(8+4)\times10=60$

$\triangle OBC=\frac{1}{2}\times8\times10=40$이므로

$y=ax$의 그래프는 사다리꼴 AOBC의 변 BC와 만나고 그 점을 D$(8, 8a)$라 하면

$\frac{1}{2}\times8\times8a=30$, $32a=30$ $\quad\therefore a=\frac{15}{16}$

답 $\frac{15}{16}$

23

점 P$(a-b, ab)$가 제2사분면 위에 있으므로 $a-b<0$, $ab>0$이다.
$ab>0$에서 a, b는 같은 부호이고 $a-b<0$, $a^2>b^2$에서 $a<b<0$이다.

① $a-b<0$, $ab>0$이므로 $\frac{a-b}{ab}<0$이고, $a+b<0$이다.
따라서 점 A는 제3사분면 위에 있다.

② $ab>0$, $a+b<0$이므로 $-\frac{ab}{a+b}>0$이고, $a^3<0$, $b<0$이므로 $\frac{a^3}{b}>0$이다.
따라서 점 B는 제1사분면 위에 있다.

③ $a^2-b>0$, $ab>0$이므로 $\frac{a^2-b}{ab}>0$이고, $ab^2<0$이다.
따라서 점 C는 제4사분면 위에 있다.

④ $ab^2<0$, $a-b<0$이므로 $-\frac{ab^2}{a-b}<0$이고, $\frac{a}{b}>0$이다.
따라서 점 D는 제2사분면 위에 있다.

⑤ $b-a^2<0$, $a+b<0$이므로 $\frac{b-a^2}{a+b}>0$이나 $a+b^2$의 부호는 알 수 없으므로 점 E가 제1사분면 위에 있는지, 제4사분면 위에 있는지 알 수 없다.

답 ③

24

점 C$(k, 0)$이라 하면 $\triangle COD=\frac{1}{2}\times k\times4=6$, $k=3$
점 D의 좌표는 $(3, -4)$이므로 점 D를 지나는 직선은 $y=-\frac{4}{3}x$이다.
$y=-\frac{4}{3}x$에 $x=-4$를 대입하면
$y=-\frac{4}{3}\times(-4)=\frac{16}{3}$에서 $A\left(-4,\ \frac{16}{3}\right)$
$\therefore \triangle ABO=\frac{1}{2}\times4\times\frac{16}{3}=\frac{32}{3}$

답 $\frac{32}{3}$

25

단계별 풀이

1단계 수도 A로 1분 동안 넣는 물의 양 구하기
수도 A만을 이용하면 20분 동안 5 m^3의 물이 들어가므로 1분 동안 $\frac{1}{4}$ m^3의 물이 들어간다.

2단계 두 수도 A, B로 1분 동안 넣는 물의 양 구하기
두 수도 A, B를 같이 이용하면 $60-20=40$(분) 동안 $35-5=30(m^3)$의 물이 들어가므로 1분 동안 $\frac{3}{4}$ m^3의 물이 들어간다.

3단계 수도 B만 이용할 때 x와 y 사이의 관계식 구하기
수도 B만을 이용하면 1분 동안 $\frac{3}{4}-\frac{1}{4}=\frac{1}{2}(m^3)$의 물이 들어가므로 식은 $y=\frac{1}{2}x$이다.

4단계 수도 B만 이용하여 가득 채우는데 걸리는 시간 구하기
$y=\frac{1}{2}x$에 $y=96$을 대입하면 $x=192$

따라서 물통이 비어있을 때, 수도 B만을 이용하여 물을 가득 채우는 데에는 192분=3시간 12분이 걸린다. 답 3시간 12분

26

A-solution

직사각형은 한 대각선이 다른 대각선을 이등분한다.

(1) 점 E의 x좌표가 m이므로 $E\left(m, \frac{5}{m}\right)$

점 E는 대각선 AC의 중점이므로 점 A의 y좌표는 점 E의 y좌표의 2배이다.

점 A의 x좌표를 a라 하면 y좌표는 $\frac{5}{a}$이고 $\frac{5}{a}=\frac{5}{m}\times 2$에서

$a=\frac{m}{2}$

$\therefore B\left(\frac{m}{2}, 0\right)$

(2) 점 $E(5, 1)$, 점 $B\left(\frac{5}{2}, 0\right)$이고 점 E는 직사각형의 대각선의 중점이므로 점 $C\left(5+\frac{5}{2}, 0\right)=C\left(\frac{15}{2}, 0\right)$

점 $F\left(\frac{15}{2}, b\right)$라 하면 $b=\frac{5}{\frac{15}{2}}=\frac{2}{3}$

$\therefore F\left(\frac{15}{2}, \frac{2}{3}\right)$ 답 (1) $B\left(\frac{m}{2}, 0\right)$ (2) $F\left(\frac{15}{2}, \frac{2}{3}\right)$

27

(1) 선분 BP의 길이는 $2x$ cm이므로

$y=\frac{1}{2}\times 2x\times 8=8x \Rightarrow y=8x$

(2) 선분 AB를 밑변이라 하면 높이는 12 cm로 일정하므로

$\triangle ABP$의 넓이는 $\frac{1}{2}\times 8\times 12=48\ (cm^2)$로 일정하다.

$\therefore y=48$

(3) $0\leq x\leq 6$일 때, $y=8x$

$6\leq x\leq 10$일 때, $y=48$

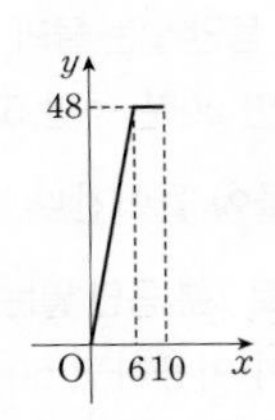

답 (1) $y=8x$ (2) 48 (3) 풀이 참조

28

(1) 점 P가 움직인 거리는 $8+4=12$이고, $\frac{12}{2}=6$(초)가 걸렸으므로 점 Q는 $6\times 3=18$만큼 움직였다.

$\therefore Q(8, 6)$

(2) 두 점 P, Q가 처음 만나는 것을 a초 후라 하면 □OABC의 둘레가 $8\times 4=32$이므로 $3a+2a=32$ $\therefore a=\frac{32}{5}$

따라서 두 점은 $\frac{32}{5}$초 후에 만난다.

답 (1) $Q(8, 6)$ (2) $\frac{32}{5}$초 후

29

정사각형 PQRS의 넓이가 25이므로 한 변의 길이는 5이다.

점 Q의 x좌표를 a라 하면 점 R의 x좌표는 $a+5$이다.

점 P의 y좌표와 점 R의 y좌표의 차는 5이므로

$\frac{7}{5}a-\frac{3}{5}(a+5)=5$, $7a-3a-15=25$, $4a=40$, $a=10$

$y=\frac{7}{5}x$에 $x=10$을 대입하면 $y=\frac{7}{5}\times 10=14$에서

$P(10, 14)$이므로 점 Q의 좌표는

$Q(10, 14-5)=Q(10, 9)$이고,

점 S의 좌표는 $S(10+5, 14)=S(15, 14)$이다.

답 $Q(10, 9)$, $S(15, 14)$

30

$y=-3x$에 $y=-6$을 대입하면

$-6=-3x$, $x=2$이므로 점 S의 좌표는 $S(2, -6)$이다.

$y=\frac{k}{x}$에 $x=2$, $y=-6$을 대입하면

$-6=\frac{k}{2}$, $k=-12$ $\therefore y=-\frac{12}{x}$

$y=-\frac{12}{x}$에 $y=4$를 대입하면

$4=-\frac{12}{x}$, $x=-3$이므로 점 P의 좌표는 $P(-3, 4)$이다.

$\therefore$ □PQOR$=\triangle PQO+\triangle POR$

$=\frac{1}{2}\times 5\times 4+\frac{1}{2}\times 3\times 3$

$=10+\frac{9}{2}=\frac{29}{2}$

답 $\frac{29}{2}$